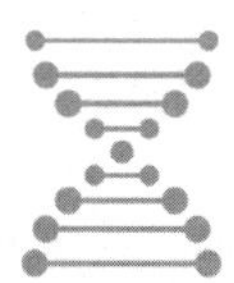

有机化学基础知识点详解

岳群峰　吴　君　刘兆远　周　备　编著

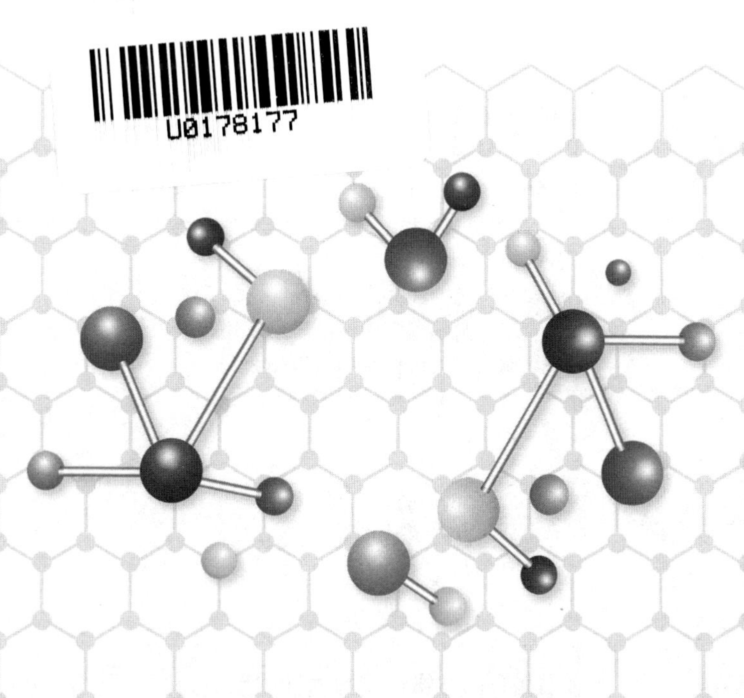

哈尔滨

图书在版编目（CIP）数据

有机化学基础知识点详解 / 岳群峰等编著. -- 哈尔滨 : 黑龙江大学出版社, 2022.7
ISBN 978-7-5686-0748-3

Ⅰ. ①有… Ⅱ. ①岳… Ⅲ. ①有机化学－高等学校－教学参考资料 Ⅳ. ①O62

中国版本图书馆 CIP 数据核字 (2022) 第 005654 号

有机化学基础知识点详解
YOUJI HUAXUE JICHU ZHISHIDIAN XIANGJIE
岳群峰　吴　君　刘兆远　周　备　编著

责任编辑　李　卉
出版发行　黑龙江大学出版社
地　　址　哈尔滨市南岗区学府三道街 36 号
印　　刷　三河市佳星印装有限公司
开　　本　720 毫米 ×1000 毫米　1/16
印　　张　13.25
字　　数　210 千
版　　次　2022 年 7 月第 1 版
印　　次　2022 年 7 月第 1 次印刷
书　　号　ISBN 978-7-5686-0748-3
定　　价　49.00 元

前　　言

本书编写的目的是协助读者在学习过程中巩固教材中的基础知识点、深入理解有机化学反应的基本规律，同时检验学习效果。

本书共分为七章，编写过程中参考了大量的参考资料，涵盖了普通高等院校《有机化学》教材中涉及的大部分基本知识点，对普通高等院校农、林、材料、化工、环境等专业所学习的《有机化学》教材中的基本知识点，诸如氢键、立体化学、中间体自由基、碳正离子、碳负离子、苯炔、加成反应、取代反应、加成－消除反应历程、合成路线的设计依据和方法、化合物结构分析和鉴定等进行了详细的解说以及适当的延伸和扩展，阅读过程中有利于训练学生接纳知识的能力，促进学生思考，找出自身的不足并填补专业空白。因此本书可以作为农、林、材料、化工、环境等专业的学生有机化学的考研复习参考书目。

每一章附有针对本章内容的练习题和对应答案。各章节的例题和练习题的某些题目可能存在多种解法，本书中只给出一种答案，读者可以选择其他的解题方法。

本书的提纲由哈尔滨师范大学化学化工学院有机化学教研室的岳群峰老师和西南林业大学周备副研究员设计编写；第 3 章、第 4 章和第 5 章由哈尔滨师范大学岳群峰老师编写；第 1 章、第 2 章和第 7 章部分内容由哈尔滨师范大学吴君老师编写；第 6 章和第 7 章部分内容由哈尔滨师范大学刘兆远老师编写；全书校稿由李卉完成。本书的编写得到黑龙江省高等教育教学改革一般项目(SJGY20210454)的资助，同时感谢哈尔滨师范大学化学化工学院的支持与帮助。

限于编者的专业水平，本书难免有疏漏和不当之处，敬请读者批评指正。

编者

2021 年 8 月 31 日

目　录

第1章 各种效应与化合物结构-反应性能关系分析

1.1 取代基效应

有机物分子的物理化学活性随着取代基的改变发生相应的改变。分子中任何原子和基团都是取代基,改变取代基可使化合物分子中心原子的电负性、电荷集中特性等发生变化,进而影响到参加化学反应的过渡态和中间体的生成和稳定性,还会改变中心原子的亲核性、亲电性、酸碱性、离去基团的能力、空间效应、溶剂化效应和溶解性等一系列物理、化学活性。这种由取代基引起的化合物分子结构与反应性能之间的影响关系就是取代基效应,包括静电效应、体积效应和主-客体效应等。

1.1.1 诱导效应和场效应

诱导效应和场效应都是因原子的电负性差异而产生的静电效应。诱导效应因键的极性而产生并沿着共价键传递。诱导效应随着传递而减弱,每经过一个 σ 键递减 1/3,传递过 3 个 σ 键之后基本就可以忽略其影响;诱导效应的电性在传递过程中不会发生改变,用直箭头表示,如图 1-1 所示。

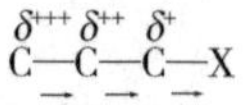

$$\overset{\delta^{+++}}{C}\underset{\rightarrow}{—}\overset{\delta^{++}}{C}\underset{\rightarrow}{—}\overset{\delta^{+}}{C}\underset{\rightarrow}{—}X$$

图 1－1　诱导效应电荷的传递和电性的影响

诱导效应的强度一般以 H 原子作为比较的标准。如果取代基的吸电子能力比 H 强,则称其具有拉电子诱导效应,用 －I 表示。如果取代基的给电子能力比 H 强,则称其具有推电子诱导效应,用 +I 表示。常见的具有 －I 效应的拉电子基团包括$—\overset{+}{N}R_3$、$—CX_3$、$—NO_2$、—CN、$—CO_2H$、—COR、$—CO_2R$、—X 等,烷基一般看作推电子基团,而碳碳不饱和键则既是推电子基团又是拉电子基团。

空间中一个基团对另一个原子或者原子团产生的效应为场效应。场效应和诱导效应一般情况下共同起作用,归属于极性效应。诱导效应和场效应的强弱均与原子或原子团本身的电负性和外界电场有关。诱导效应和场效应的存在会影响到化合物的熔点、沸点、溶解性等物理性质,同时影响到参加反应的活性、脂肪族羧酸和芳香族羧酸的酸性、胺类和杂环化合物的碱性、化合物在核磁场的化学位移等波谱性质等。

分子骨架中含有极性基团会使分子的偶极矩增大,熔点、沸点都升高,所以极性化合物比相对分子质量相近的非极性化合物熔点高,而且极性基团的数目越多,相应的熔点和沸点越高;反之,如果羟基(—OH)或者氨基($—NH_2$)中的 H 原子被烃基取代,则化合物的熔点下降,如图 1－2 所示。

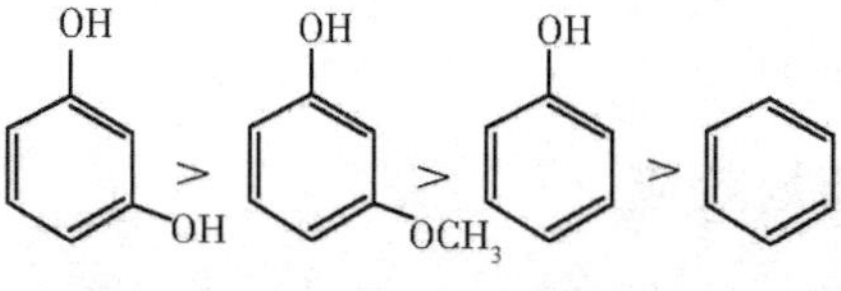

图 1－2　苯、苯酚、间苯二酚和间甲氧基苯酚熔点顺序

在烯烃的亲电加成反应中,当 C ═C 双键上连有推电子基团时,π 键上的电子云密度增大,亲电加成反应活性增强;反之,当 C ═C 双键上连有拉电子基团时,亲电加成反应活性减弱。经验上常见烯烃亲电加成反应的活性顺序如图 1－3 所示。苯环上的亲电取代反应也会受到取代基的静电效应影响。推电子基团的存在使苯环上的电子云密度增大,亲电取代反应活性增强;反之,拉电子

基团的存在使苯环的亲电取代反应活性减弱，但会使苯环上的亲核取代反应活性增强。对甲苯（$—CH_3$）、硝基苯（$—NO_2$）、硝甲基苯（$—CH_2NO_2$）和对硝基甲苯（$H_3C—$ $—NO_2$）四种苯的衍生物进行亲电取代反应的活性比较时，主要是比较苯环上取代基的静电效应，四种取代基为$—CH_3$、$—CH_2NO_2$、$—CH_3$和$—NO_2$，– I 效应最强的是$—NO_2$，+ I 效应最强的是$—CH_3$，所以最易发生亲电取代反应的是甲苯，最难发生亲电取代反应的是硝基苯，$—CH_2NO_2$是推电子基团，具有 + I 效应，但推电子强度比甲基弱，苯环上同时连有甲基和硝基，硝基的 – I 效应占主导。上述四种苯的衍生物的亲电取代反应的活性比较如图 1 – 4 所示。

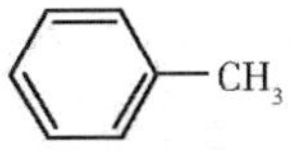

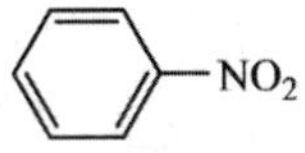

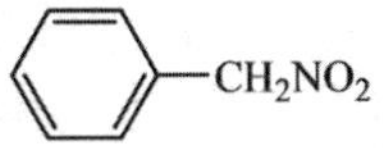

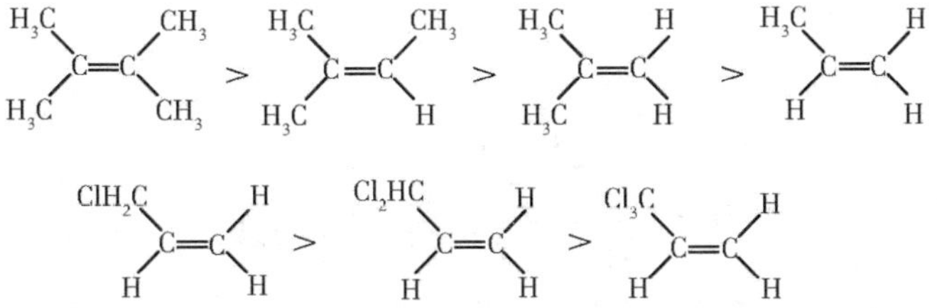

H_3C CH_3 C=C H_3C CH_3 > H_3C CH_3 C=C H_3C H > H_3C H C=C H_3C H > H_3C H C=C H H

ClH_2C H C=C H H > Cl_2HC H C=C H H > Cl_3C H C=C H H

图 1 – 3　常见烯烃亲电加成反应活性顺序

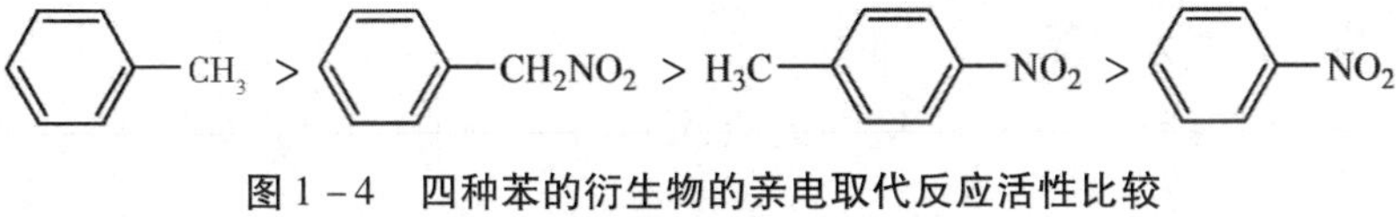

$—CH_3$ > $—CH_2NO_2$ > $H_3C—$ $—NO_2$ > $—NO_2$

图 1 – 4　四种苯的衍生物的亲电取代反应活性比较

如何由原料苯出发，合成化合物对乙酰基苯胺 $H_2N—$ O 呢？想要解决这个问题需要考虑在合成中苯环上哪一个取代基先与苯环键合，哪一个后与苯环键合，即不同基团对苯环的活化和钝化等作用。结合取代基的性质，可行的合成路线如图 1 – 5 所示。图 1 – 5 展示的合成路线需要考虑的核心问题是苯环上取代基的静电效应对合成路线的影响。目标产物需要引入两个基团——氨基和乙酰基（$—COCH_3$）。氨基一般由硝基还原制备，乙酰基则由 F –

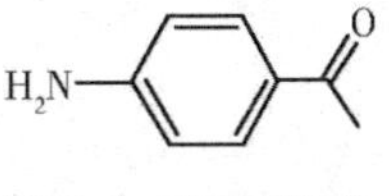

C 反应引入。哪一个基团优先引入呢？首先分析一下氨基和乙酰基的静电效应，氨基是强推电子基，是苯环上的邻对位定位基，乙酰基是拉电子基团是苯环上的钝化基、间位定位基。假如首先引入乙酰基，那么下一个引入的基团应该在乙酰基的间位，这与合成的目标产物要求不符合。而首先引入氨基，则可以在氨基的对位引入乙酰基，得到的分子骨架与目标产物的要求相符。这里需要考虑的另一个问题是氨基的保护，由于氨基的反应活性很强，极易被氧化，因此在合成过程中需要考虑到氨基的保护问题。

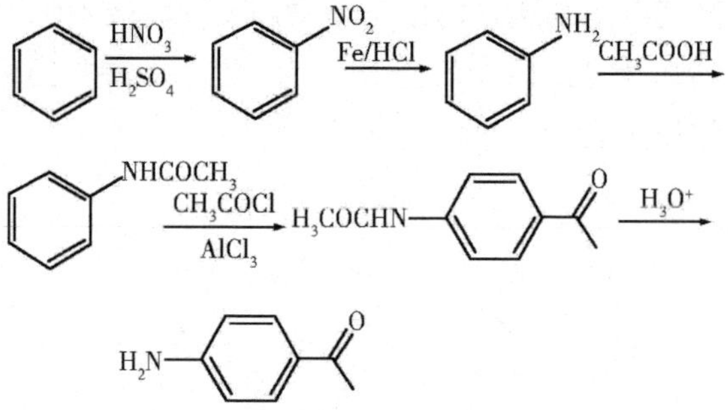

图 1－5 对乙酰基苯胺的合成路线

氯苯与 NaOH 生成苯酚的反应属于亲核反应，但由于氯苯分子中 C—Cl 键非常稳定而很难发生；当 Cl 原子的邻对位连有拉电子基团时，则与 NaOH 发生亲核反应的难度大大降低，从而生成苯酚的衍生物，这是由于苯环上拉电子基团强的 －I 效应降低了 C—Cl 键的键能，活化了亲核取代反应，如图 1－6 所示。

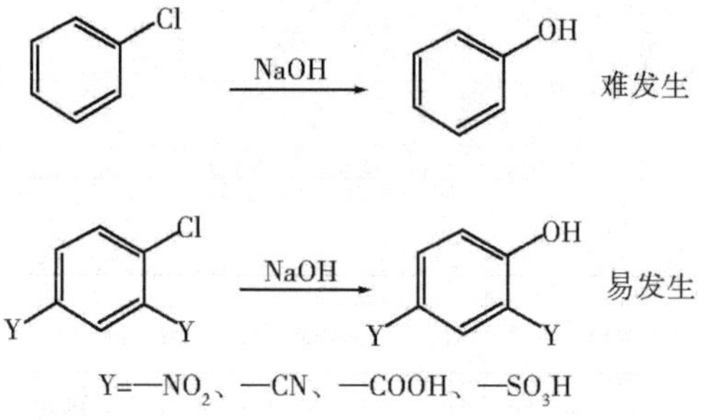

图 1－6 氯苯和取代氯苯与 NaOH 的亲核反应

静电效应还会影响到苯环上的氧化反应，如分析喹啉被酸性高锰酸钾氧化的时候，需要考虑哪一个芳环被氧化。喹啉结构中包含苯环和吡啶环，其中吡啶环受到成环原子 N 的电负性影响，电子云密度小于苯环，因此吡啶环是缺电子体。由于氧化是失电子过程，因此在氧化反应过程中，缺电子的吡啶环比苯环更容易被氧化。如图 1 - 7 所示。

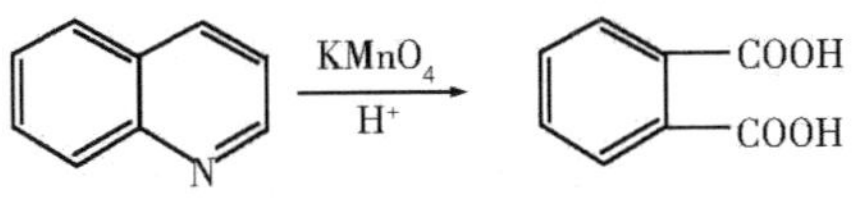

$KMnO_4$ / H^+ → COOH, COOH

图 1 - 7　喹啉的氧化

同理，如图 1 - 8 所示，不同取代的苯甲醛发生康尼查罗反应的时候，缺电子的分子优先被氧化生成羧基，而另一个分子被还原成醇。对羰基化合物的亲核加成反应活性进行比较，醛的反应活性大于酮，其原因是酮比醛多了一个烃基，烃基属于推电子基团，使得羰基碳原子的正电性减弱，削弱了亲核试剂 Nu 对中心碳原子的进攻。从另一个角度来说，酮分子中烃基的存在在空间上增强了对羰基碳的屏蔽，阻止了亲核试剂 Nu 的进攻。综合以上分析，在羰基化合物的亲核取代反应中醛的活性大于酮。一个有机化学反应的方向是由动力学控制的，即反应会朝着形成速度较快的产物方向进行。不同反应方向的速度取决于中间体的稳定性，而各种中间体是否稳定与静电效应、场效应和体积效应都有着不可分割的关系，诸多影响因素往往起共同作用。例如，烯烃与亲电试剂的加成反应，其中间体是碳正离子，从诱导效应和超共轭效应上判定，碳正离子的稳定性顺序是三级碳正离子 > 二级碳正离子 > 一级碳正离子，因此能够生成最稳定的中间体的方向就是该反应最终的方向。

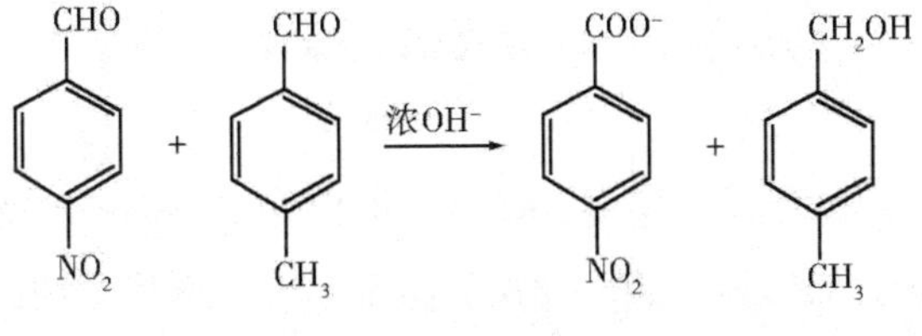

CHO, NO_2 + CHO, CH_3 —浓 OH^-→ COO^-, NO_2 + CH_2OH, CH_3

图 1 - 8　不同取代的苯甲醛的康尼查罗反应

在苯甲酸乙酯和对硝基苯甲酸乙酯的碱性水解研究中发现，两种反应底物的水解速率不相同，对硝基苯甲酸乙酯的水解速率比苯甲酸乙酯的水解速率要快，苯甲酸乙酯和对硝基苯甲酸乙酯的底物从分子体积上看相差不大，这里可以忽略体积效应的影响，而电子效应对二者水解过程中生成的负离子的稳定性是有影响的，带有硝基的苯甲酸负离子由于硝基的拉电子作用，负电荷比较分散而更为稳定，因此如图 1－9 所示，对硝基苯甲酸乙酯的反应活性要强于苯甲酸乙酯。

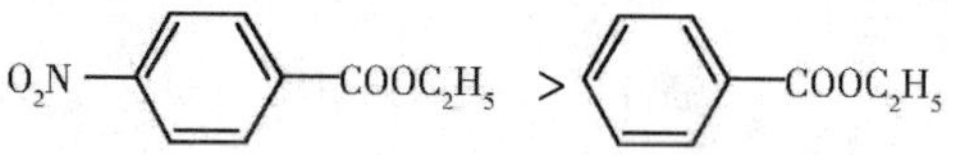

$O_2N-C_6H_4-COOC_2H_5 > C_6H_5-COOC_2H_5$

图 1－9　对硝基苯甲酸乙酯与苯甲酸乙酯的水解反应活性比较

静电效应也是影响羧酸酸性的一个重要的因素。乙酸的 pK_a 值为 4.76，在乙酸羧基（—COOH）的 α 位引入具有拉电子效应的基团，会使乙酸的酸性增强，拉电子性越强，酸性越强。HCH_2COOH 的 pK_a 值为 4.76，$O_2N—CH_2COOH$ 的 pK_a 值为 1.68，$F_3C—CH_2COOH$ 的 pK_a 值为 0.23。

除此之外，卤原子的种类、数量和卤原子到羧基的距离都会影响到卤代酸的酸性，卤原子的数量越多，距离羧基的空间位置越近，对应的化合物的酸性就越强。常见卤代酸的酸性强弱顺序如图 1－10 所示。

$FCH_2COOH > ClCH_2COOH > BrCH_2COOH > HCH_2COOH$

$CCl_3COOH > CCl_2COOH > CClCOOH > HCH_2COOH$

$CH_3CH_2CH_2CH_2CH(X)COOH > CH_3CH_2CH_2CH(X)CH_2COOH > CH_3CH_2CH(X)CH_2CH_2COOH$

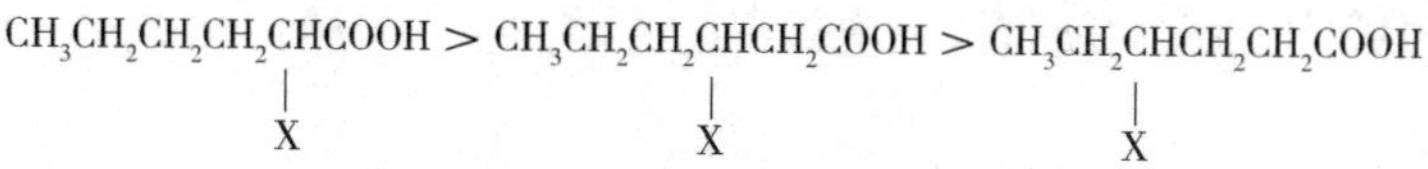

图 1－10　常见卤代酸的酸性强弱比较

酚的酸性比醇强，但比羧酸弱；酚羟基的邻位和对位上有强拉电子基，会增强酚的酸性，拉电子基越多则酸性越强。图 1－11 为取代苯酚的酸性比较。

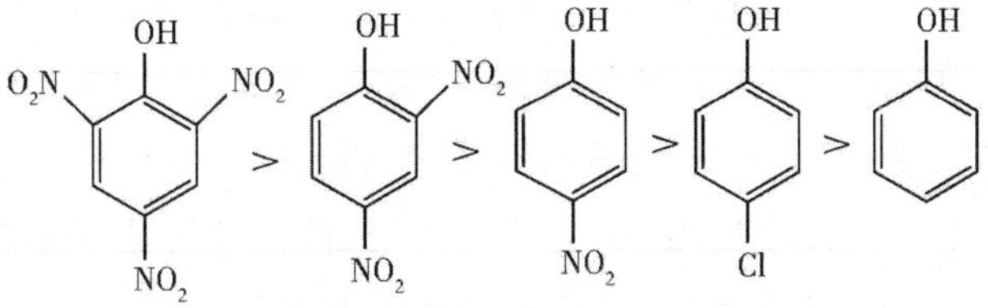

图 1－11　取代苯酚的酸性比较

环上有拉电子基团会使芳香族羧酸的酸性增强;芳环上有推电子基团会使芳香族羧酸的酸性减弱。对位取代的芳香族羧酸同时受到诱导效应和共轭效应的影响;间位取代的芳香族羧酸主要受到诱导效应的影响;而邻位取代的芳香族羧酸的酸性一般都比苯甲酸强。不同芳香族羧酸的酸性的比较如图 1－12 所示。

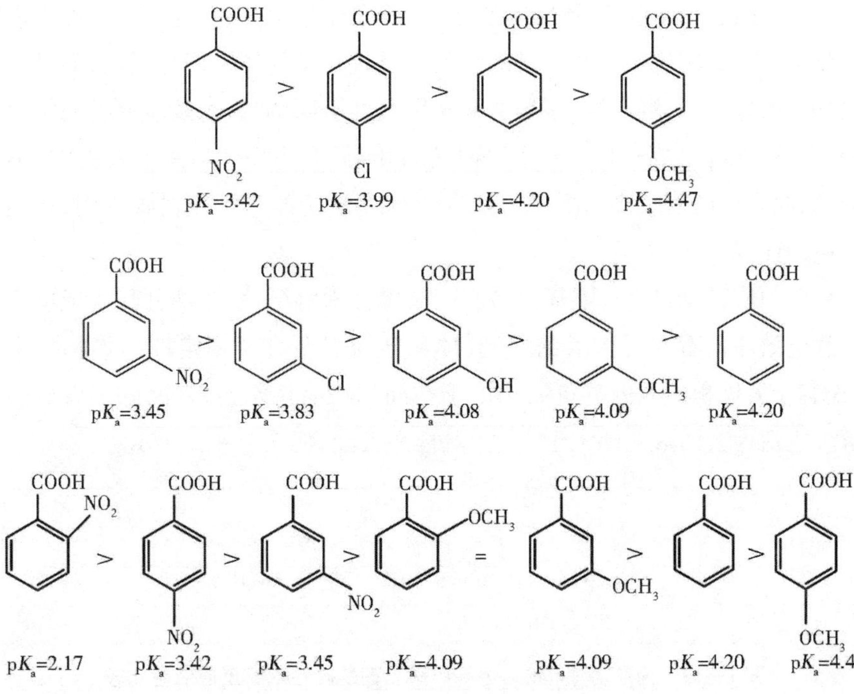

图 1－12　不同芳香族羧酸的酸性比较

由于羧基本身也是拉电子基团,因此二元酸的酸性会受到分子内羧基的影响,分子中两个羧基距离越近,酸性越强,因此乙二酸、丙二酸、丁二酸和己二酸几种二元酸的酸性随着C原子数的增大而减弱。静电效应还能影响到化合物的波谱数据。电负性大的基团,拉电子能力强,使得邻近质子的核磁共振化学位移移动到低场,红外光谱的谱峰移动到高波数;反之推电子能力强的基团会使得临近质子的核磁共振化学位移移动到高场,红外光谱的谱峰移动到低波数。

1.1.2 体积效应

分子骨架中两个原子或者原子团由于体积较大或者框架特殊而必须改变正常的键角,使整个分子产生扭转和张力,这种效应就是体积效应,也叫空间效应或者位阻效应。体积效应是分子中基团相对空间位置对化合物结构和性质的影响。上述各种效应会影响到化合物的物理性质,分子、中间体和过渡态的稳定性,分子的酸碱性、化学反应活性,以及立体化学过程,等等。体积效应能影响化合物的稳定构象,如:丁烷的构象中反式交叉的构象能量最低,而顺式重叠式的构象能量高;顺-2-丁烯的两个甲基处于同侧,体积效应使得两个甲基不易与双键上的C原子处于一个平面,也影响了甲基C—H键与双键的超共轭效应,因此分子内能较高。醛酮加成的立体化学所遵守的克拉姆规则,也是体积效应的诠释。

比较丙酸乙酯和2-甲基丙酸乙酯的碱性水解活性,这两种酯生成的负离子从静电效应上看并无太大的区别,体积效应对负离子稳定性的影响更大一些,连有较大体积的异丙基负离子由于空间拥挤而稳定性差,因此二者的碱性水解反应活性为丙酸乙酯大于2-甲基丙酸乙酯,如图1-13所示。

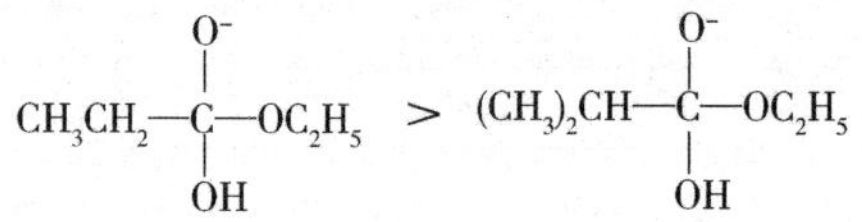

$$CH_3CH_2—\underset{OH}{\overset{O^-}{C}}—OC_2H_5 \quad > \quad (CH_3)_2CH—\underset{OH}{\overset{O^-}{C}}—OC_2H_5$$

图1-13 丙酸乙酯和2-甲基丙酸乙酯的碱性水解反应活性比较

空间位阻对化合物的各种性能和反应取向的影响往往要结合电子效应等

进行综合分析。一般情况下，当电子效应和空间位阻共存的时候，空间位阻起主导作用。氨基（$—NH_2$）具有较强的＋C作用，属于苯环上的强活化基、邻对位定位基，如图1－14（a）所示；当苯环上的氨基被乙酰化之后，乙酰氨基仍然是邻对位定位基，但是乙酰化的氨基＋C作用减弱，同时具有位阻作用，亲电取代的产物以对位为主，如图1－14（b）所示；对甲基苯胺在发生亲电取代反应的时候，亲电试剂进攻的位置受到甲基和氨基两个基团定位效应的综合作用，一般来说以氨基的定位效应为主，产物在氨基的邻位，如图1－14（c）所示；对甲基乙酰苯胺发生亲电取代反应的时候，如图1－14（d）所示，亲电试剂进攻的位置不再是乙酰氨基的邻位，而是甲基的邻位。

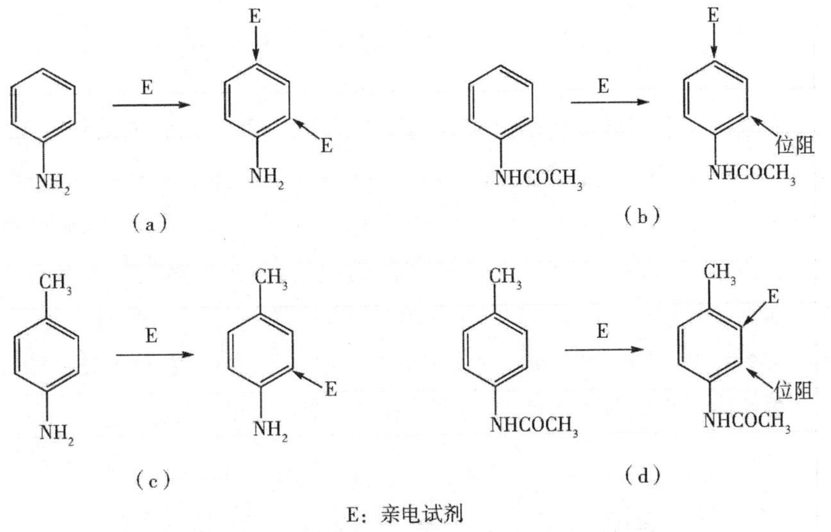

E：亲电试剂

图1－14　苯胺和乙酰苯胺与亲电试剂的作用

1,2,4－三甲基苯的磺化反应可以被试剂硫酸进攻的位置有3位、5位和6位，由于体积效应，进攻两个甲基之间的3位的可能性变小，进攻5位和6位生成的两种σ配合物的稳定性不同，以稳定的σ配合物为主，因此进攻5位得到的产物2,4,5－三甲基磺酸为主要产物。1,2,4－三甲基苯的磺化反应历程如图1－15所示。

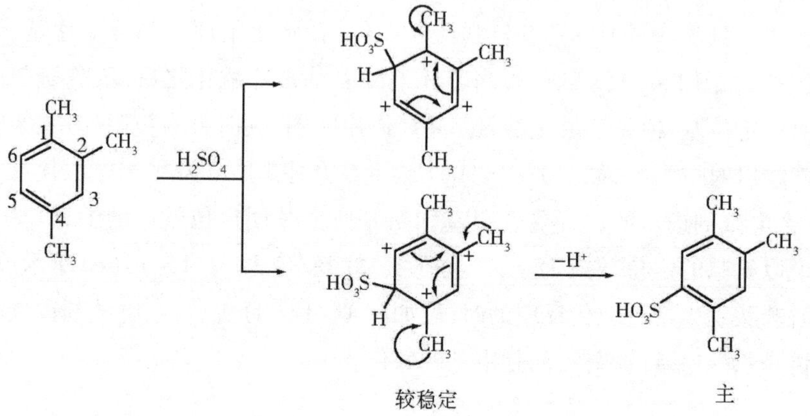

图 1－15　1,2,4－三甲基苯的磺化反应历程

体积效应还会影响到芳香胺的碱性。N,N－二甲基苯胺的碱性比邻甲基N,N－二甲基苯胺的碱性弱得多,是由于N,N－二甲基苯胺分子中N原子上的孤对电子位于p轨道,可以参与苯环的共轭,N原子的负电荷分散,碱性减弱;而邻甲基N,N－二甲基苯胺由于氨基邻位的甲基存在,显示出体积效应,氨基与苯环很难处于同一个平面,如图1－16所示,这样N原子的孤对电子不能很好地参与苯环的共轭,此时N原子上的孤对电子较为独立,表现出较强的碱性。这是体积效应影响到分子内诸原子共平面的一个典型的例子。

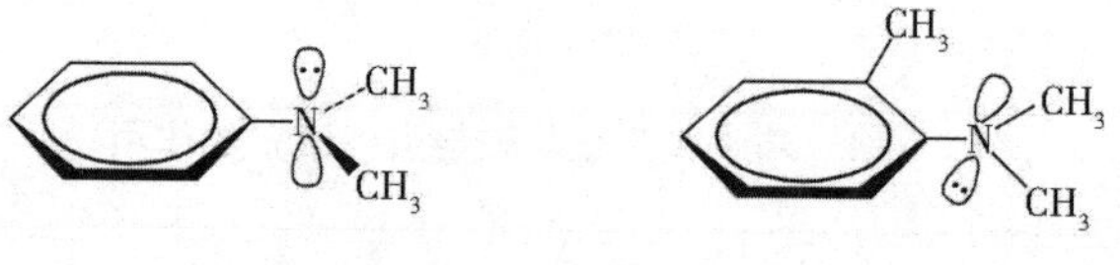

图 1－16　N,N－二甲基苯胺和邻甲基N,N－二甲基苯胺的体积效应

1.2　范德瓦耳斯力和氢键

范德瓦耳斯力包括库仑力、诱导力和色散力。两个非键原子之间产生的作用力是非常复杂的,既有相互的吸引力又存在相互的排斥力,产生的原因是两

个分子靠近之后引起电子－电子之间的排斥力，两个分子的距离在一定范围之内，体系能量升高。范德瓦耳斯力是一种存在于分子之间的比共价键弱的作用力，能够影响化合物的物理性质。例如，乙烷的沸点是－89 ℃，当乙烷分子中的一个 H 原子被 Br 原子取代之后，溴乙烷的沸点是 38 ℃，这是由于乙烷分子的相对分子质量不大并且无极性，分子之间只有范德瓦耳斯力，因此沸点较低。一溴乙烷相对分子质量增大，分子中引入了极性基团，分子之间存在偶极－偶极作用，沸点升高。己烷的四种同分异构体正己烷、2－甲基戊烷、2,2－二甲基丁烷、环己烷的沸点分别为 69 ℃、60 ℃、50 ℃ 和 81 ℃，如此大的差别可以从分子间作用力方面进行解释：四种己烷的异构体之间只存在范德瓦耳斯力，2,2－二甲基丁烷分子的侧支链较多，分子间的接触面积最小，范德瓦耳斯作用力较弱，因此沸点最低。环己烷分子规则，分子间的接触面积最大，因此范德瓦耳斯力最强，沸点最高。正己烷和 2－甲基戊烷相比，有侧支链的分子范德瓦耳斯力小于无侧支链的分子。

有机化合物分子中含有 N、O、F 等电负性较强的原子，因此可能会存在氢键作用。氢键不是真正的共价键，因此它的强度小于共价键，但是要强于一般的偶极－偶极相互作用，氢键的离解能为 4.38 $kJ \cdot mol^{-1}$。氢键有方向性，当 C—H ···· Y（Y 是 N、O 或者 F 原子）三个原子在同一条直线上的时候，C 和 Y 原子相距最远，电子云的交叠程度可以达到最大，从而形成较强的氢键。但是一般情况下直线型的氢键受到原子排列和堆积的空间限制而难以存在。当 C—H 和 Y 原子间隔 4～5 个原子时，可以形成五元环或者六元环的分子内氢键，此时氢键不在一条直线上，但是因环的稳定存在而较易形成。

氢键也有饱和性，C—H 键一般只能和一个电负性较大的原子形成氢键，很难与其他原子再形成氢键。由于氢键是一种静电力，部分带有负电荷的体系如 π 键也可以和 H 原子形成氢键，近年来人们还发现多电子的过渡金属原子、质子 H^+、氢负离子 H^- 等生成的非常规氢键。分子内氢键使化合物的沸点和熔点降低，如邻硝基苯酚可以形成分子内氢键，熔点为 45 ℃，间硝基苯酚为 96 ℃，对硝基苯酚为 114 ℃，间硝基苯酚和对硝基苯酚只能形成分子间氢键，如图 1－17 所示。

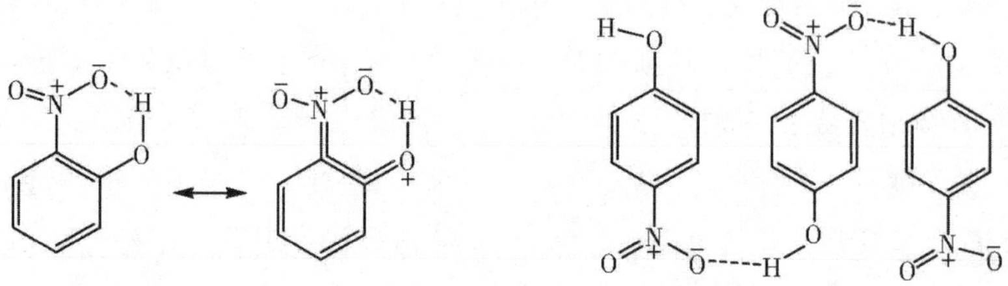

图 1-17 邻硝基苯酚分子内氢键和对硝基苯酚分子间氢键

正丁醇的沸点是 117.3 ℃，比其同分异构体乙醚的沸点(34.5 ℃)高得多，其原因就是正丁醇能形成分子间氢键，而乙醚不能形成分子间氢键。但是二者均能与水形成氢键，只是分子中烃基对氢键的形成存在一定的影响，二者烃基上的 C 原子数相同，影响也是相近的，因此正丁醇和乙醚在水中的溶解度相近。

氢键的存在还会影响化合物的相对密度、黏度、表面张力、蒸发热、熔化热、偶极矩、介电常数等物理量。反应溶剂与反应底物之间的氢键作用会使反应速率降低，色谱的固定相与化合物之间的氢键作用会使化合物的洗脱难度增大，在生物大分子蛋白质中，氢键的作用使得 DNA 分子具有生理活性的双螺旋结构。在波谱研究中发现，氢键的去屏蔽作用导致形成氢键的质子的化学位移向低场移动。

1.3 溶剂和溶剂化效应

大部分有机反应是在溶剂中进行的，溶剂在溶解溶质的同时能够使反应体系均匀而易于流动、传质和传热，进而保证反应的可控性。绝大部分的溶剂是液态的，可以分为质子溶剂和非质子溶剂两大类。常见的溶剂有水、甲醇、乙醇、丙酮、DMF、DMSO 等极性溶剂，乙醚、石油醚、氯仿、四氯化碳、苯、乙酸乙酯等非极性或弱极性溶剂。有机化合物在溶剂中的溶解性与其分子结构相关，一般遵循“相似相溶”原则，极性化合物易溶于极性溶剂，非极性化合物易溶于非极性溶剂。分子结构中亲水基团越多，分子的极性和亲水性越强；反之，分子结构中疏水基团越多，化合物的亲水性就越差，难溶于水而易溶于有机溶剂中。一般有机羧酸盐、胺盐类易溶于水，能形成分子间氢键的化合物易溶于水，C 原子个数较少的醇、醛、酮等能溶于水。

有机物发生化学反应时，溶剂可以当作惰性载体处理，质子溶剂在反应中作为一个质子的供体参加反应，在与反应物碰撞过程中受到溶剂的极性、氢键、酸碱性、配位能力及其与反应物分子之间的相互作用的制约，会在反应平衡、反应速率以及反应历程等方面对该反应产生影响。反应物分子被溶剂分子包裹起来的现象称为溶剂化效应，溶剂化过程通常是放热的，使反应体系的有序度增加。溶剂为水的体系的溶剂化效应又被称为水合作用，图 1 - 18 为水溶液中 Na^+ 与 H_2O 分子的水合作用。

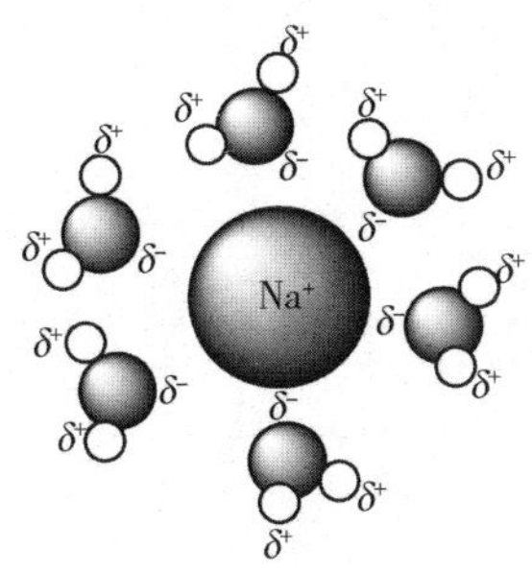

图 1 - 18　Na^+ 与 H_2O 分子的水合作用

溶剂化效应对反应底物的状态、过渡态、中间体和产物的影响较大。例如，在极性非质子溶剂中，负离子的亲核性增大；一些既有碱性又有亲核性的试剂在极性不同的溶剂中有不同的反应取向；非极性溶剂中没有氢键，难以对电荷分离提供稳定性作用，一些涉及电荷分离过渡态的反应很难在非极性溶剂中发生。除此之外，溶剂化效应还会影响到 3°醇的溶解性、卤代烃的亲核反应和消除反应的取向、环加成反应的位置选择性和立体选择性等。异丙基溴在 60% 的乙醇 - 水体系中反应得到几乎等量的消除产物和溶剂解产物，但是在无水乙醇体系中反应只得到溶剂解产物异丙基乙基醚，这个例子就说明溶剂化效应对反应的影响。溶剂化效应可以用来解释一些实验现象和反应取向的例子，但是目前仍缺少相关的理论来对溶剂化的结果进行定量的说明。

本章练习题

1. 比较题

(1) 请将下列化合物的沸点由低到高排列：辛烷、3－甲基庚烷、己烷、正戊烷、2,3－二甲基戊烷、2－甲基己烷、四甲基丁烷。

(2) 把下列相对分子质量相同或者相近的物质的沸点由高到低排序：卤代烃、羧酸、醛酮、烯烃、醚、炔烃、烷烃、醇。

(3) 比较邻羟基苯甲酸和对羟基苯甲酸的酸性。

(4) 比较甲醇和叔丁醇酸性的强弱并说明原因。

(5) 比较下列化合物酸性的强弱。

A　　B

(6) 比较下列化合物进行硝化反应的难易。

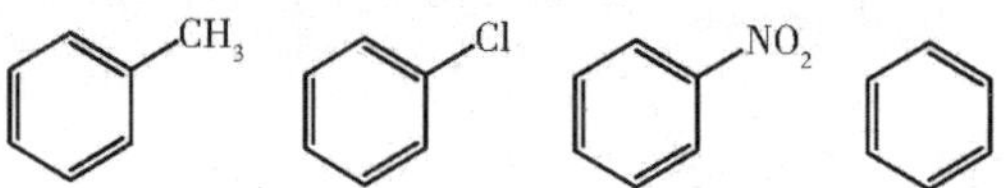

(7) 正丁醇与乙醚是同分异构体，分子式相同但是沸点有很大的差异，请解释其原因。

(8) 比较下列化合物酸性的强弱。

CH_3CH_2COOH　　$CH_3\overset{O}{\overset{\|}{C}}CH_2OH$　　$CH_3CH_2CH_2OH$

A　　B　　C

(9) 比较下列化合物碱性的强弱并解释其原因。

A　　B　　C　　D

(10)请将下列化合物的水溶性由大到小进行排序。

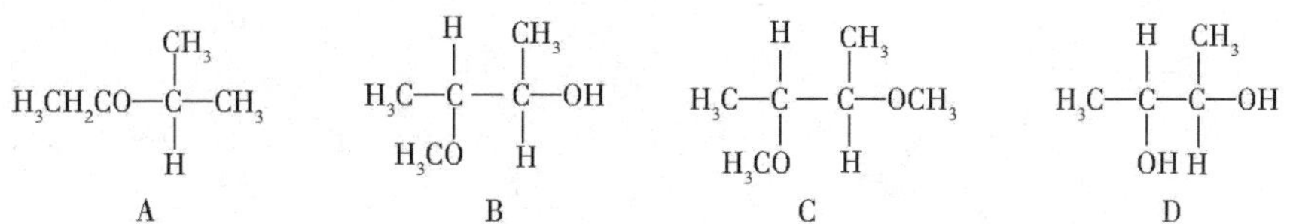

2. 选择题

(1)下列化合物中易溶于 NaOH 溶液的是　(　　)

A.　B.　C.　D.

(2)下列化合物易溶于盐酸的是　(　　)

A.　B.　C.　D.

(3)下列化合物按照酸性从强到弱排序正确的是　(　　)

①CH_2═$CHCH_2COOH$;②CH_3CH_2COOH;③NO_2CH_2COOH;④$BrCH_2COOH$

A. ①>②>③>④　B. ③>④>①>②>　C. ②>④>①>③　D. ④>③>②>①

(4)下列化合物中最不容易发生傅克反应的是　(　　)

A. 1,3－二甲苯　B. $C_6H_5NO_2$　C. $C_6H_5COC_2H_5$　D. $C_6H_5OCH_3$

(5)下列四种溶剂相对密度大于 1 的是　(　　)

A. 正庚烷　B. 环己烷　C. 乙醚　D. 1,2－二氯乙烷

(6)下列化合物中,活泼亚甲基的酸性由强到弱排列正确的是　(　　)

①$CH_3COCH_2COCH_3$;②$O_2NCH_2NO_2$;③$C_6H_5COCH_2COCH_3$;④$C_6H_5COCH_2COCF_3$

A. ①>②>③>④　B. ③>④>①>②　C. ②>④>①>③　D. ④>③>②>①

(7)2－硝基苯酚沸点比 4－硝基苯酚沸点低的原因是　(　　)

A. 2－硝基苯酚的相对分子质量小　B. 2－硝基苯酚的色散力小

C. 2－硝基苯酚能形成分子内氢键　D. 2－硝基苯酚能形成分子间氢键

(8)下列化合物在水中溶解度最大的是　(　　)

A. 正丁酸　B. 1－丙醇　C. 乙醚　D. 丁醛

(9)下列酯进行碱性水解,速度最快的是 (　　)

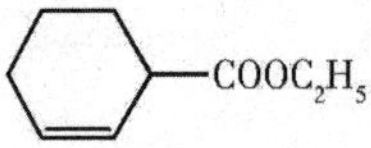

$COOC_2H_5$　$COOC_2H_5$　H_3CH_2C $CH—COOC_2H_5$　H_3C CH_3 $COOC_2H_5$ CH_3

A. 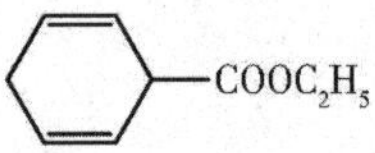　B. 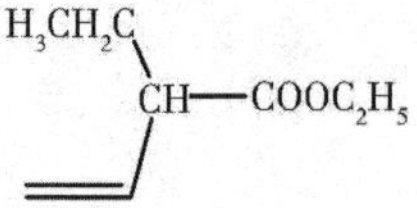　C. 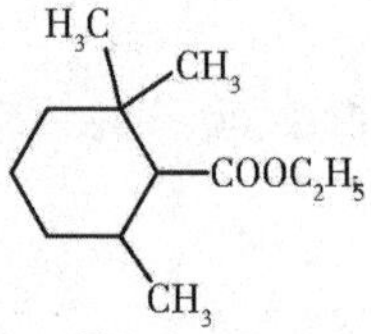　D.

(10)下列化合物进行亲电取代反应,活性最高的一个是(　　),最低的一个是 (　　)

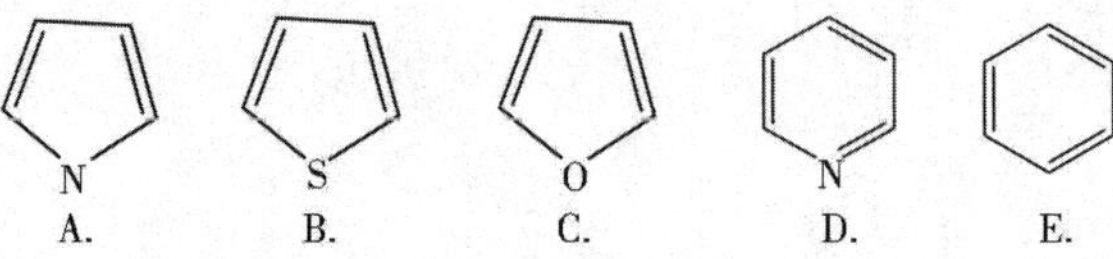

3. 用箭头指出下列分子进行亲电取代反应的位置。

(1) 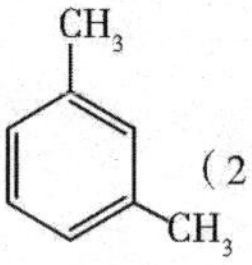 CH_3 CH_3　(2) CH_3 NO_2 　(3) 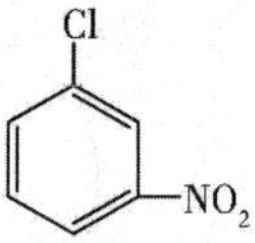 Cl NO_2

(4) 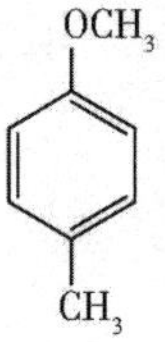 OCH_3 CH_3　(5) 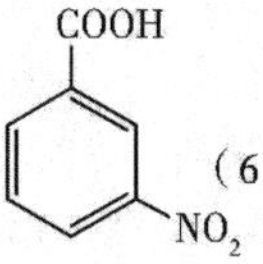 COOH NO_2　(6) 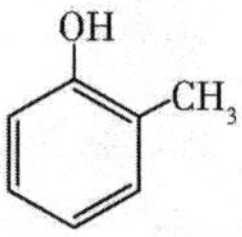 OH CH_3

4. 比较下列各组化合物的酸性并解释原因。

(1) RCH_2OH 和 RCOOH　(2) $ClCH_2COOH$ 和 CH_3COOH

(3) FCH_2COOH 和 $ClCH_2COOH$　(4) $HOCH_2CH_2COOH$ 和 $CH_3CH(OH)COOH$

(5)  COOH CN 和 COOH CN　(6) 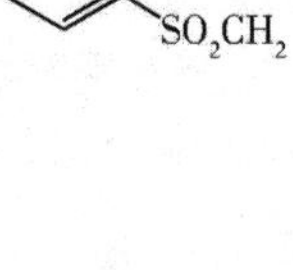 COOH SO_2CH_3 和 COOH SCH_3

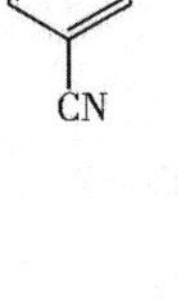

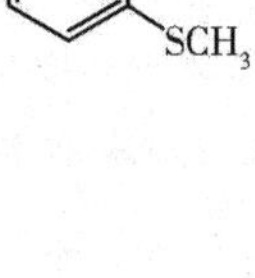

练习题答案

1. 比较题

(1) 正戊烷 > 己烷 > 2,3 - 二甲基戊烷 > 2 - 甲基己烷 > 四甲基丁烷 > 3 - 甲基庚烷 > 辛烷。

(2) 羧酸 > 醇 > 醛酮 > 卤代烃 > 醚 > 炔烃 > 烯烃 > 烷烃。

(3) 邻羟基苯甲酸的酸性($pK_a = 2.98$)大于对羟基苯甲酸的酸性($pK_a = 4.57$),主要受到氢键的影响。

(4) 甲醇的酸性强于叔丁醇。因为甲醇和叔丁醇相应的共轭碱 CH_3O^- 和 $(CH_3)_3CO^-$ 在溶剂中的稳定性不同,CH_3O^- 能较好地被溶剂分子溶剂化而稳定存在,而 $(CH_3)_3CO^-$ 由于叔丁基的体积较大,其空间效应对溶剂分子的屏蔽作用抵消了其溶剂化作用。

(5) A 和 B 都含有羧基,显酸性。B 的羧基负离子可以与羟基形成分子内氢键而稳定,因此 B 的酸性大于 A。

(6) 硝化反应是苯环上的亲电取代反应,苯环上电子云密度的改变会影响硝化反应的难易。甲基是推电子基团,使苯环上的电子云密度增大,活化苯环;硝基是强的拉电子基团,使苯环上的电子云密度降低而钝化。因此上面四个分子进行硝化反应的难易顺序是:

$$C_6H_5NO_2 > C_6H_5Cl > C_6H_6 > C_6H_5CH_3$$

(7) 正丁醇分子间能形成氢键,因此沸点高,而乙醚分子之间不能形成氢键,因此沸点低。

(8) 酸性顺序是: A > B > C。

(9) 碱性的强弱顺序是 B > C > D > A 。A 是酰胺,N 原子上的孤对电子与羰基形成 p - π 共轭而使得酰胺几乎无碱性; B 中 N 原子上的孤对电子占据的轨道为 sp^3 杂化; C 中 N 原子的孤对电子占据轨道为 sp^2 杂化;D 是芳胺,N 原子的孤对电子参与芳环的共轭使得电荷比较分散。因此 B 的碱性最强,A 的碱性最弱。

(10) 水溶性大小的顺序是:D > B > C > A

2. 选择题

(1)B　(2)C　(3)B　(4)B　(5)A　(6)D　(7)C　(8)A　(9)B　(10)A、D

3.

(1) 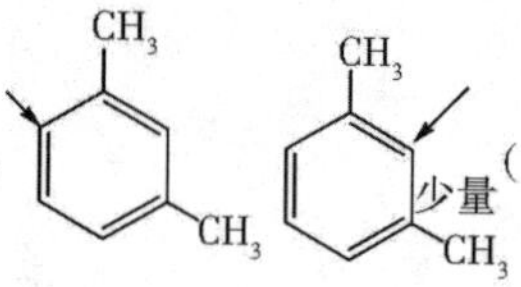 CH_3 CH_3 CH_3 少量 CH_3 (2) CH_3 NO_2 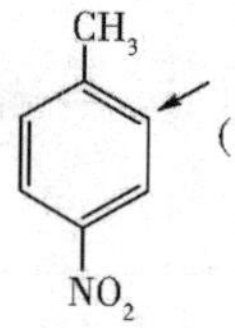 (3) 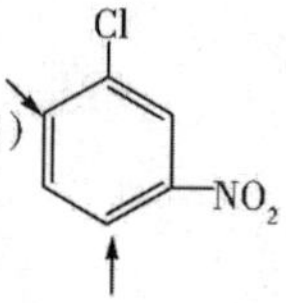 Cl NO_2

(4) 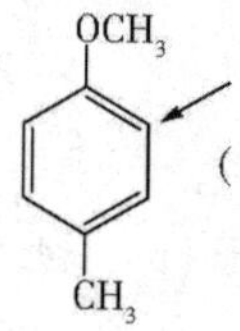 OCH_3 CH_3 (5) 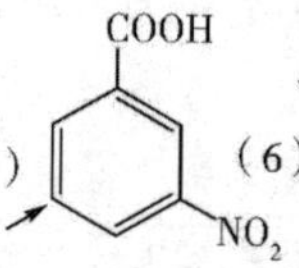 COOH NO_2 (6) 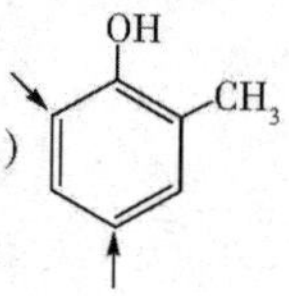 OH CH_3

4. (1) RCOOH 酸性强，原因是 $RCOO^-$ 比 RCH_2O^- 更稳定。

(2) $ClCH_2COOH$ 酸性强，因为 Cl 原子的拉电子诱导效应能够稳定羧酸负离子。

(3) FCH_2COOH 酸性强，因为 F 原子的电负性比 Cl 原子大，拉电子诱导效应更强。

(4) OH | $CH_3CHCOOH$ 酸性更强，因为取代基拉电子诱导效应随着分子链的增长而减弱。

(5) 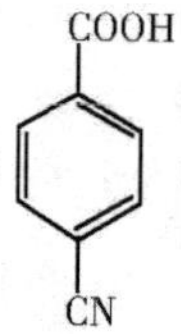 COOH CN 酸性强，因为氰基是拉电子基团，位于苯环对位的氰基起到拉电子的共轭效应，使得该化合物酸性更强。

(6) 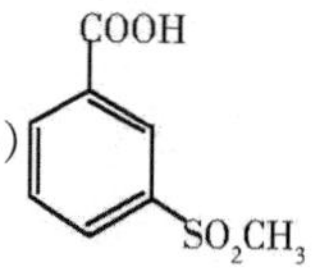 COOH SO_2CH_3 酸性强，因为甲磺酰基的拉电子作用要强于甲硫基。

第2章　共轭、共振和芳香性

2.1　共轭

通过σ键相连的多个(两个以上)π键,或者是与π键相邻原子或原子团上带有孤对电子,孤对电子的p轨道与相邻π键的p轨道肩并肩侧面重叠,电子云相互交叠而形成的π电子离域体系称为共轭体系。常见的共轭体系如图2－1所示。

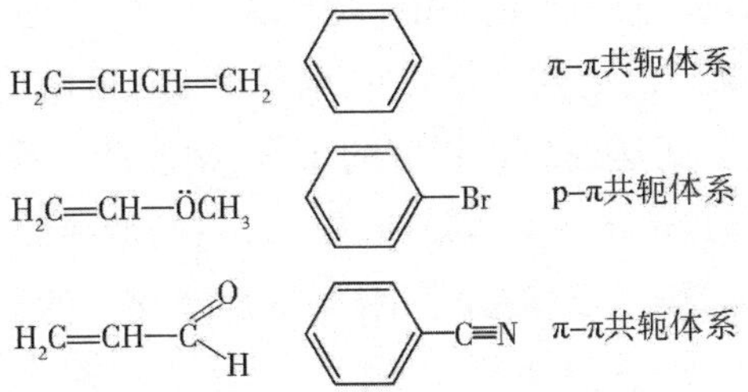

$H_2C{=}CHCH{=}CH_2$　　π-π共轭体系

$H_2C{=}CH{-}\ddot{O}CH_3$　　—Br　　p-π共轭体系

$H_2C{=}CH{-}CHO$　　—C≡N　　π-π共轭体系

图2－1　常见的共轭体系

$CH_2{=}CH{-}CH{=}CH_2$和$CH_2{=}CH{-}NO_2$的共轭体系称为π－π共轭体系,$CH_2{=}CH{-}O{-}CH_3$产生共轭体系属于p－π共轭体系,这两种共轭体系都存在π电子的离域。共轭效应属于电子效应之一,能使体系能量降低、不同分子轨道间的能级差减小、共价键上的电子云密度和键长均化、液体化合物折光率增大、红外吸收光谱发生红移。共轭效应产生的原因是分子轨道交叠引起电子离域,仅仅存在于共轭体系的分子之中,这一点与诱导效应不同。共轭效应沿着共轭体系传播不会因为共价键的长短而存在强弱差异。共轭效应对化合物电性的影响如图 2－2 所示，电性是极性交替传递的，书面上用 ↷ 表示对电性的影响。

$$\overset{\delta^+}{—HC}\!=\!\overset{\delta^-}{C}H\overset{\delta^+}{C}H\!=\!\overset{\delta^-}{C}H—$$

图 2－2　共轭效应对化合物电性的影响

1,4－戊二烯的分子内能比 1,3－戊二烯的高 28 $kJ \cdot mol^{-1}$，分子内能的降低就是 1,3－戊二烯的 π－π 共轭效应所导致的。共轭效应有静态共轭效应和动态共轭效应之分，在极性试剂的影响下，原有的共轭体系受到极化产生动态的共轭效应。例如，1,3－丁二烯受到 HBr 进攻时，1,3－丁二烯分子的 π 键受到 H^+ 的进攻而产生极化，π 电子云向进攻试剂方向移动促进亲电加成反应的发生。卤苯分子本身是静态 p－π 共轭体系，在外来亲电试剂 E^+ 的进攻之下产生动态的共轭效应，使原有的 p－π 共轭效应增强，促进了苯环邻对位的取代反应的发生。共轭效应也有拉电子共轭效应（－C）和推电子共轭效应（＋C）之分。－C 效应产生的主要原因是 π－π 共轭体系中，同周期或者同主族的不同原子之间的电负性差异，如 C ═O、C ═N 和 C ═C，－C 效应的顺序是 C ═O > C ═N > C ═C。＋C 效应的产生是由于随着原子序数和原子半径的增大，p 轨道与中心 C 原子 π 轨道的重叠部分减少，电子离域程度减弱。分子中共轭体系处于一个平面内，轨道间达到最大程度的重合，则能产生最强的共轭效应。具有螺环结构的化合物也能产生共轭效应，螺[4,4]壬四烯的共轭效应如图 2－3（a）所示，苯基乙烯基酮、二乙烯基醚和枝烯等属于交叉的共轭体系，如图 2－3（b）～（d）所示。

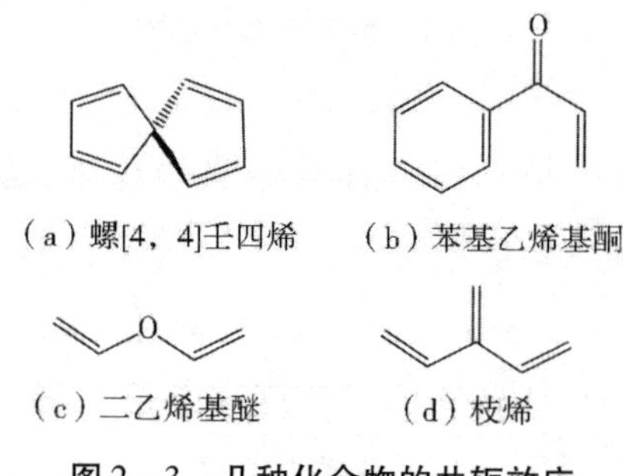

（a）螺[4，4]壬四烯　（b）苯基乙烯基酮

（c）二乙烯基醚　（d）枝烯

图 2－3　几种化合物的共轭效应

共轭效应可以影响有机化合物的酸碱性。在分析胺分子(RNH_2)碱性强弱时，从静电效应上来说，胺分子中 N 原子上的电子云密度越大，在反应中越容易给出电子，该分子的碱性越强。胺的碱性受到静电效应、空间效应和溶剂化作用的综合影响，一般来说脂肪族二级胺的碱性最大，然后依次是脂肪族一级胺、脂肪族三级胺、无机氨、芳香胺。芳香胺的碱性与分子中 N 原子上的电子云密度有关，N 原子上的孤对电子被分散的程度越高，其碱性越弱。苯胺的碱性比普通脂肪胺的碱性弱，原因是苯胺中 N 原子上的孤对电子占据 p 轨道，与苯环的 π 键发生了共轭，减弱了 N 原子的给电子能力。当芳香胺分子中芳环上有推电子基团时，芳胺的碱性增强，芳环上有拉电子基团时，芳胺的碱性减弱。苯胺、二苯基胺和三苯基胺的碱性强弱顺序如图 2-4 所示，三苯基胺分子中 N 原子上的孤对电子参与三个苯环的共轭，电子的分散程度最大，因此碱性最弱。

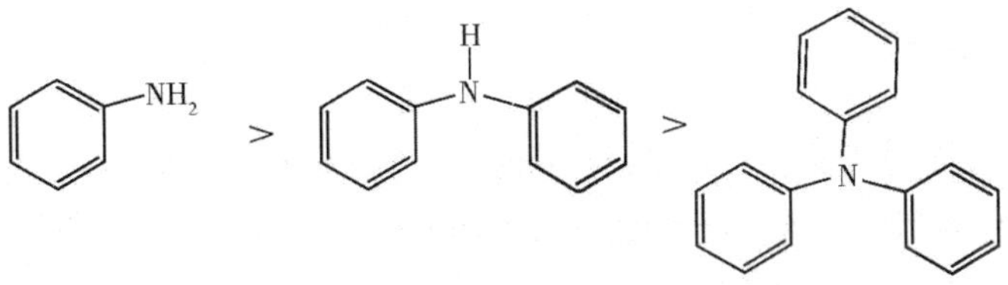

NH2 > H N > N

图 2-4 苯胺、二苯基胺和三苯基胺的碱性强弱顺序

常见含 N 原子的杂环化合物的分子结构如图 2-5 所示。吡啶、喹啉分子中 N 原子上的孤对电子处于 sp^2 杂化轨道，不参与环的共轭，因此相对容易给出，碱性要强于苯胺；吡咯和吲哚分子中 N 原子上的孤对电子处于 p 轨道，参与芳杂环的共轭，相对不容易给出，因此碱性小于苯胺。吡啶、哌啶和苯胺的碱性强弱顺序为哌啶 > 吡啶 > 苯胺。哌啶分子中 N 原子的杂化方式是 sp^3 杂化，吡啶分子中 N 原子的杂化方式是 sp^2 杂化，碱性顺序为 $sp^3 > sp^2$，与烷烃中 C 原子的杂化方式对烷烃碱性的影响是类似的。苯胺中 N 原子接近于 sp^2 杂化，由于 N 原子上的未共用电子与苯环形成 p-π 共轭，电子分散到苯环上，故而碱性减弱。吲哚分子不显碱性，原因是 N 原子上的未共用电子对与环共轭，形成一个 10 个 π 电子的芳香体系。

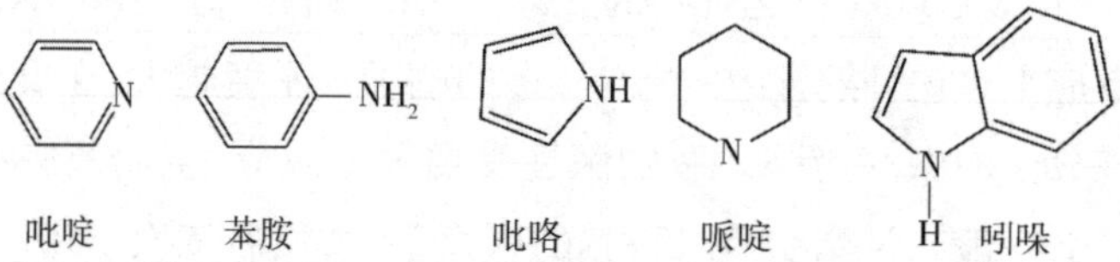

吡啶 苯胺 吡咯 哌啶 吲哚

图 2-5 常见含 N 原子的杂环化合物的分子结构

苯甲酸的酸性比普通脂肪酸的酸性强,其原因是苯甲酸失去质子之后形成的羧基负离子可以与苯环发生 p-π 共轭,如图 2-6 所示,通过共轭效应分散羧基负离子的负电荷,从而稳定了苯甲酸根负离子。

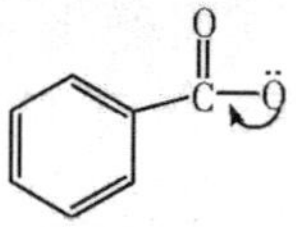

图 2-6 羧基负离子的共轭效应

羰基化合物的酸性也可以从共轭效应上进行解释。2,4-戊二酮的酸性强于乙酰乙酸乙酯强于丙酮,这个结果也和共轭有关。如图 2-7 所示,2,4-戊二酮分子中有两个拉电子的羰基,通过 p-π 共轭可以很好地稳定亚甲基负离子,因此作为 2,4-戊二酮的共轭碱 2,4-戊二酮负离子是最稳定的,因此 2,4-戊二酮的酸性也是最强的。乙酰乙酸乙酯分子中含有一个羰基和一个酯基,酯基分散负电荷的能力比羰基差,因此乙酰乙酸乙酯负离子的稳定性没有 2,4-戊二酮好。二者生成的负离子共同的特点是都比只有羰基共轭的丙酮负离子要稳定,因此三者之中 2,4-戊二酮的酸性最强,丙酮的酸性最弱。

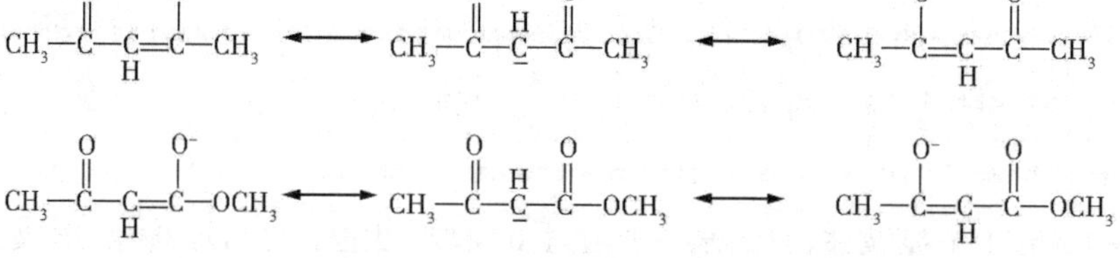

图 2-7 2,4-戊二酮和乙酰乙酸乙酯的负离子共轭效应

如图 2 - 8(a)所示,维生素 C 的 pK_a 值为 4.71 呈现明显的酸性,在维生素 C 分子中含有多个羟基,那么维生素 C 最稳定的共轭碱的形式是什么呢?从共轭效应的角度分析,羟基 3 解离失去质子生成的共轭碱是最稳定的,因此维生素 C 共轭碱的结构式如图 2 - 8 (b)所示。

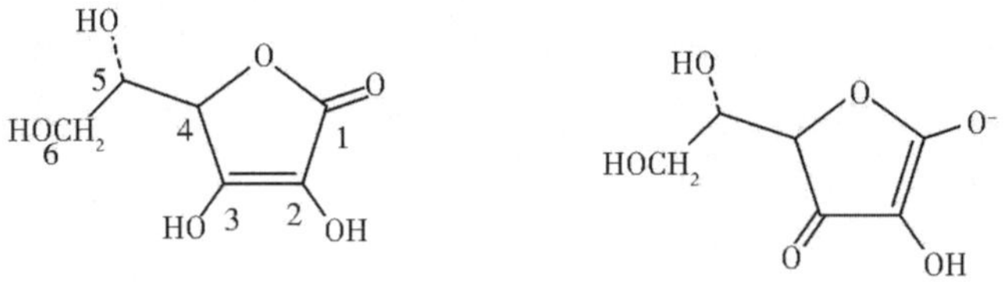

(a) 维生素C的结构　　(b) 维生素C的共轭碱

图 2 - 8　维生素 C 及其共轭碱的结构

一些化合物分子中 σ 键电子和 π 电子共同参与共轭离域,形成 σ - π、σ - p 以及 n - σ 体系,叫作超共轭体系,如图 2 - 9 所示。

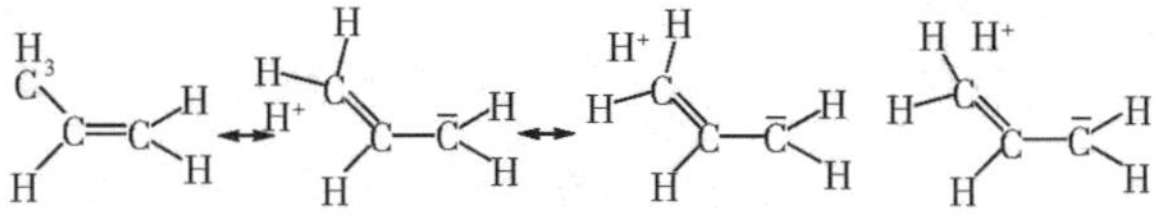

图 2 - 9　烯丙基超共轭体系

π 键与 C—H σ 键之间的共轭离域效应叫作 σ - π 超共轭效应,如丙烯分子和甲苯分子超共轭效应产生的电子云移动方向总是由 σ 键指向 π 键。如图 2 - 10 所示,当烷基与碳正离子或者自由基相连时,C—H σ 电子云可以分散到碳正离子空的 p 轨道或者自由基中心原子含有一个单电子的 p 轨道上,使得正电荷得到分散,称为 σ - p 超共轭效应,烷基的超共轭效应比 π - π 共轭效应和 π - p 共轭效应对化合物物理、化学性质的影响弱得多。

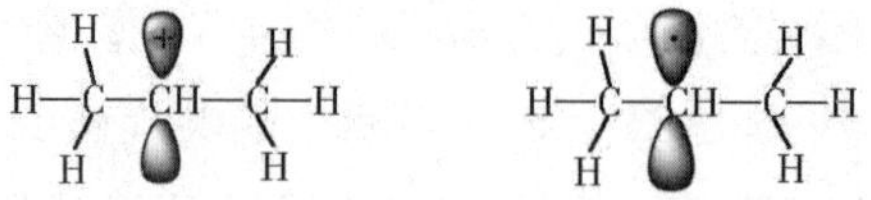

图 2－10　碳正离子和自由基的 σ－p 超共轭效应

为什么碳正离子的稳定性顺序是叔碳正离子 > 仲碳正离子 > 伯碳正离子呢？一般认为参加 σ－p 超共轭效应的 C—H σ 键的数目越多，正电荷分散程度越高，引起的键长均化效应就越强，碳正离子越稳定，如图 2－11 所示；同理，自由基的稳定性亦是如此。

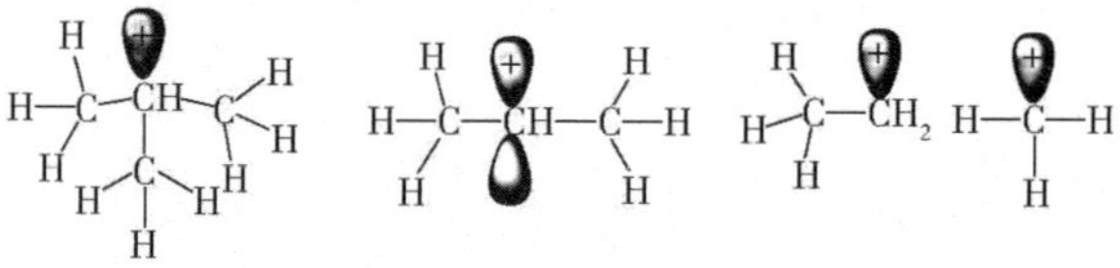

图 2－11　不同碳正离子的 σ－p 超共轭效应

图 2－12(a)所示的 1－环丙基乙烯和 2－环丙基乙烯互为异构体，室温下这两个化合物在酸性水溶液中进行水合反应，2－环丙基乙烯的加成反应速率比 1－环丙基乙烯快 7000 倍。这两个异构体酸性环境下进行水合反应属于烯烃的亲电加成，其机理属于碳正离子历程，生成的中间体是环丙基正离子，如图 2－12(b)所示。

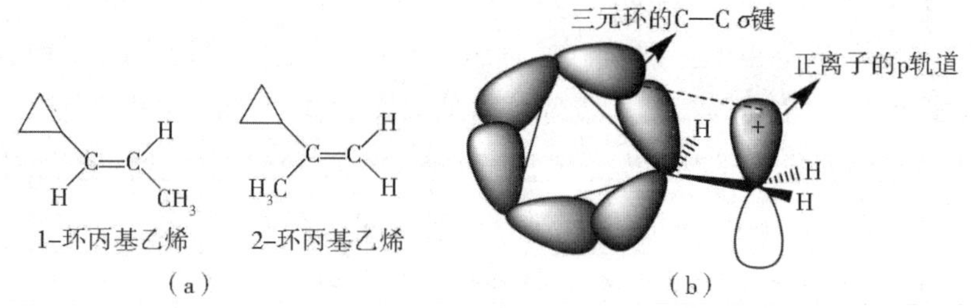

图 2－12　1－环丙基乙烯、2－环丙基乙烯和环丙基正离子

环丙基的弯曲 C—C σ 键与正离子的 p 轨道共面共轭而稳定，当形成不同

的环丙基正离子时，产生的共轭效应是不同的，如图2－13所示。当1－环丙基乙烯生成环丙基正离子时，两个C—H σ键和一个C—C σ键与环丙基正离子的p轨道形成σ－p超共轭体系；当2－环丙基乙烯生成环丙基正离子时，六个C—H σ键与环丙基正离子的p轨道形成σ－p超共轭体系，显然比前者稳定得多。因此可以解释为什么2－环丙基乙烯的加成反应速率比1－环丙基乙烯快7000倍。

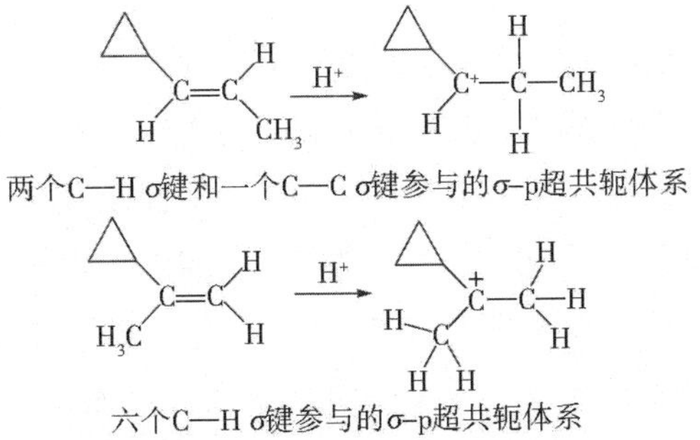

两个C—H σ键和一个C—C σ键参与的σ-p超共轭体系

六个C—H σ键参与的σ-p超共轭体系

图2－13　不同环丙基正离子的超共轭体系

甲苯分子中，甲基的邻对位电荷密度比间位的电荷密度大也可以用超共轭效应进行解释，如图2－14所示。

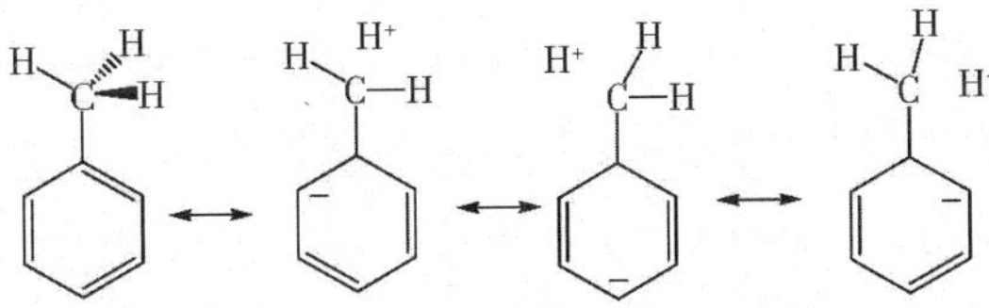

图2－14　甲苯中的超共轭效应

O原子和N原子等杂原子上的孤对电子也会与相邻的σ^*键之间发生n－σ^*超共轭效应，如图2－15所示。共价键也会因为超共轭效应而变弱，键长变长，在化合物的红外光谱上体现为峰值向高波数移动，核磁^{1}H NMR上则向高场移动。

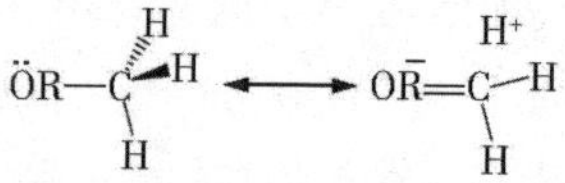

图 2 - 15 O 原子的孤对电子与相邻 σ^* 键之间的 n - σ^* 超共轭效应

2.2 共振

许多有机化合物的 π 电子和非键电子的分布很难用一个经典结构式来表达，这时可以用多个电子式来描述该化合物的结构，被称为共振极限式，每一个共振极限式都是该分子共振杂化体的贡献者。共振杂化体分子的波函数是多个极限式波函数的组合，体现了该化合物分子结构共振的特性。图 2 - 16(b)和图 2 - 16(c)属于电荷分离式，该共振极限式由于电荷的集中而极不稳定；而图 2 - 16(a)中参与离域的 π 电子与 p 轨道相互平行而达到最大限度的重叠，体系能量最低而稳定。共振极限式的电子不是定域在某个原子上，而是在整个分子中离域。共振极限式不是真实存在的，各种极限式相互交叠组合成共振杂化体，可以理解为杂化体才是分子的真实结构。各种共振极限式在共振杂化体中的贡献是不同的，通常较为稳定的共振极限式贡献较大，满足八隅体结构的共振式较为稳定，如图 2 - 16(d)所示，负电荷位于电负性较大的原子上较为稳定。共振符号用⟷表示。书写共振结构时要求原子核的位置不变，电荷的排布可以改变，即原子的连接顺序不能改变，改变的是电子的分布。在书写和表示共振的时候要注意与符号“⇌”区分开来，符号“⇌”表示的是化学反应平衡和动态平衡状态。如图 2 - 16(e)所示，二者原子的连接方式相同，只是原子之间的电子分布不同，因而这两个结构式属于共振极限式。

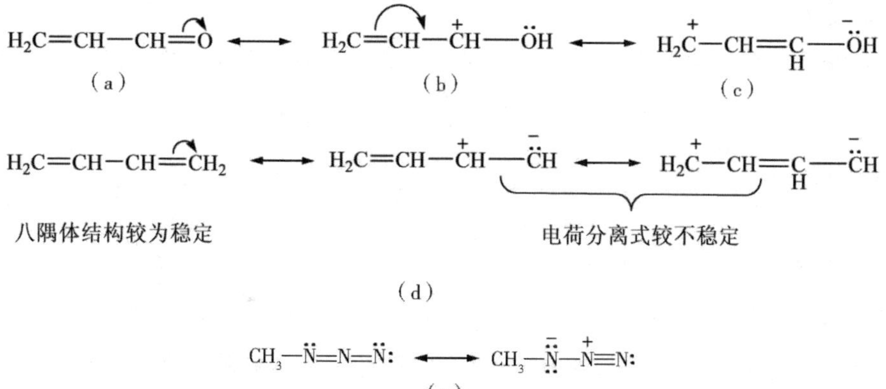

$H_2C{=}CH{-}CH{=}\ddot{O}$ ⟷ $H_2C{=}CH{-}\overset{+}{C}H{-}\ddot{\overset{-}{O}}H$ ⟷ $H_2\overset{+}{C}{-}CH{=}\underset{H}{C}{-}\ddot{\overset{-}{O}}H$

(a)　(b)　(c)

$H_2C{=}CH{-}CH{=}CH_2$ ⟷ $H_2C{=}CH{-}\overset{+}{C}H{-}\ddot{\overset{-}{C}}H$ ⟷ $H_2\overset{+}{C}{-}CH{=}\underset{H}{C}{-}\ddot{\overset{-}{C}}H$

八隅体结构较为稳定　　电荷分离式较不稳定

(d)

$CH_3{-}\ddot{N}{=}N{=}\ddot{N}{:}$ ⟷ $CH_3{-}\overset{-}{\ddot{N}}{-}\overset{+}{N}{\equiv}N{:}$

(e)

图 2-16　共振极限式和杂化体

F 原子的电负性比 O 原子大，但是甲醛（HCHO）的偶极矩值为 2.77 D，比 CH_3F 的偶极矩 1.81 D 更大，这个现象也可以用甲醛的共振式进行解释。如图 2-17所示，甲醛的共振极限式中，(b)结构上 O 原子带有负电荷，属于贡献更大的极限式，使 O—C 键高度极化，具有较大的偶极矩。CH_3F 分子中，虽然 F 原子的电负性更大，但是分子中没有共振极限式，因此 CH_3F 的偶极矩较小。

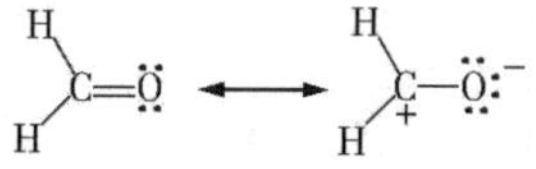

$H_2C{=}\ddot{O}{:}$ ⟷ $H_2\overset{+}{C}{-}\ddot{O}{:}^-$

(a)　(b)

图 2-17　甲醛的共振极限式

例题 2-1　下列共振式哪一个是错误的？

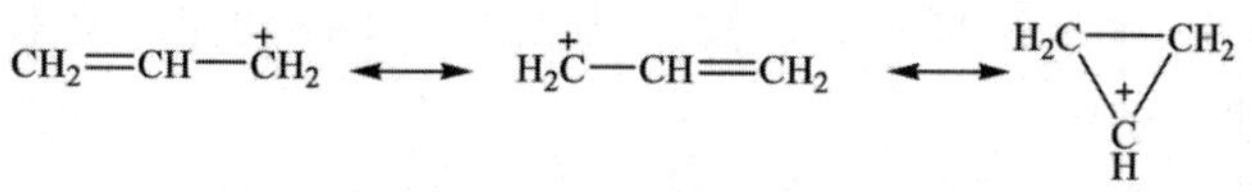

$CH_2{=}CH{-}\overset{+}{C}H_2$ ⟷ $H_2\overset{+}{C}{-}CH{=}CH_2$ ⟷ 环丙基正离子（$H_2C{-}CH_2$ 与 $\overset{+}{C}H$ 成三元环）

A　B　C

解析　A 和 B 属于烯丙基正离子的两种共振极限式，而 C 给出的结构改变了原有结构的原子连接方式，因此 C 是错误的。

例题 2-2　写出（环己二烯酮负离子，=O）的共振极限式，并说明哪一个对共振杂化体的

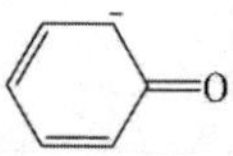

贡献最大。

解析 该结构属于负离子，电子离域的方向是带负电荷的中心 C 原子转向其他原子：

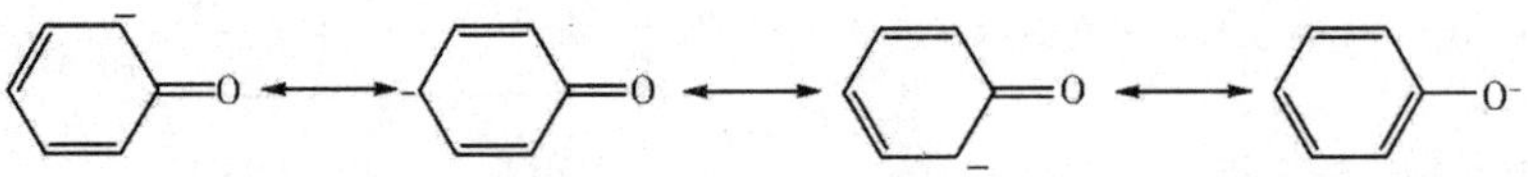

(a) (b) (c) (d)

共振极限式(d)的结构是负电荷在电负性较大的 O 原子上，符合完整的苯环 π 键电子离域和电负性原则，因此(d)是对杂化体贡献最大的一种共振极限式。

例题 2-3 写出 $C_6H_5-C\equiv N$ 的共振极限结构，并解释哪一种属于贡献最大的极限式。

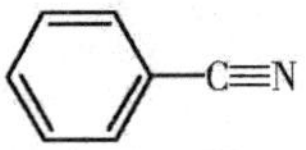

解析 $C_6H_5-C\equiv N$ 属于化合物，共振极限式如下：

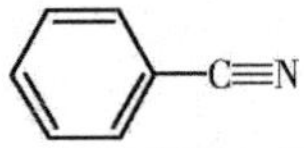

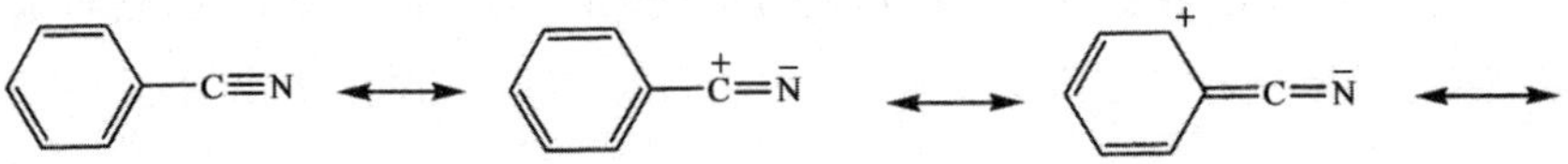

(a) (b) (c)

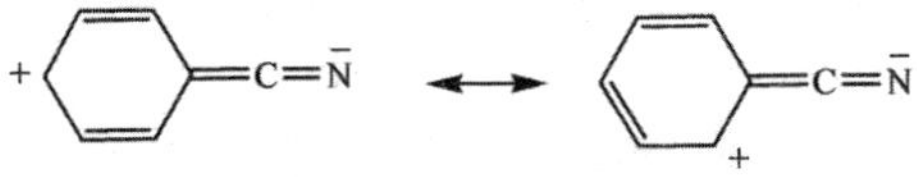

(d) (e)

共振极限式(a)共价键最多，没有电荷分离，对共振杂化体的贡献最大，最接近分子的真实结构。

例题 2-4 实验结果表明，三氯甲基是苯环上的间位定位基，请从共振杂化体的角度进行解释。

解析 三氯甲苯在接受亲电试剂进攻之后形成三种 σ 配合物：

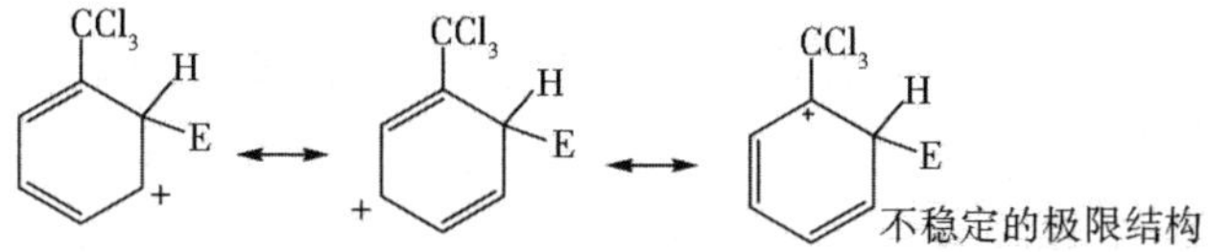

不稳定的极限结构

进攻邻位

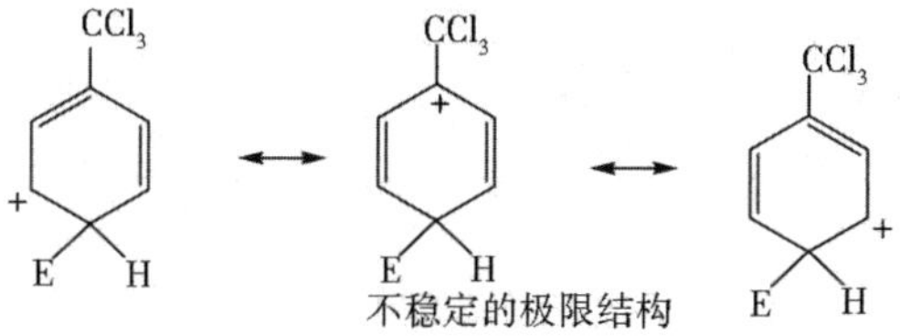

不稳定的极限结构

进攻对位

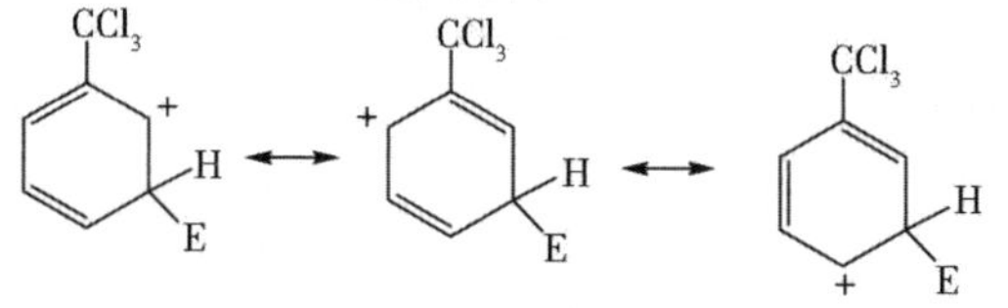

进攻间位

三种 σ 配合物均是极限结构的共振杂化体。进攻三氯甲基邻位和对位形成的 σ 配合物的共振杂化体都有一个极限结构式，带正电荷的 C 原子直接与三氯甲基相连，三氯甲基是强拉电子基团，因而这种形式下正电荷更为集中而不稳定；进攻三氯甲基的间位会出现不同的情况，带有正电荷的 C 原子没有直接和三氯甲基相连，因此三氯甲基是间位定位基。

2.3　化合物的芳香性

芳香性是指以苯为代表的环状共轭体系具有的特殊稳定性，化学性质上表现为易进行亲电取代反应，不易进行加成反应和氧化反应。芳香性的特征是环状闭合共轭体系、π 电子高度离域、键长均化、体系能量低、较稳定。一般用 Hückel 规则来判断化合物是否具有芳香性。Hückel 规则：含有 $4n+2$（n 为整数）个 π 电子的单环闭合平面共轭多烯化合物具有芳香性。理解的时候重点把握三个要点：(1) π 电子数符合 $4n+2$ 规则；(2) sp^2 杂化闭合体系；(3) 体系共轭共平面。

Hückel 规则也适用于非苯系化合物芳香性的判断，例如图 2－18(a) 所示的环戊二烯分子，C1 原子为 sp^3 杂化，没有 p 轨道，整个分子没有共平面，与 Hückel 规则相悖，因此没有芳香性。当环戊二烯在强碱的作用下形成环戊二烯负离子时，如图 2－18(b)所示，C1 原子的杂化方式从 sp^3 杂化转变为 sp^2 杂化，整个分子共平面，构成共轭的、闭合的平面体系，符合 Hückel 规则，具有芳香性。图 2－18(c)的环戊二烯正离子中的 C 原子都是 sp^2 杂化，整个离子共轭共平面，但是 π 电子数为 4，不符合 π 电子数 $4n+2$（n 为整数）规则，没有芳香性。同理图 2－18(d)的环戊二烯自由基的 π 电子数是 5，也没有芳香性。化合物的共振极限式如图 2－18(e)所示，成环部分结构与环庚三烯正离子相同，符合 Hückel 规则，具有芳香性。

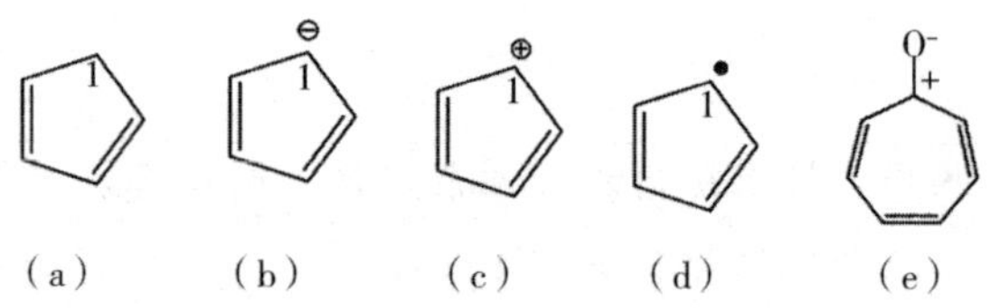

(a)　(b)　(c)　(d)　(e)

图 2－18　非苯化合物芳香性的判断

环丙烯负离子、环丁二烯和环戊二烯正离子等物种稳定性比相应的开链共轭烯烃还要差，其结构如图 2－19(a)所示。理论计算和实验事实表明，环丙烯负离子的能量比烯丙基负离子要高。环丁二烯极不稳定，它的寿命极短，可通过图 2－19(b)所示的反应发生二聚作用。

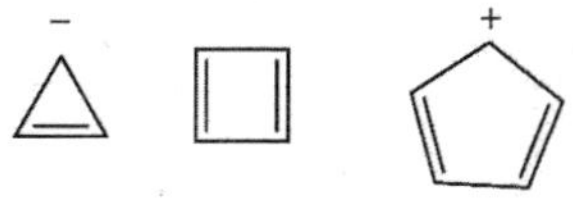

(a)

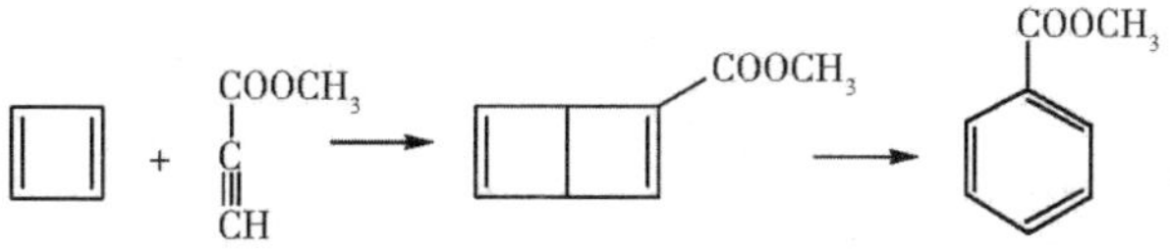

(b)

图 2－19　环丙烯负离子、环丁二烯、环戊二烯正离子和环丁二烯的二聚反应

类似环丙烯负离子、环丁二烯和环戊二烯正离子等 π 电子离域导致体系能量升高、稳定性下降的体系称为反芳香性体系。化合物具有反芳香性的条件是：π 电子与 p 电子总数为 $4n$，共平面（共面的原子均为 sp^2 杂化或 sp 杂化）。非芳香性是指除了芳香性以外的物质的性质。依据 Hückel 规则，笔者总结了常见的一些环状化合物，并对其芳香性、反芳香性和非芳香性进行了总结，如表 2－1 所示。

表 2－1 常见环状分子的芳香性、反芳香性和非芳香性总结

化合物	判断依据	芳香性判断	化合物	判断依据	芳香性判断
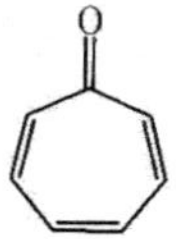	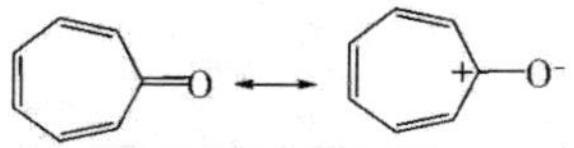 π 电子数为 6	芳香性		 π 电子数为 2	芳香性
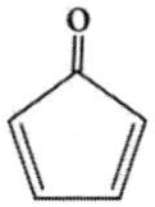	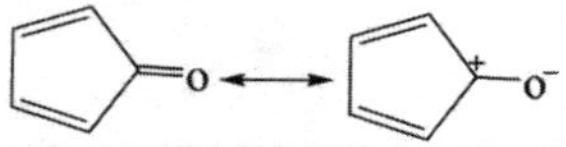 π 电子数为 4	反芳香性		π 电子数为 6 非共轭共平面	非芳香性
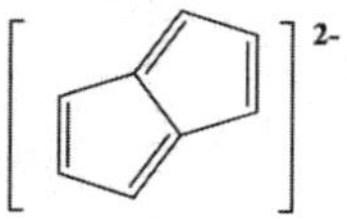 2-	π 电子数为 10	芳香性		π 电子数为 8 共平面	反芳香性
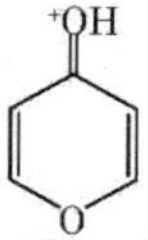 ⁺OH O	π 电子数为 6 sp^2杂化闭合体系 体系共轭共平面	芳香性	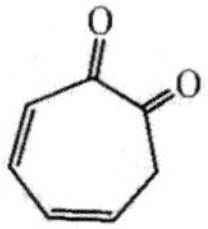	 π 电子数为 6	芳香性

续表

化合物	判断依据	芳香性判断	化合物	判断依据	芳香性判断
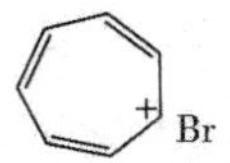	π 电子数为 6 sp^2杂化闭合体系 体系共轭共平面	芳香性	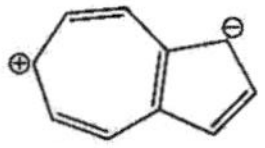	π 电子数为 10 sp^2杂化闭合体系 体系共轭共平面	芳香性
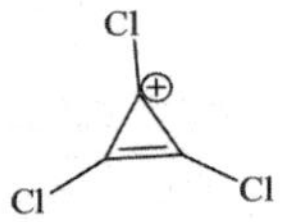	π 电子数为 2 sp^2杂化闭合体系 体系共轭共平面	芳香性		π 电子数为 6 sp^2杂化闭合体系 体系共轭共平面	芳香性
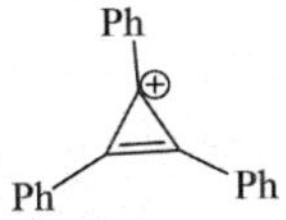	π 电子数为 2 sp^2杂化闭合体系 体系共轭共平面	芳香性	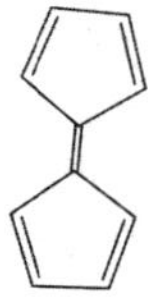	π 电子数为 10 sp^2杂化闭合体系 体系共轭共平面	芳香性
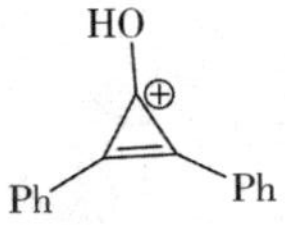	π 电子数为 2 sp^2杂化闭合体系 体系共轭共平面	芳香性	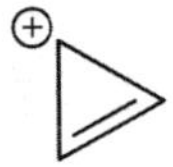	π 电子数为 2 sp^2杂化闭合体系 体系共轭共平面	芳香性

续表

化合物	判断依据	芳香性判断	化合物	判断依据	芳香性判断
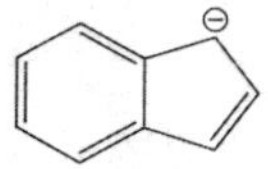	π 电子数为 10 sp^2杂化闭合体系 体系共轭共平面	芳香性		π 电子数为 6 sp^2杂化闭合体系 体系共轭共平面	芳香性
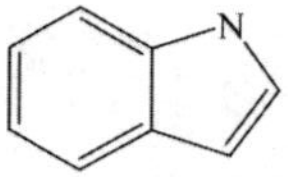 N	π 电子数为 10 sp^2杂化闭合体系 体系共轭共平面	芳香性		π 电子数为 6 sp^3杂化	非芳香性
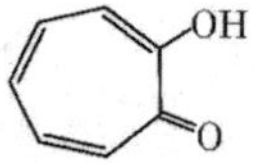 OH O	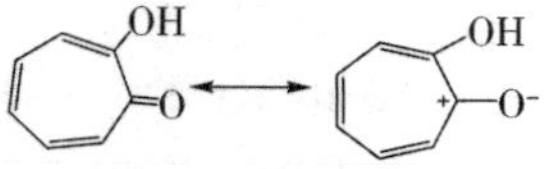 OH O ⟷ OH O⁻ π 电子数为 8	芳香性	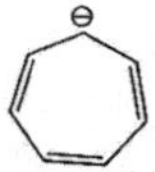	π 电子数为 8 共平面	反芳香性
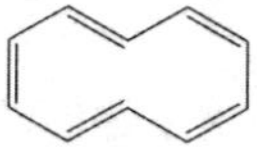	不共平面	非芳香性	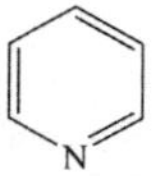 N	π 电子数为 6 sp^2杂化闭合体系 体系共轭共平面	芳香性
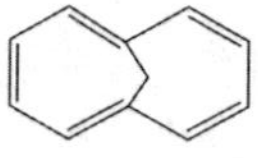	不共平面	非芳香性	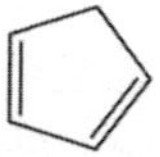	π 电子数为 4 存在 sp^3杂化	非芳香性

续表

化合物	判断依据	芳香性判断	化合物	判断依据	芳香性判断
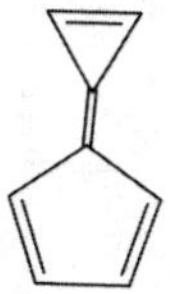	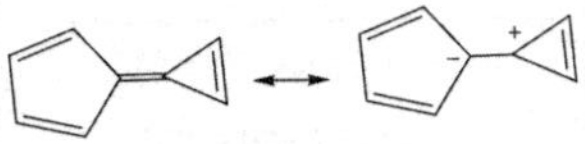 π 电子数为 8 sp^2 杂化闭合体系 体系共轭共平面	芳香性	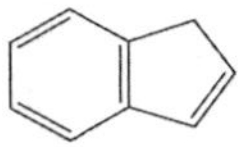	π 电子数为 8 存在 sp^3 杂化	非芳香性
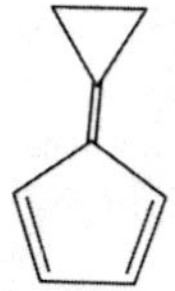	π 电子数为 6 sp^2 杂化闭合体系 体系共轭共平面	芳香性	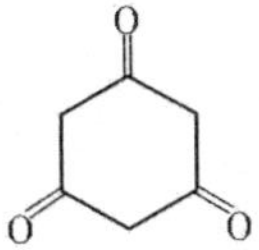	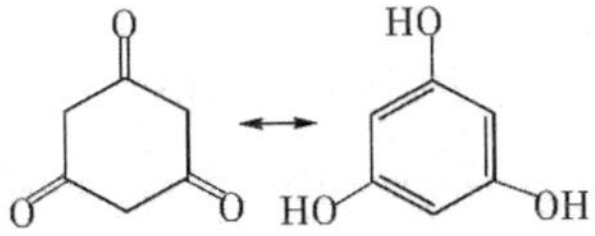 HO, OH, HO π 电子数为 6	芳香性
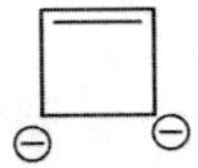	π 电子数为 6 sp^2 杂化闭合体系 体系共轭共平面	芳香性	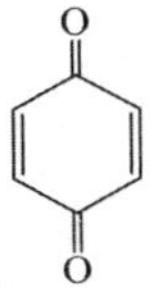	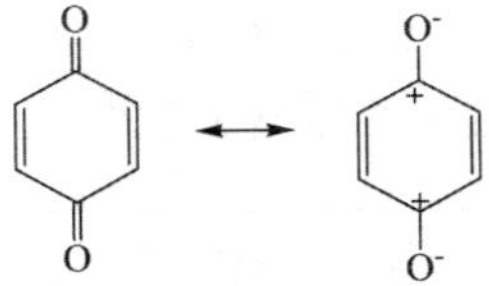 π 电子数为 4	反芳香性

续表

化合物	判断依据	芳香性判断	化合物	判断依据	芳香性判断
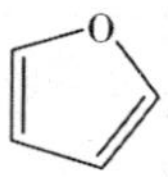	π 电子数为 6 sp^2杂化闭合体系 体系共轭共平面	芳香性	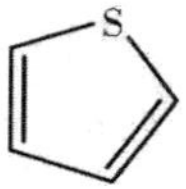	π 电子数为 6 sp^2杂化闭合体系 体系共轭共平面	芳香性
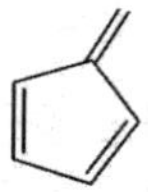	 π 电子数为 6	芳香性	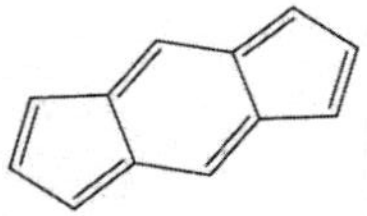	π 电子数为 12 sp^2杂化闭合体系 体系共轭共平面	反芳香性
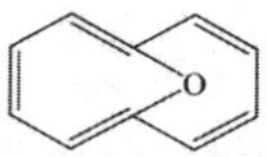	不共平面	非芳香性	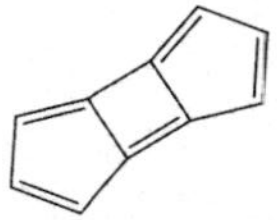	π 电子数为 10 sp^2杂化闭合体系 体系共轭共平面	芳香性
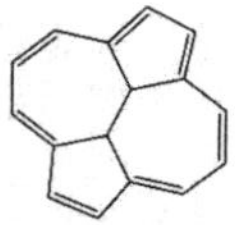	不共平面	非芳香性	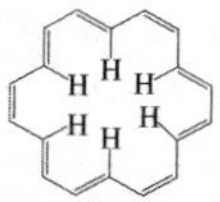	π 电子数为 18 sp^2杂化闭合体系 体系共轭共平面	芳香性
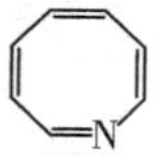	π 电子数为 8 sp^2杂化闭合体系 体系共轭共平面	反芳香性			

本章练习题

1. 说明下列化合物结构中存在的共轭效应的类型。

(1) $Cl—CH=CH_2$　(2) 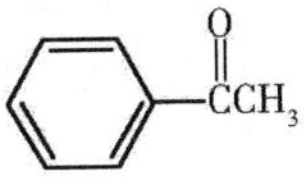 $C_6H_5—\overset{O}{\overset{\|}{C}}CH_3$　(3) $C_6H_5—OCH_3$

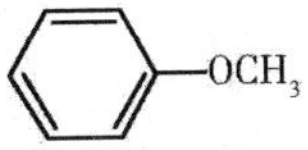

(4) 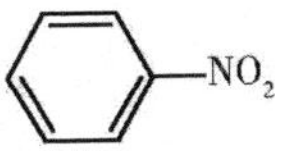 $C_6H_5—NO_2$　(5) $\overset{+}{C}H_2—CH=CH_2$　(6) $H_2\dot{C}—CH=CH_2$

(7) 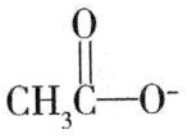 $CH_3\overset{O}{\overset{\|}{C}}—O^-$　(8) $H_2C=CH—CH=CH_2$

2. 下列各组结构式中，哪一组用⟷共振符号，哪一组用⇌平衡符号？

(1)  $H_3C—\ddot{N}=N=\ddot{N}:$ 和 $H_3C—\overset{-}{\underset{..}{\ddot{N}}}—\overset{+}{N}≡N:$

(2) $H—\overset{\ddot{O}:}{\overset{\|}{C}}—\ddot{N}H_2$ 和 $H—\overset{:\ddot{O}H}{\overset{|}{C}}=NH$

(3) $H_2C=\overset{:\ddot{O}H}{\overset{|}{C}}—CH_3$ 和 $H_3C—\overset{:\ddot{O}}{\overset{\|}{C}}—CH_3$

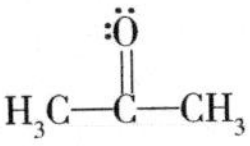

(4) 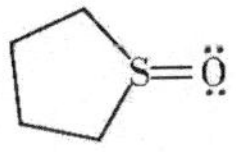 环丁砜式五元环 $S=\underset{..}{\ddot{O}}$ 和 五元环 $\overset{+}{:S}—\underset{..}{\ddot{O}}:^-$

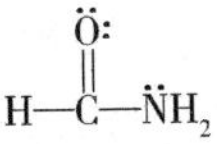

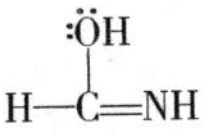

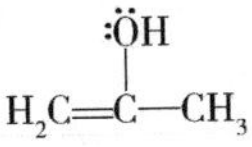

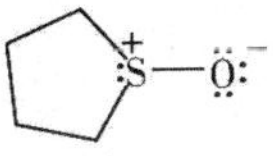

3. 下列各组结构式中哪一组互为共振杂化体？

(1) 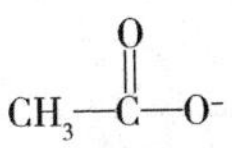 $CH_3—\overset{O}{\overset{\|}{C}}—O^-$ 与 $CH_3—\overset{\bar{O}}{\overset{|}{C}}=O$　(2) $CH_2=CH—\overset{+}{C}H_2$ 与 $\overset{+}{C}H_2CH=CH_2$

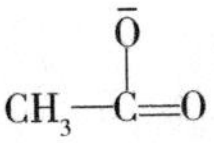

(3) 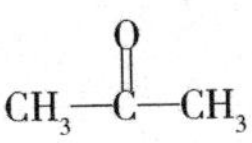 $CH_3—\overset{O}{\overset{\|}{C}}—CH_3$ 与 $CH_3—\overset{OH}{\overset{|}{C}}=CH_2$　(4) $CH_3CH=CHCH_3$ 与 $CH_2=CHCH_2CH_3$

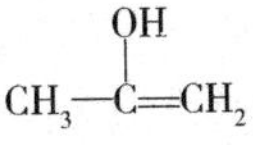

(5) 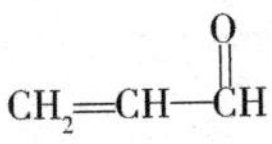 $CH_2=CH—\overset{O}{\overset{\|}{C}}H$ 与 $\overset{+}{C}H_2—CH=\overset{O^-}{\overset{|}{C}}H$　(6) 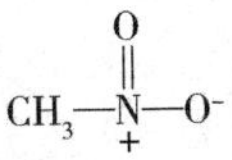 $CH_3—\underset{+}{\overset{O}{\overset{\|}{N}}}—O^-$ 与 $CH_3—\underset{+}{\overset{O^-}{\overset{|}{N}}}=O$

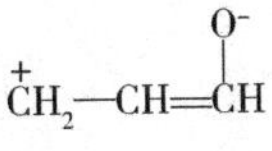

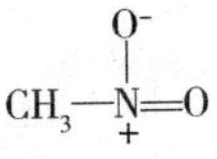

4. 下列各组共振结构式中哪一个对共振杂化体的贡献大？

(1)  $H—\overset{\ddot{O}:}{\overset{\|}{C}}—\ddot{N}H_2$ ⟷ $H—\overset{:\ddot{O}:^-}{\overset{|}{C}}=\overset{+}{N}H_2$

(2) 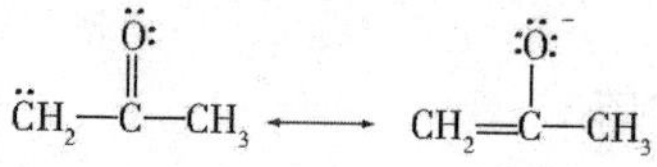 $\ddot{C}H_2-\overset{\ddot{O}:}{\overset{\|}{C}}-CH_3 \longleftrightarrow CH_2=\overset{:\ddot{O}:^-}{\overset{|}{C}}-CH_3$

(3) $CH_3-\overset{+\ddot{O}H}{\overset{\|}{C}}-\ddot{O}H \longleftrightarrow CH_3-\overset{:\ddot{O}H}{\overset{|}{C}}=\overset{+}{\ddot{O}}H$

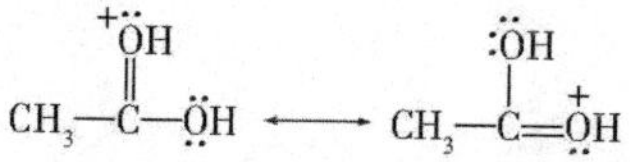

(4) 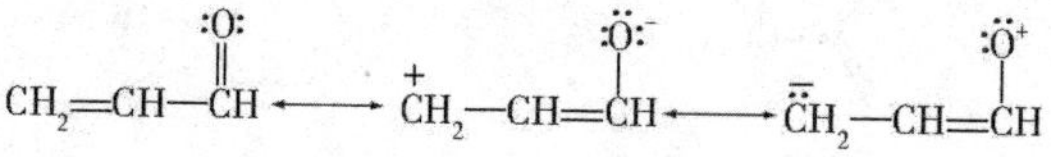 $CH_2=CH-\overset{:\ddot{O}:}{\overset{\|}{C}H} \longleftrightarrow \overset{+}{C}H_2-CH=\overset{:\ddot{O}:^-}{\overset{|}{C}H} \longleftrightarrow \overset{-}{\ddot{C}}H_2-CH=\overset{:\ddot{O}^+}{\overset{|}{C}H}$

5. 写出下列化合物、离子或自由基的极限共振结构，并表明极限式中哪一个贡献最大。

(1) $CH_3-CH=CH-CH=CH-\overset{+}{C}H_2$

(2)

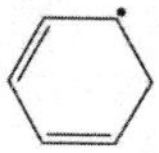

6. 选择题

(1) 下列共振式中最稳定的是 (   )

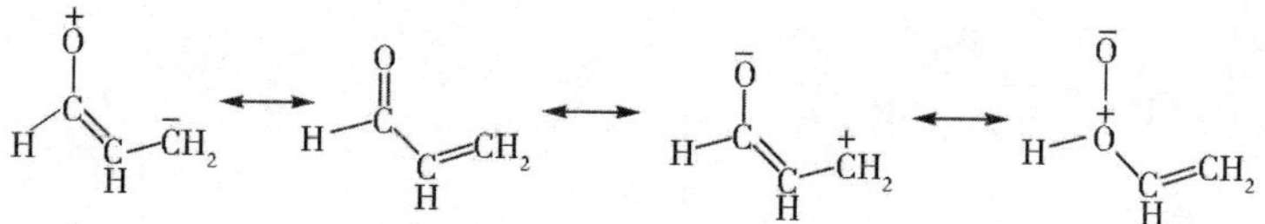

A. $H-C(-\overset{+}{O})=CH-\overset{-}{C}H_2$ $\longleftrightarrow$ B. $H-C(=O)-CH=CH_2$ $\longleftrightarrow$ C. $H-C(-\overset{-}{O})=CH-\overset{+}{C}H_2$ $\longleftrightarrow$ D. $H-\overset{+}{O}(-\overset{-}{O})-CH=CH_2$

(2) 下列化合物中没有芳香性的是 (   )

A. 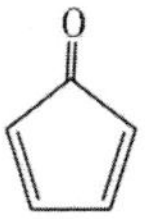 O

B. 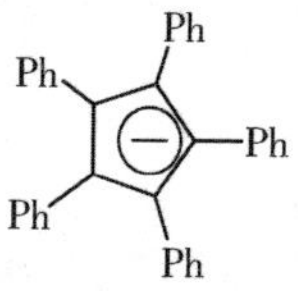 Ph Ph Ph Ph Ph

C. 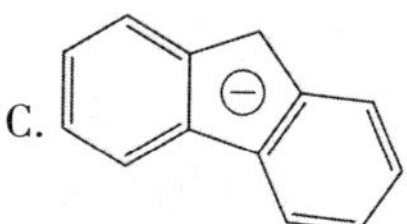

D. 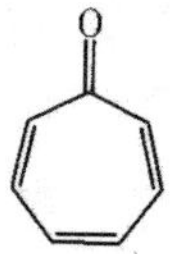 O

(3) 下列化合物中具有芳香性的是 (   )

A. [10]轮烯　B. 环庚三烯负离子　C. 　D. 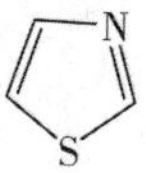 N S

(4) 下列化合物既能进行亲核取代反应又能进行亲电取代反应的是 (   )

A. 　B. CH_3CH_2Cl　C. 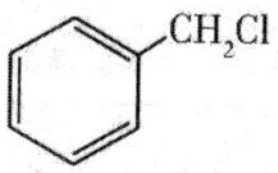 $-CH_2Cl$　D. 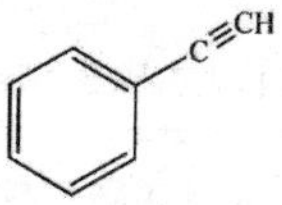 $-C\equiv CH$

(5) 下列化合物中芳香性最强的是　　　　（　　）

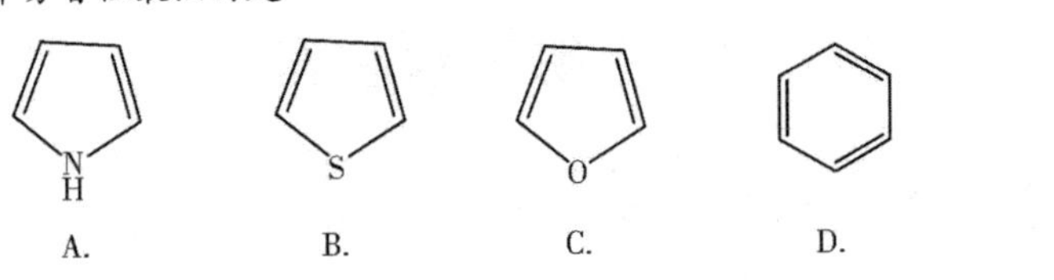

(6) 下列结构中具有芳香性的是　　　　（　　）

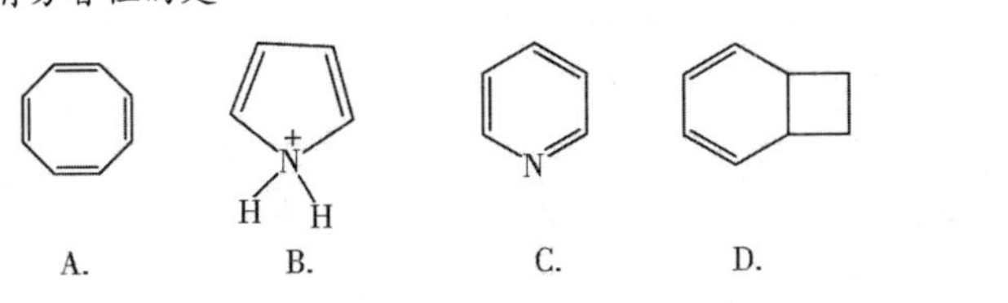

7. 写出下列反应的机理。

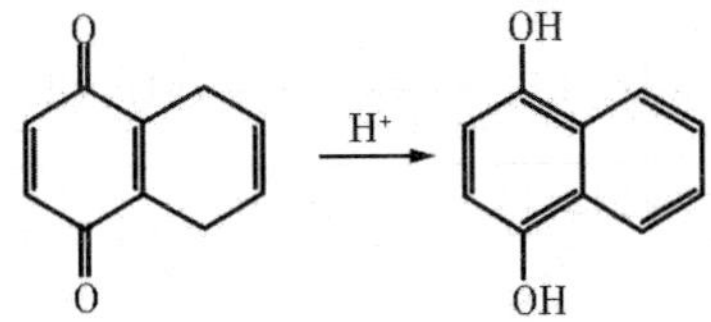

8. 苯乙烯分子中的乙烯基是苯环发生亲电取代反应的邻对位定位基，试从理论上解释原因。

9. 应用 Hückel 规则判断下列化合物、离子或自由基的芳香性、反芳香性和非芳香性。

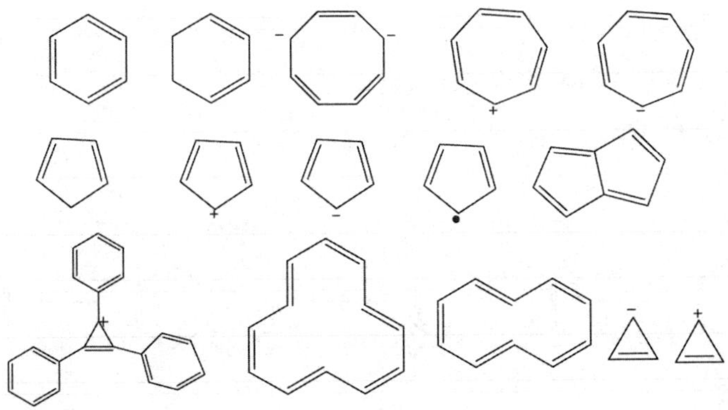

10. 请解释 =O 是否具有芳香性。

练习题答案

1. (1)p－π　(2)π－π　(3)p－π　(4)π－π

　(5)p－π　(6) p－π　(7)p－π　(8)π－π

2. (1)和(4)用⟷;(2)和(3)用⇌。

3. 能构成共振结构的是(1)(2)(5)(6)。

4. (1) 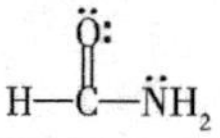 $H-\overset{\ddot{O}:}{\overset{\|}{C}}-\ddot{N}H_2$　　(2) $CH_2=\overset{:\ddot{O}:^-}{\overset{|}{C}}-CH_3$

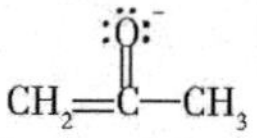

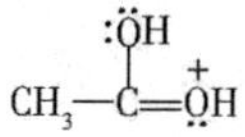

　(3) $CH_3-\overset{:\ddot{O}H}{\overset{|}{C}}=\overset{+}{\ddot{O}}H$　　(4) 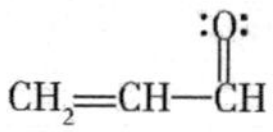 $CH_2=CH-\overset{:O:}{\overset{\|}{C}}H$

5. (1) $CH_3-CH=CH-CH=CH-\overset{+}{C}H_2 \longleftrightarrow CH_3-CH=CH-\overset{+}{C}H-CH=CH_2 \longleftrightarrow$

　$CH_3-\overset{+}{C}H-CH=CH-CH=CH_2$

　三个极限式贡献相同

　(2)

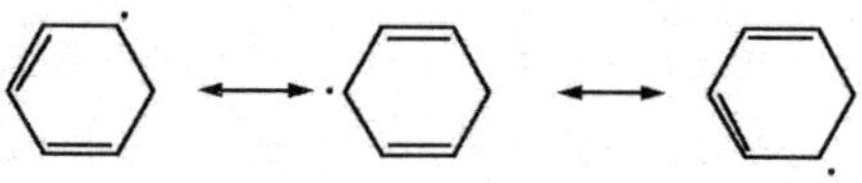

　贡献最大的是

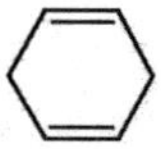

6. 选择题

　(1)B　(2)A　(3)D　(4)D　(5)D　(6)C

7. 写出下列反应的机理：

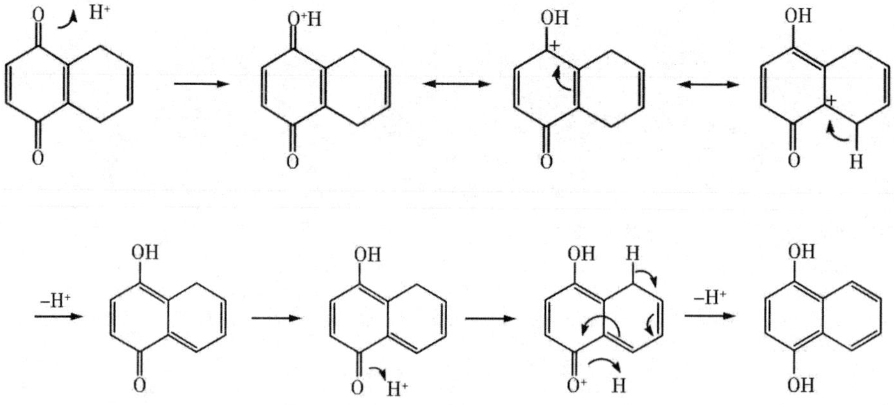

8. 判断取代基是哪一种定位基，需要考虑苯环上进行亲电取代反应时形成的 σ 配合物的稳定性结构。苯乙烯在进行亲电取代反应时，可以形成如下几种 σ 配合物：

进攻邻位

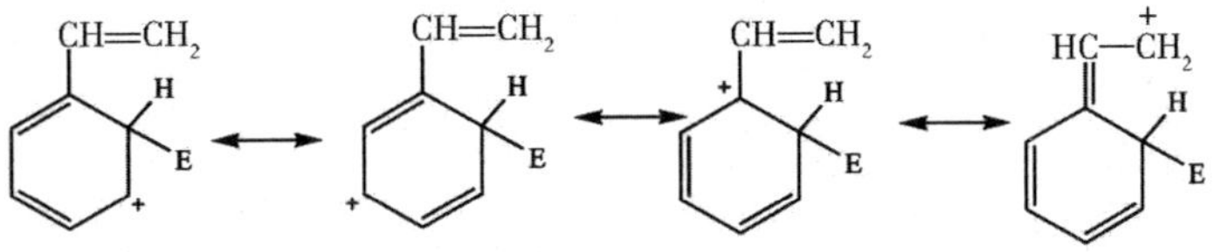

进攻对位

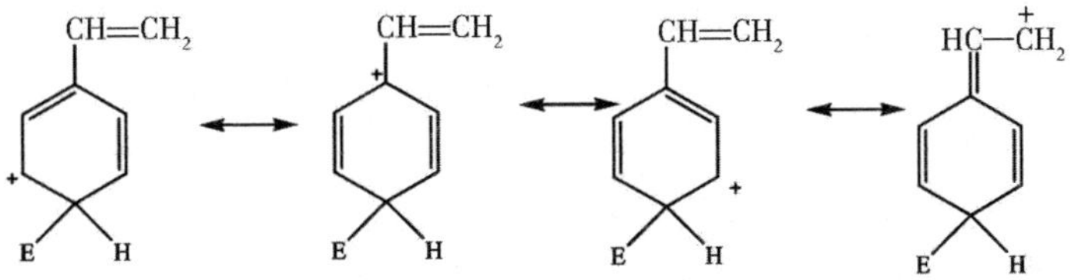

进攻间位

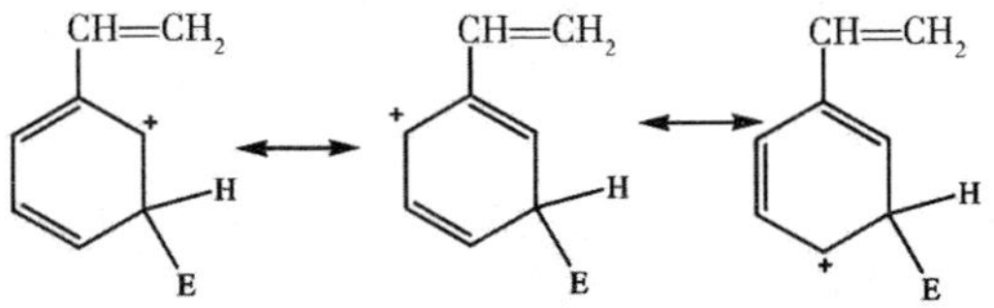

进攻苯乙烯邻位和对位生成的 σ 配合物是四个共振极限式，正电荷分散在乙烯基上；进攻苯乙烯的间位形成的 σ 配合物是三个共振极限式，正电荷分散在苯环上。共振极限式结构越多，正电荷越分散，该共振杂化体越稳定，因此苯乙烯在进行亲电取代反应的时候亲电试剂主要进攻乙烯基的邻位和对位，乙烯基属于邻对位定位基。

9. 芳香性的有：

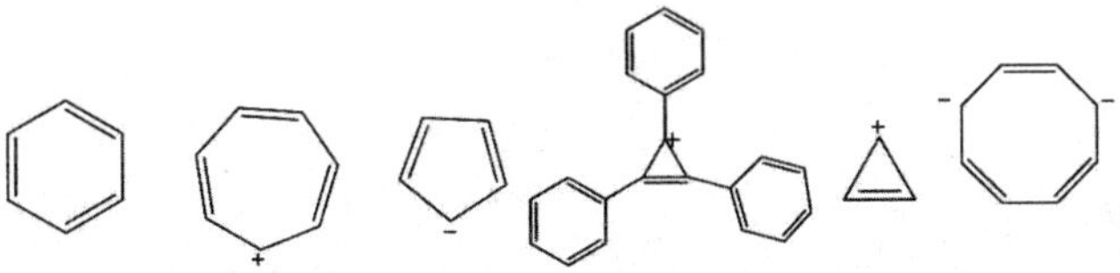

反芳香性的有：

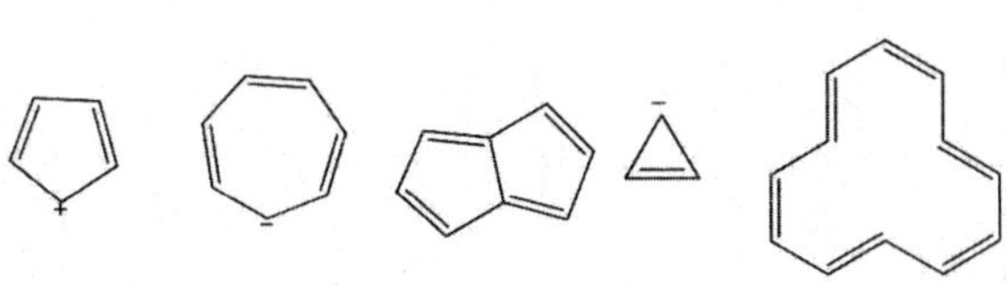

非芳香性的有：

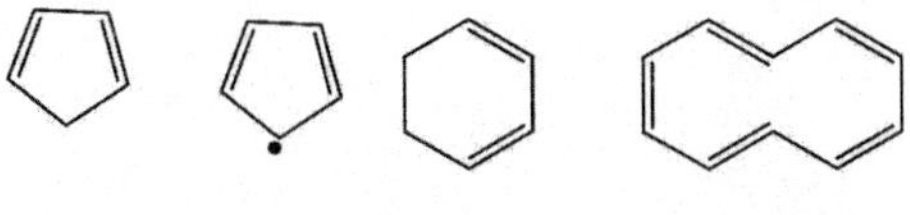

10. 具有芳香性，因为环丙烯正离子的 π 电子数是 2，符合 $4n+2$ 规则，其中 $n=0$，所有的 C 原子为 sp^2 杂化，为分子闭合体系共轭结构，因此具有芳香性。

第3章　同分异构和立体化学

3.1　同分异构现象

同分异构现象是指有机化合物分子式相同而分子结构中原子的连接顺序、原子和原子团的空间相对位置不同的现象，在有机化合物中普遍存在。化合物分子中的原子或原子团连接的顺序不同形成异构现象的化合物互称为构造异构体，而分子结构中原子或者原子团连接顺序相同但空间排布不同的化合物互称为立体异构体。同分异构体之间的物理化学性质相似或者有很大的差别，如：乙醇和甲醚，分子式相同而官能团不同，属于官能团异构；1－丁烯和2－丁烯因分子内的双键位次不同而属于位置异构。除此之外，还有构象、旋光异构等。表3－1为常见的同分异构类型和实例。

表3－1　常见的同分异构类型和实例

	类型	实例
构造异构	碳干异构	$CH_3CH_2CH_2CH_2CH_3$　　$CH_3CH_2CH(CH_3)CH_3$
	官能团异构	$CH_3CH_2OCH_2CH_3$　　$CH_3CH_2CH_2CH_2OH$
	官能团位置异构	$CH_3CH_2CH_2CH_2OH$　　$CH_3CH(OH)CH_2CH_3$

续表

	类型		实例
立体异构	构象异构		CH_3 H H H H CH_3　CH_3 H H CH_3 H H
	构型异构	几何异构	H CH_3 H_3C H　H_3C CH_3 H H
		对映异构	COOH H H_3C OH　COOH H HO CH_3
		非对映异构	HO HO　OH HO

反映分子空间结构的化学式叫作构型式，常采用如图 3－1 所示的键线式、钜架式、楔形式、透视式、Newman 投影式和 Fischer 投影式等表达方式来描述分子的立体结构。

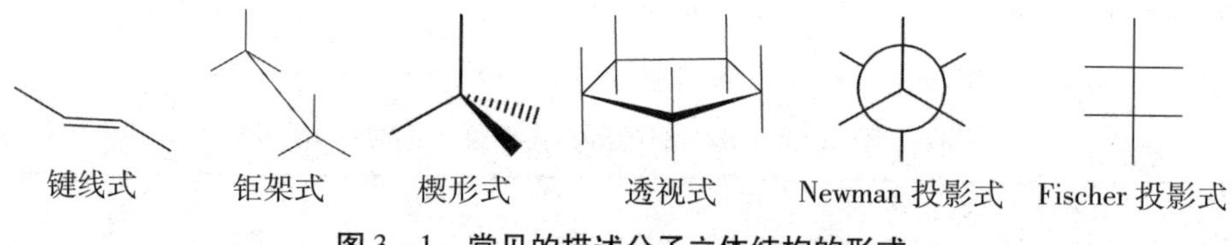

图 3－1　常见的描述分子立体结构的形式

Fischer 投影式和 Newman 投影式不能直接反映分子的立体结构，应该根据投影的规则还原分子的立体结构再进行判定。图 3－2 分别还原了酒石酸的 Fischer 投影式和 Newman 投影式，即分子真实的立体结构。

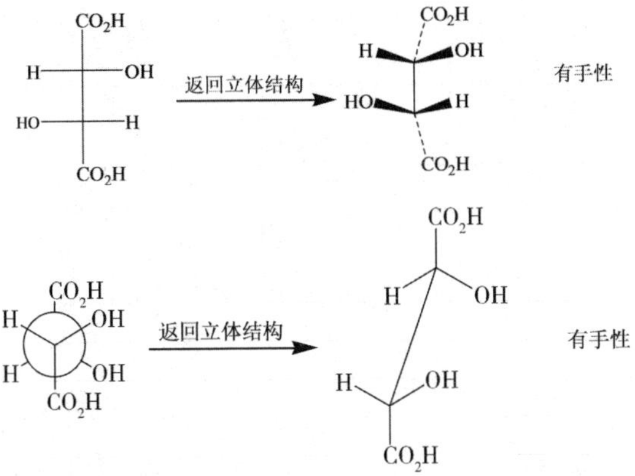

图 3-2　酒石酸的 Fischer 投影式和 Newman 投影式还原

因分子中某一个原子在两个位置迅速转化而产生的官能团异构体叫作互变异构，如 2,4-戊二酮的烯醇式转化，属于构造异构的特殊形式，这种转化一般在质子（H^+）存在的条件下进行，其转化机理如图 3-3 所示。

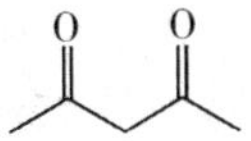

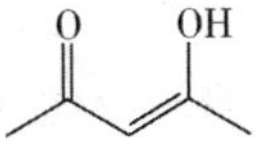

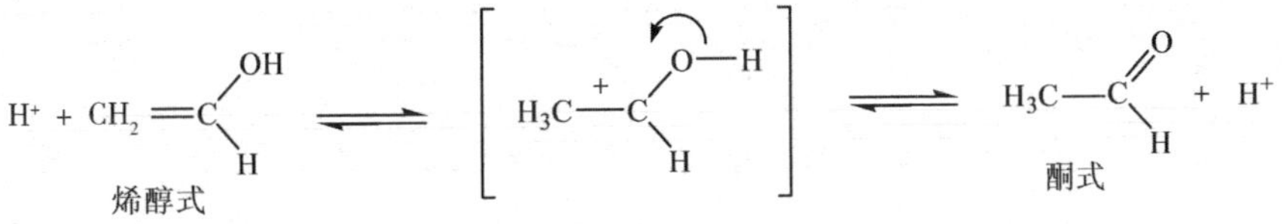

图 3-3　烯醇式结构与酮式结构的互变

3.2　立体异构

3.2.1　顺反异构

烯烃双键上两个 C 原子上各连有两个不同原子或原子团时，存在着顺反异构的现象，如图 3-4(a)所示。四个基团的关系是：$a \neq c, b \neq d$。当 a 和 c，b 和 d 属于相似基团的时候，我们称烯烃为顺式烯烃，如图 3-4(b)所示；当 a 和 d，c

和 b 属于相似基团的时候，我们称烯烃为反式烯烃，如图 3－4(c)所示。

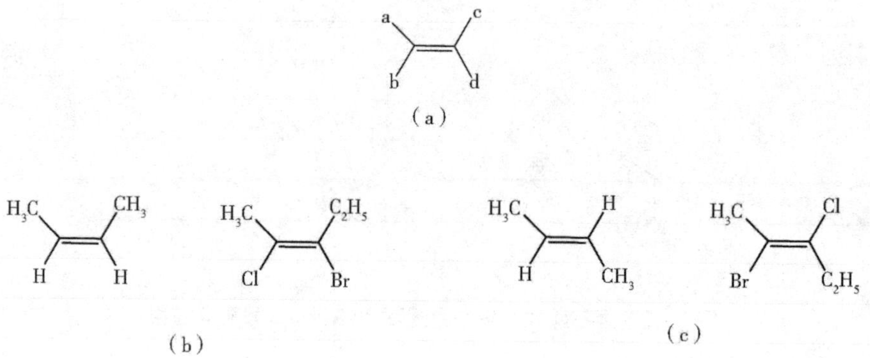

(a)

(b)

(c)

图 3－4　顺反异构现象

当取代基难以比较是否相似的时候，采用 Z 或者 E 的形式进行分类和命名，比较 a、b、c 和 d 四个基团的大小，一般按照原子序数进行排序比较大小。当基团的大小关系符合 $a>b$，$c<d$ 时，我们称烯烃为 E 型烯烃；当基团的大小关系符合 $a>b$，$c>d$ 时，我们称烯烃为 Z 型烯烃。如图 3－5 所示。

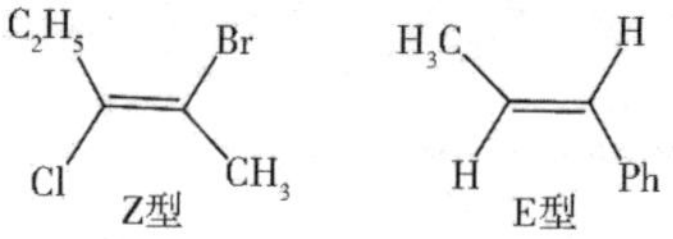

Z型　E型

图 3－5　Z 型和 E 型烯烃

有机高分子化合物的分子主链中含有碳碳双键的，也存在着顺反异构，如图 3－6 所示的高分子化合物的顺反异构。分子主链分布在双键的同一侧为顺式结构，分子主链分布在双键的两侧为反式结构。顺式和反式结构的不同对高分子的物理性质有很大的影响，顺式聚丁二烯是性能很好的橡胶，而反式聚丁二烯则用作塑料材料，二者的熔点、玻璃转化温度都有很大的差异。

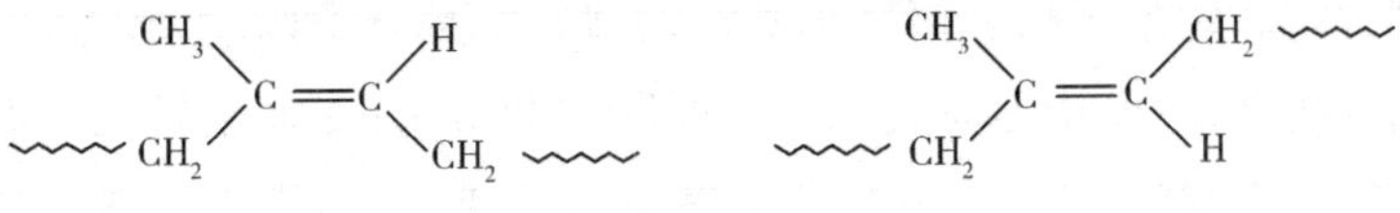

顺式　　反式

图 3－6　高分子化合物的顺反异构

3.2.2　构象异构

通过 σ 键的旋转而产生的具有同一构型的分子内原子的不同空间相对位置叫作构象，一般一个构型有很多种构象，而一个构象只能有一种构型。如图 3－7 所示的 2，3－二氯丁烷的构型式，旋转 C2、C3 之间的 σ 键可以产生很多的构象式。

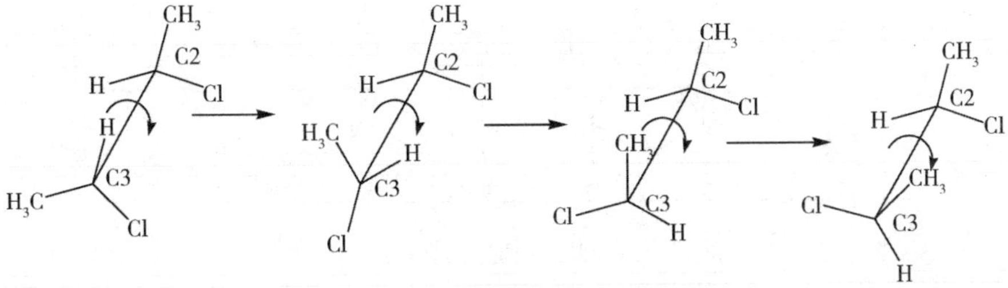

图 3－7　2，3－二氯丁烷的几种构象式

化合物的分子中，σ 键可以旋转到任意一个角度，但是有一定的阻力。非成键原子的空间距离如果太近，在二者的范德瓦耳斯半径内就会产生斥力，所以重叠式的位能比交叉式的位能要高，如 $BrCH_2CH_2Br$ 有无数种构象，其中有两种稳定的构象式，如图 3－8 所示。

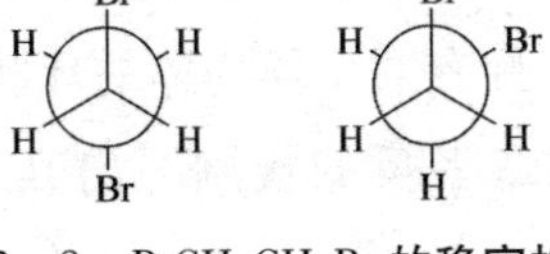

图 3－8　$BrCH_2CH_2Br$ 的稳定构象

构型异构和构象异构有何区别呢？构型异构是分子内化学键所固定的原子在空间的排列，改变构型需要化学键的断裂和重组；而构象异构是通过单键的分子内旋转引起的，同一分子的构象异构体可以存在无数种。聚丙烯存在着全同立构聚丙烯和间同立构聚丙烯（图 3－9），是否可以通过 C—C 单键的旋转把全同立构的聚丙烯转变成间同立构的聚丙烯呢？由于全同立构聚丙烯和间同立构聚丙烯互为构型异构，因此不能相互转化，必须通过化学键的断裂和重组才能实现。

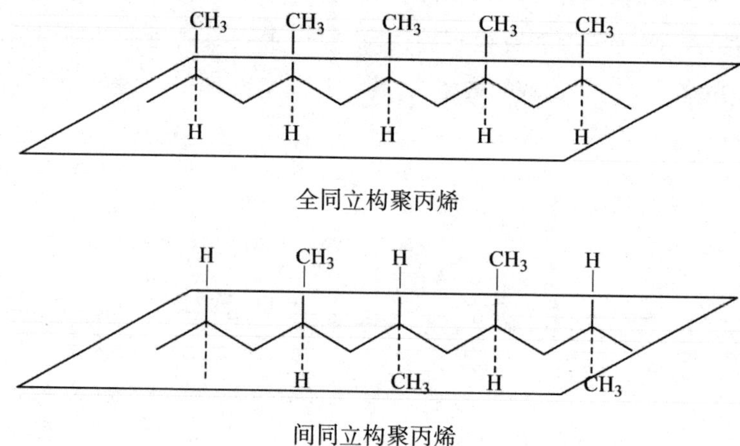

图 3－9　聚丙烯的全同立构和间同立构

3.2.3　环状化合物的立体异构

环状化合物具有与开链化合物类似的立体化学特征。以环己烷为例，当两个碳原子各连有一个取代基时就存在顺反异构体，如图 3－10 所示。取代环己烷化合物的顺反异构只能表示环上取代基的相对空间位置，不能完全体现分子确定的构型。反 1,2－二甲基环己烷只能代表两个甲基在环平面的两侧，不能确定分子的 R/S 构型。书写具有顺反异构体的环状化合物分子简式的方法是保持一个基团不动，按照顺或者反的规则写出其他相对于固定基团的空间位置。

顺式 1,2 - 二甲基环己烷　　反式 1,2 - 二甲基环己烷

图 3 - 10　取代环己烷的顺反异构

影响环烷烃构象稳定性的因素主要有角张力、扭转张力、空间张力、非成键原子和基团之间的静电作用、氢键等。以环己烷为例,环己烷的构象稳定性顺序是椅式构象 > 扭船式构象 > 船式构象。在环己烷的衍生物中,较大基团处于平伏键者稳定,较多基团处于平伏键多为稳定结构。如图 3 - 11 中单糖的 Haworth 透视式船式结构,平伏键所连接的取代基较多者,较大基团处于平伏键者为稳定结构,因此最稳定的结构式是(c)。

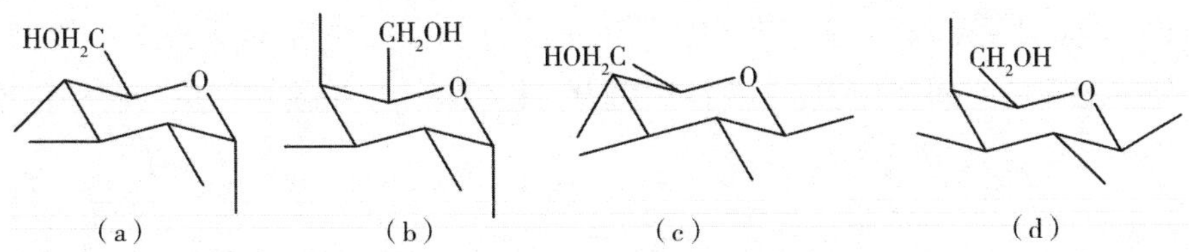

图 3 - 11　单糖的 Haworth 透视式船式结构

一般情况下空间作用力也是影响环己烷及其衍生的构象稳定性的重要因素,一取代的环己烷取代基位于平伏键者比较稳定。如图 3 - 12 所示,反 1,2 - 二甲基环己烷 90% 以上以双平伏键的构象存在。

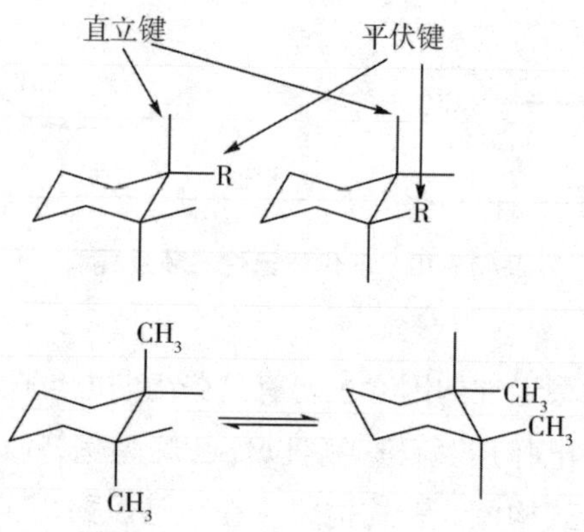

图 3 - 12　取代环己烷的稳定构象

反 1,2 - 二溴环己烷的双平伏键因 Br 原子体积和较大的静电相斥作用,其构象与双直立键的构象异构体相比较内能增加,因此对于反 1,2 - 二溴环己烷来说,平伏键存在着 Br 原子的静电斥力,双直立键存在着 Br 原子和环上直立键 H 原子之间的空间作用力,这两种作用力使得反 1,2 - 二溴环己烷的两种构象几乎等量存在,如图 3 - 13 所示。

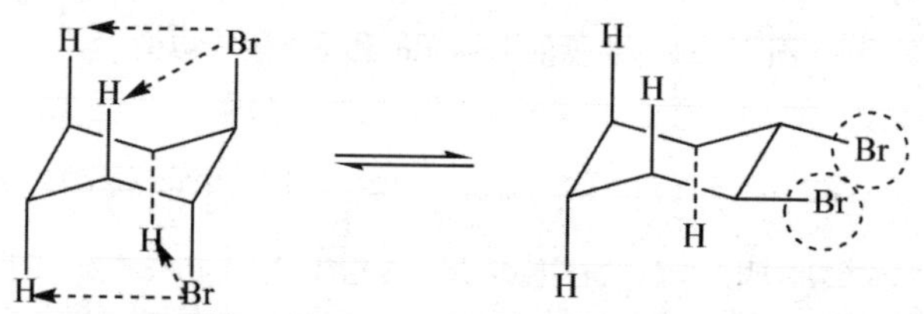

图 3 - 13　反 1,2 - 二溴环己烷的构象

3.2.4　对映异构

一个 C 原子上所连的四个基团各不相同,这个 C 原子叫作不对称碳原子,也叫作手性碳原子,用 C^* 表示。含有一个手性碳原子的化合物是有镜像结构的,也叫对映异构,用旋光仪测试有一定的旋光性,因此对映异构也叫旋光异构或光学异构。一般从化合物中含有手性碳原子的数目上无法确认该化合物是否具有旋光性,主要从以下几个方面判断一个分子是否有手性:(1)若一个化合

物的分子能找到对称面或者对称中心，分子为对称分子，则该分子无手性、无旋光性；(2)若一个化合物的分子找不到对称面或对称中心，分子为不对称分子，那么这个分子有手性、有旋光性。对称轴是否存在一般不能用来判断分子的手性。如图 3－14 所示，1，3－二溴－2，4－二氯环丁烷的构型异构体中，(a)、(b)、(c)和(d)均无旋光性，因为分子中都存在着对称面，(b)和(d)不仅存在对称面，还存在对称中心。

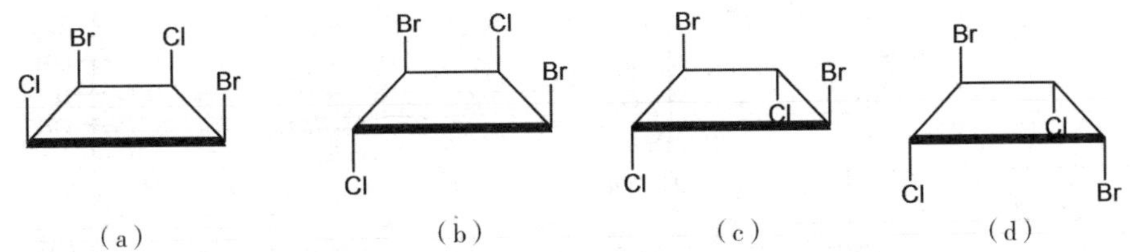

图 3－14　1，3－二溴－2，4－二氯环丁烷的构型异构体

常见的有旋光性的物质的构型的标记方法有 D/L 标记法、赤式－苏式标记法和 R/S 标记法等。D/L 标记法以甘油醛的构型为对照标准。D 和 L 表示的都是构型，不代表旋光的方向。在具体表明某种化合物的构型和旋光性时，需要标明“＋”(右旋)或者“－”(左旋)与 D/L。这里需要强调的是 D 和 L 与化合物的旋光性没有直接关系，化合物的“＋”(右旋)或者“－”(左旋)是由旋光仪测得的。如图 3－15 所示，以甘油醛为例，Fischer 投影式中最后的一个手性碳原子上的羟基位于竖直链的右侧，则该构型为 D 构型；最后一个手性碳原子上的羟基位于竖直链的左侧，则该构型为 L 构型。

CHO
H—+—OH
CH_2OH
D-(+)-甘油醛

CHO
HO—+—H
CH_2OH
L-(-)-甘油醛

图 3－15　D-(＋)-甘油醛和 L-(－)-甘油醛

由此可以分析出，由 D-(+)-甘油醛递升得到的一系列单糖都是 D 构型，如图 3 – 16 所示。

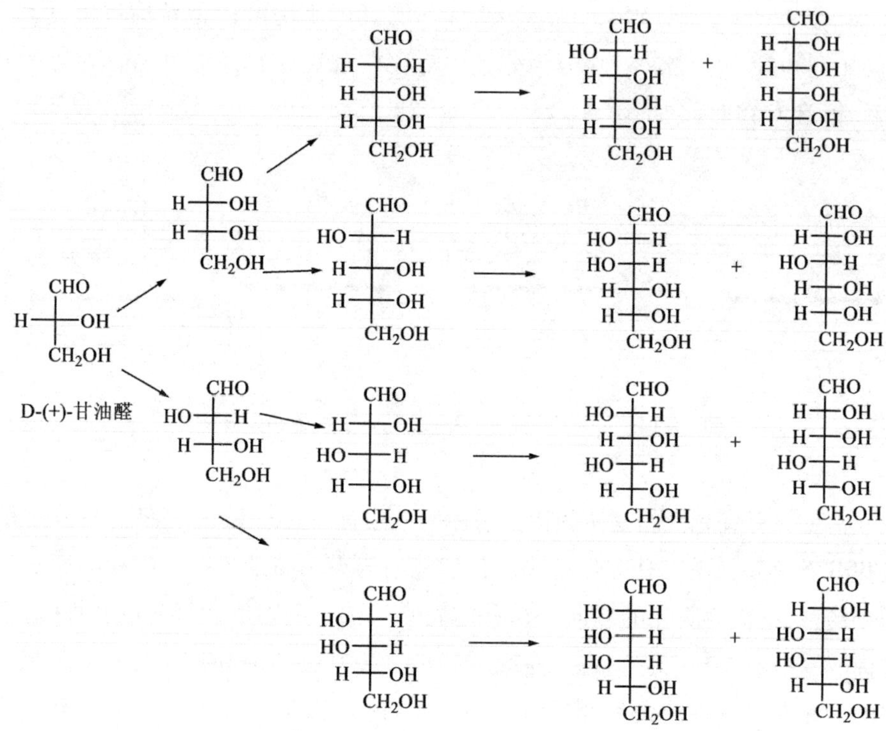

图 3 – 16　D-(+)-甘油醛的递升

赤式是指在 Fischer 投影式中两个手性碳原子上相同的基团位于竖直链的一侧，若相同的基团位于竖直链的两侧则为苏式。图 3 – 17 所示为赤藓糖和苏阿糖的 Fischer 投影式。

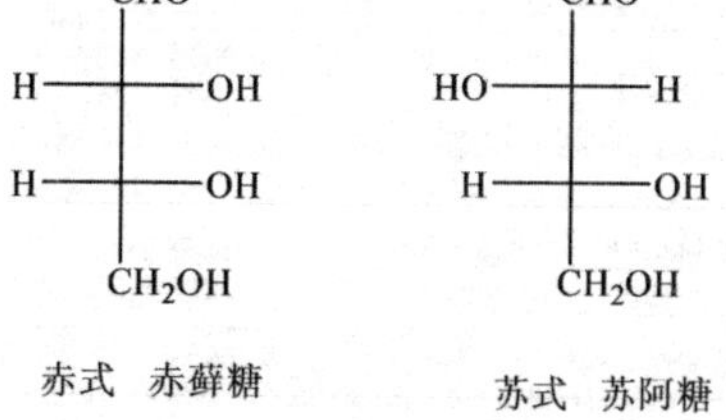

CHO
H—OH
H—OH
CH_2OH
赤式　赤藓糖

CHO
HO—H
H—OH
CH_2OH
苏式　苏阿糖

图 3 – 17　赤藓糖和苏阿糖的 Fischer 投影式

含有多个手性碳原子的化合物，需要分别标出每一个手性碳原子的R、S构型，并根据每一个异构体中对应的手性碳原子的R、S构型情况判断出异构体之间的关系。在图3－18所示的三羟基戊二酸的四种异构体的Fischer投影式中，(c)和(d)属于内消旋体，没有手性，(a)和(b)呈现出镜像对称，有旋光性；而(a)与(c)，(a)与(d)，(b)与(c)，(b)与(d)，(c)与(d)之间都属于非对映异构体。

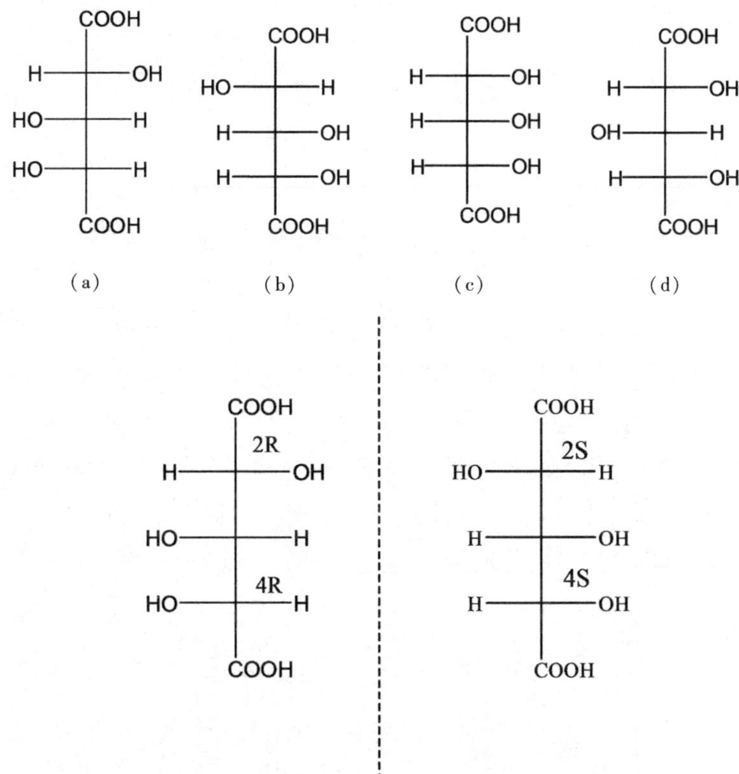

图3－18　三羟基戊二酸的四种异构体的Fischer投影式

图3－19为(1R,3R)－1－甲基－3－叔丁基环己烷的几种构象式，哪一种是(1R,3R)－1－甲基－3－叔丁基环己烷的正确结构且为优势构象式呢？首先，依据R/S标记法的规则判断出C1和C3的相对构型：(a)C1－R－C3－R，(b)C1－S－C3－R，(c)C1－S－C3－S，(d)C1－S－C3－R，只有(a)选项符合

要求，且叔丁基较大的基团在平伏键上，属于正确的结构和稳定的优势构象式。

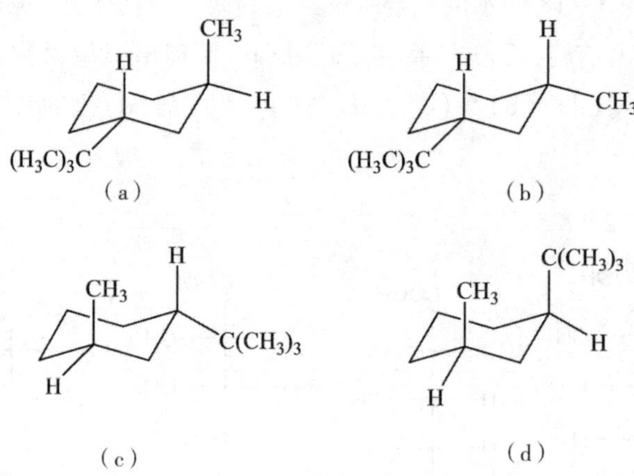

图 3 – 19　(1R,3R) – 1 – 甲基 – 3 – 叔丁基环己烷的几种构象式

在化合物的立体异构中，含有多个手性碳原子的立体异构体中只有一个手性碳原子的构型不同，其余的构型都相同的非对映异构体叫作差向异构体，在含有两个或多个四面体型手性中心的分子中，只有一个不对称原子构型不同的一对非对映异构体，相关的异构现象称为差向异构。分析图 3 – 20 所示的 D – 葡萄糖和 D – 甘露糖的 Fischer 投影式可以发现二者互为差向异构体，D – 葡萄糖和 D – 甘露糖互为 C2 的差向异构体。

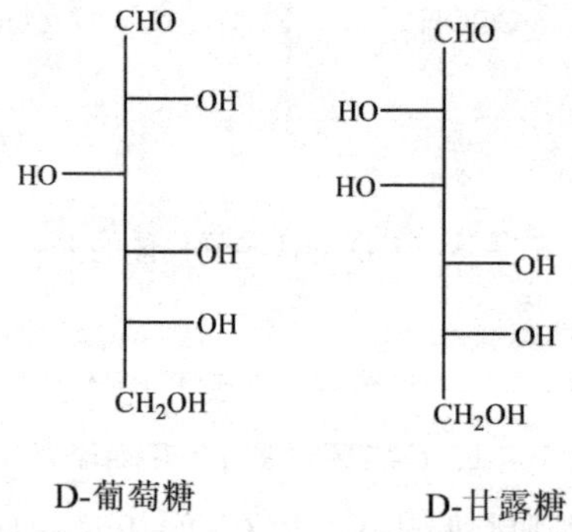

图 3 – 20　D – 葡萄糖和 D – 甘露糖 Fischer 投影式

在分析两种同分异构体是属于差向异构体、顺反异构体、对映异构体和非对映异构体中哪一种关系时，可以采用对称轴旋转的方法。如图 3－21 所示，将物质②绕 C 轴旋转 60°得到③，继续旋转 60°得到④，很明显，④和①是呈现镜像对称的，所以①和②是一对对映异构体，②、③、④为同一物质。

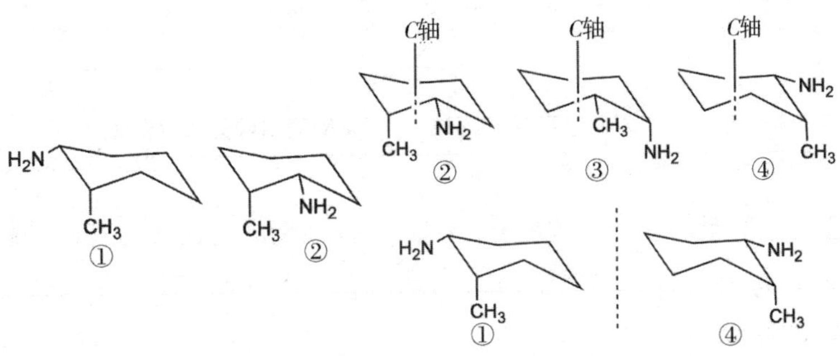

图 3－21　同分异构体的相互转化

环烷烃分子中存在顺反异构的同时，还伴随着对映异构现象。如图 3－22 所示，2－羟甲基环丙烷－1－羧酸存在四种立体异构体，(a) 和 (b) 是顺式结构，它们是一对对映异构体，(c) 和 (d) 是反式结构，也是一对对映异构体，顺式结构中的任何一个结构与反式结构中的任何一个结构均属于非对映异构体。

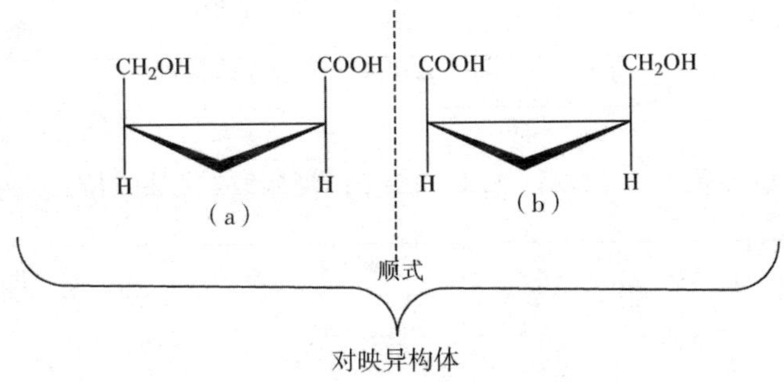

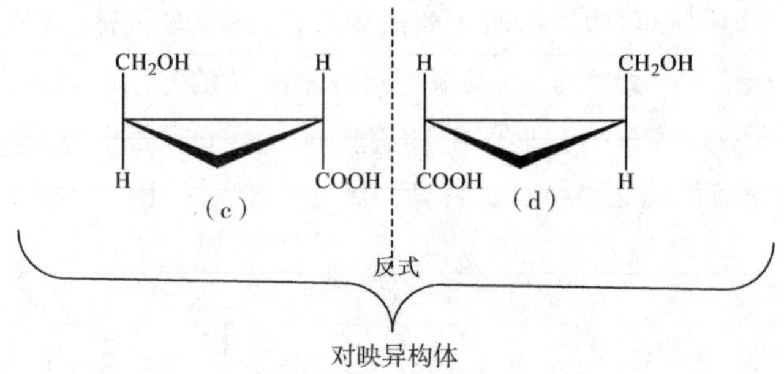

图 3－22　2－羟甲基环丙烷－1－羧酸的四种立体异构体

图 3－23 所示的环丙二羧酸分子中两个手性碳原子连接的基团是相同的，有三个立体异构体：(a)是顺式结构，也是内消旋体；(b)和(c)是反式结构，而且是一对对映异构体。

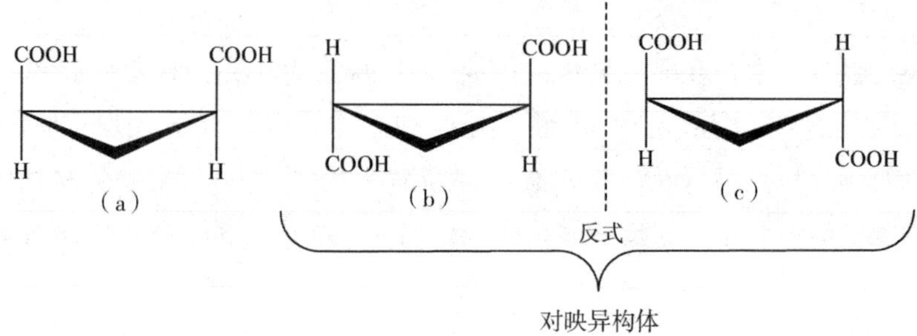

图 3－23　环丙二羧酸分子的立体异构

在二取代的环丁烷异构体中，对映异构情况和取代基的位置有关，如图 3－24 所示。

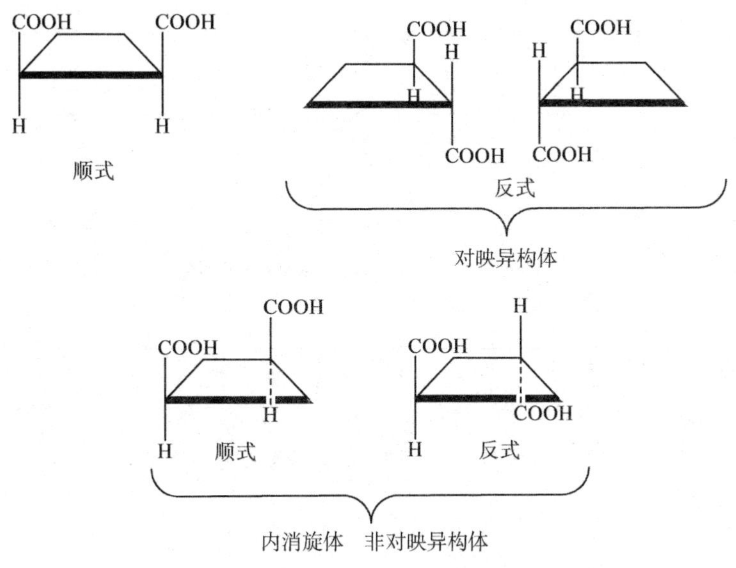

图3－24 二取代的环丁烷的对映异构

一般来说,化合物对映异构体的数目随着手性碳原子数目的增多而增多,但是含有手性碳原子的分子不一定有旋光性,如内消旋体,不含手性碳原子的分子也可能具有旋光性。决定分子有无旋光性,最根本的因素是分子的不对称。联苯类分子、丙二烯型分子和环己六醇分子是三种典型的没有手性碳原子的手性分子。联苯的两个苯环是在一个平面上的,但是当每一个苯环的邻位连有两个不同的且体积比较大的基团之后,两个苯环会因邻位基团的体积效应扭转一定的角度,使两个邻位基团相互错开形成稳定的构象。这样的结构使得联苯分子找不到对称面而具有手性。这样的分子不是构型的差别而是构象的差别,如图3－25(a)所示的6,6′－二硝基－2,2′－联苯二甲酸的对映异构体,类似的分子还有图3－25(b)所示的联苯类分子。

NO_2 HOOC O_2N COOH | O_2N COOH NO_2 HOOC

(a)6,6′－二硝基－2,2′－联苯二甲酸的对映异构体

(b)联苯类分子

图 3-25　联苯类分子手性的体现

当具有累积双键的丙二烯分子两端连有不同的取代基时，也具有手性。如图 3-26 所示，累积双键不能旋转，而两端的碳与取代基的平面是垂直的，因此两侧任何一个平面都不能将分子剖成对称的两部分，不存在丙二烯类分子的对称面，分子具有手性。

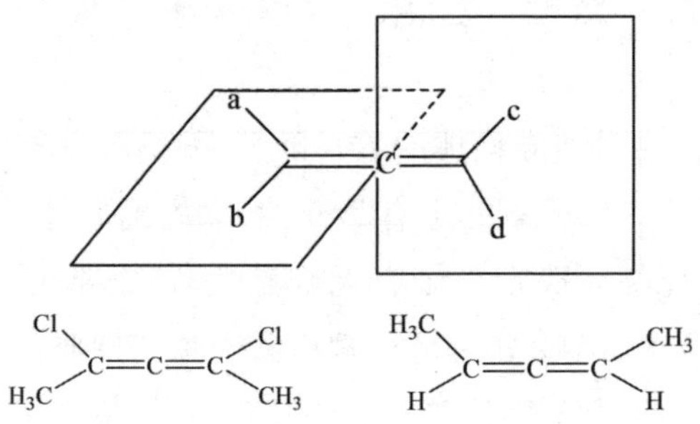

图 3-26　累积二烯烃分子手性的体现

六取代的环己烷分子中都没有手性碳原子，但是可以找到自身不对称的、存在镜像的顺反异构体，如图 3-27 所示。

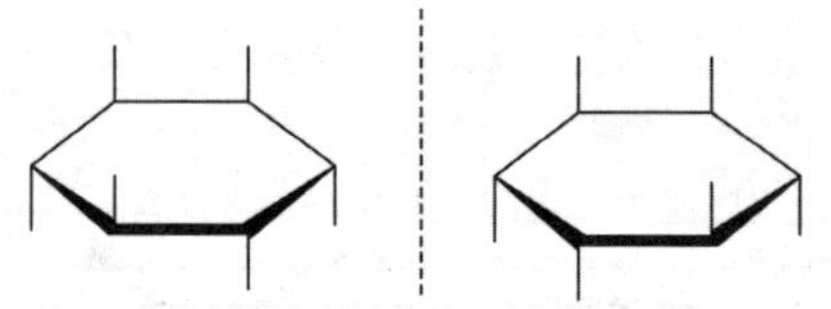

图 3-27　六取代的环己烷分子的对映异构

按照是否存在对称平面来进行判定，图 3-28 所示的分子都不具有手性。

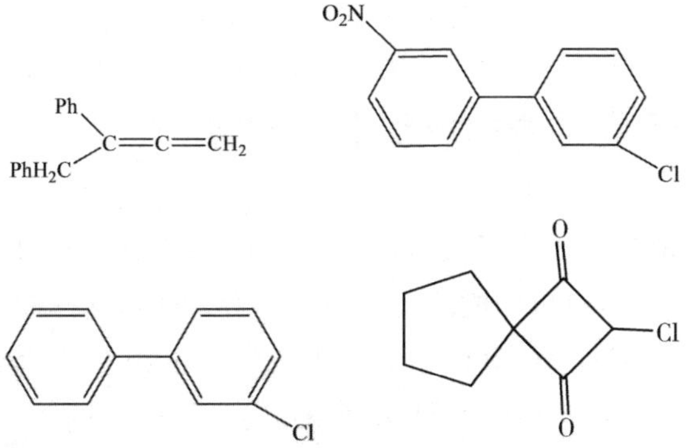

图 3 – 28　几种不具有手性的分子

例题 3 – 1　判断下面的化合物有无手性碳，有无对称面，有无旋光异构体，如有，写出旋光异构体的结构。

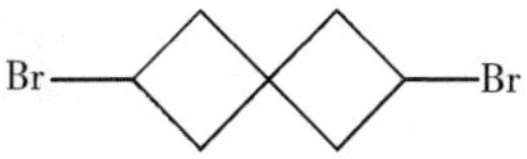

解析：无手性碳，无对称面，有旋光异构体，它们是一对对映异构体，结构如下

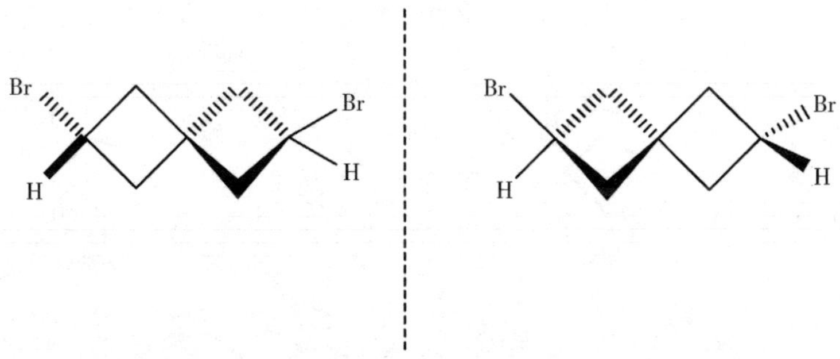

类似的螺环结构的手性分子还有：

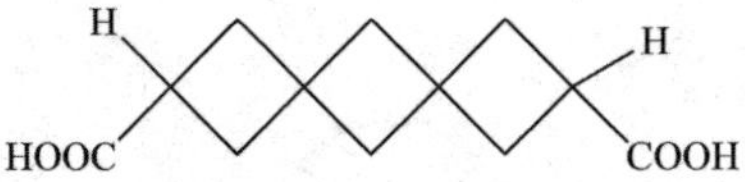

生物体中产生的化合物往往是对映异构体中的一个，这是生物体内的酶催化合成具有单一性造成的。例如，人的肌肉收缩时产生右旋乳酸，表示为（ + ）– 乳酸，水果中只能提取到左旋苹果酸，表示为（ – ）– 苹果酸。一对对映异构

体作用于生物体时,生理活性有很大的差别。因此研究和合成手性化合物具有十分重要的意义。

3.3 有机反应中的立体化学问题

基于反应物的分子轨道能级的大小、反应物和生成物的内能、静电作用、空间作用等限制,大多数有机物的反应存在立体专一性和选择性。不饱和烯烃的加成反应体现出顺式加成的立体化学特征,如图 3－29 所示,烯烃的催化加氢、烯烃的硼氢化氧化、碱性高锰酸钾氧化、O_3 氧化等反应的立体过程都是顺式过程。

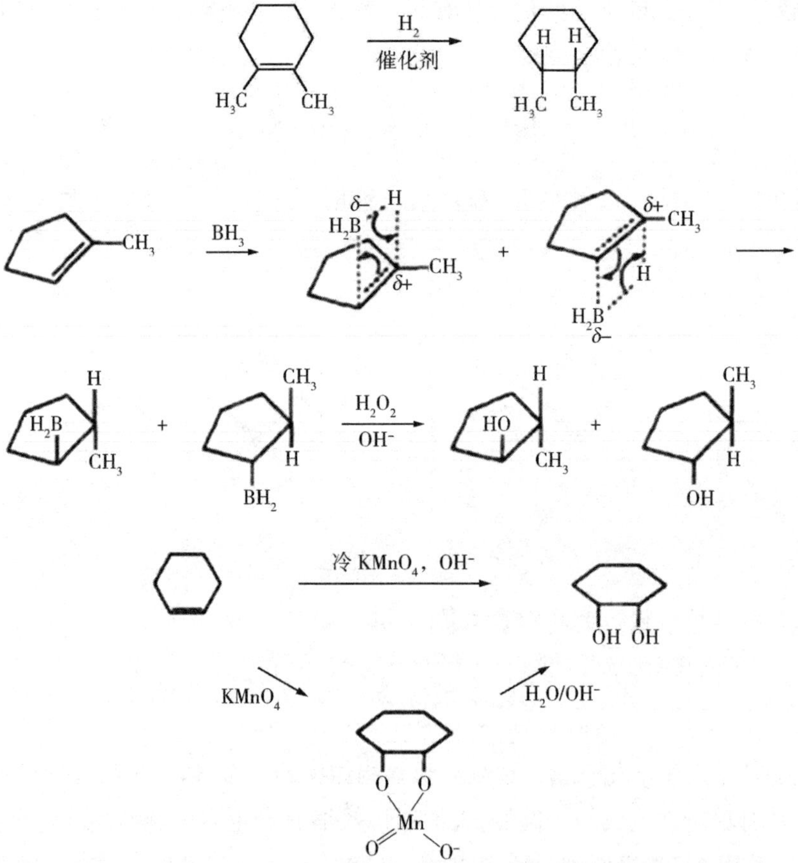

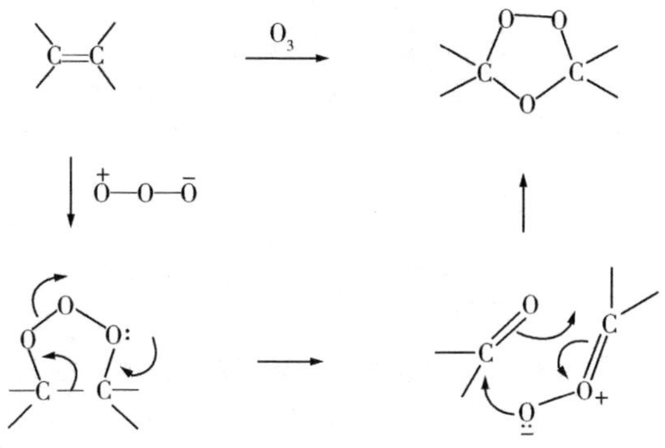

图3－29 烯烃的顺式反应过程

图3－30为烯烃的亲电加成反应过程，属于反式加成过程。正离子与双键作用形成三元环正离子中间体，受到体积效应的影响，试剂带负电的部分从三元环正离子的反面进攻，整个过程是反式加成的立体化学。顺－2－戊烯与溴水加成，可以得到四个产物，两对对映异构体。

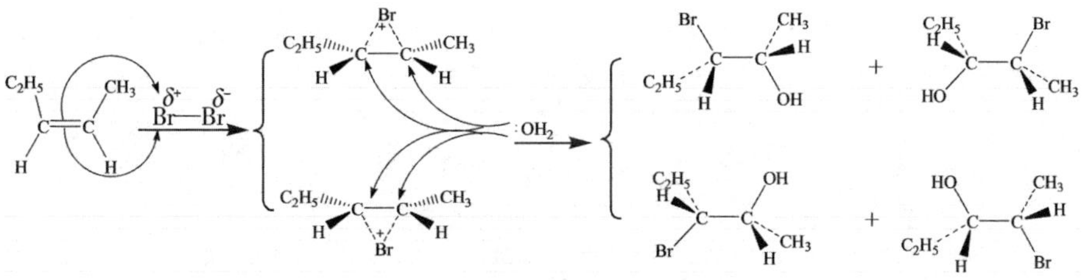

图3－30 烯烃的亲电加成反应过程

Br^+可以分别从碳碳双键的两侧进攻，生成不同构型的三元环正离子中间体，亲核试剂水分子进攻正离子的时候，从两种三元环正离子溴的背面进攻会有四条路线，因此得到四个产物。类似的历程还有图3－31所示的Z－3－甲基－2－戊烯与溴水加成，主要得到一对对映异构体。

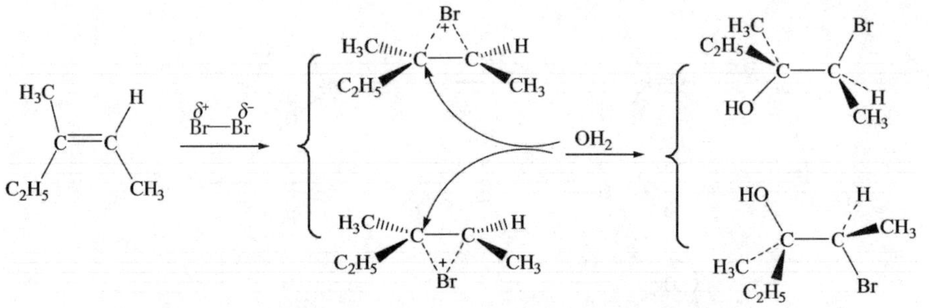

图 3－31　Z－3－甲基－2－戊烯与溴水加成的立体过程

炔烃用 Na－液氨还原得到反式烯烃的过程可以理解为反式加氢的过程，如图 3－32 所示。碱金属还原反应中产生的中间体自由基负离子的稳定性对该反应的立体过程起到决定作用，Na 给出电子生成两个较为稳定的反式的烃基自由基负离子中间体，最终完成反式的加成反应。

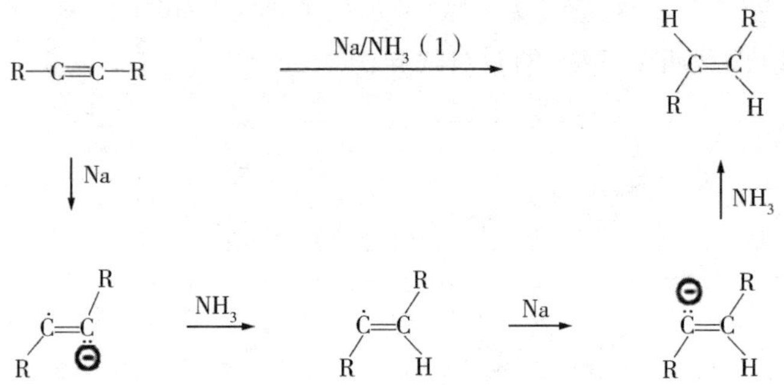

图 3－32　Na－液氨还原炔烃的立体过程

环氧化合物的开环过程也是反式过程，如图 3－33 所示。

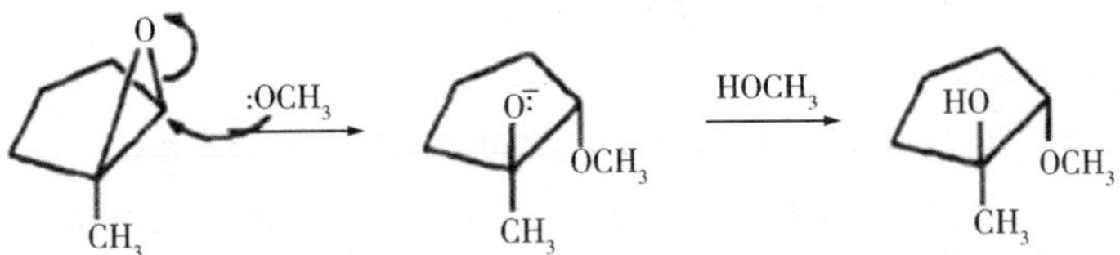

图 3-33　环氧化合物的开环反式过程

Cram 总结了亲核试剂进攻羰基化合物的反应立体规律，如图 3-34 所示，提出了 Cram 规则：手性碳原子上大的基团与羰基上的 O 原子处于反式的构象，亲核试剂从手性碳原子上较小基团的一侧进攻，体现亲核反应的立体选择性。

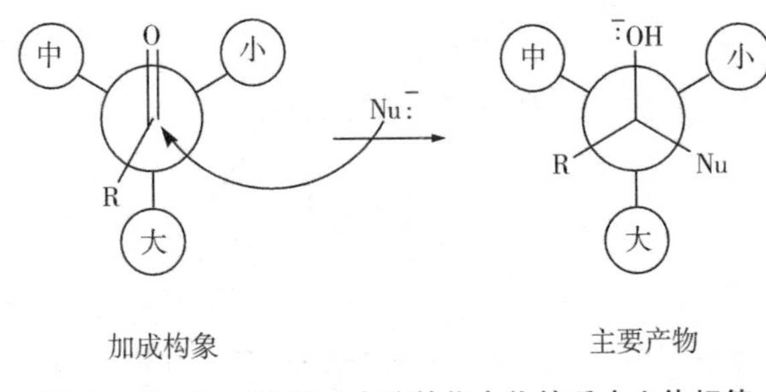

图 3-34　亲核试剂进攻羰基化合物的反应立体规律

Cram 规则描述的立体选择性主要的影响因素是体积效应，醛酮化合物与 HCN、格氏试剂、还原剂 $NaBH_4$ 和 $LiAlH_4$ 的反应都遵循这个规则。在有机化学的研究中，如果没有立体化学就谈不上化合物的构型、构象，就不会有手性分子的出现，无人能理解 DNA 的双螺旋结构、蛋白质的 α-螺旋，对高分子化合物的等规、间规等结构的研究更无法进行，也没有材料科学中的二阶非线性光学材料，等等。

本章练习题

1. 回答下列问题：

(1) 化合物分子的构造和构型有什么区别？

(2) 含有手性碳原子的化合物是否都具有旋光性？

(3)具有旋光性的化合物必须含有手性碳原子吗?

(4) 什么是外消旋体?

2. (1)画出下列分子的优势构象:2-氯丁烷、乙二醇、2-氯乙醇、羟基乙醛。

(2)画出下列化合物的优势构象:顺-1,2-二氯环己烷、顺-1,3-二氯环己烷、反-1-甲基-4-叔丁基环己烷。

(3) 下列化合物哪些是顺式结构?哪些是反式结构?

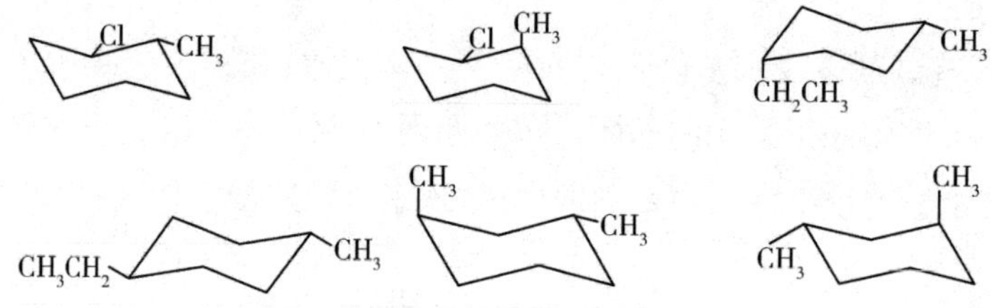

(4) 画出顺-4-叔丁基环己醇的优势构象。

3. 判断下列化合物是否有顺反异构体,如果有请写出。

(1) =CHCH3

(2) Cl— —CH=CHCH3

(3) $(CH_3)_2C=CHCH_3$

(4) $C_6H_5—N=N—C_6H_5$

(5) $(C_6H_5)CCH_3=N—OH$

(6) $(CH_3)_2C=N—CH_3$

(7) CH3 Cl

(8) Cl— —Cl

(9) Br Cl— —Cl

4. (1)请写出D-乳酸的Newman投影式。

(2)请写出下列Fischer投影式所表示的化合物的稳定的构象式。

CH3
H—OH
H—Cl
CH3

(3)请写出与D-半乳糖互为C2的差向异构体的分子的结构。

D－半乳糖的结构：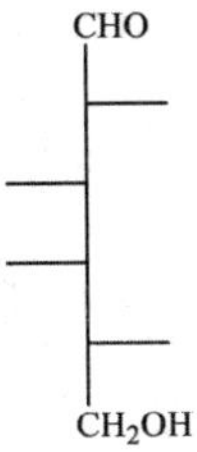

5. 判断下列化合物哪些存在对映异构。

(1) $H_3CHC=C=CHCH_3$

(2) 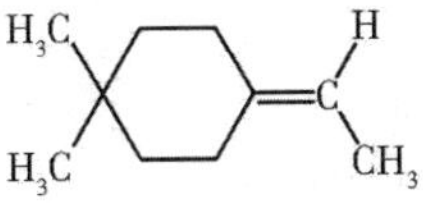

(3) 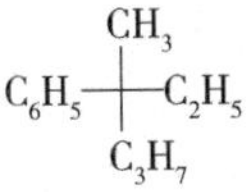

(4) 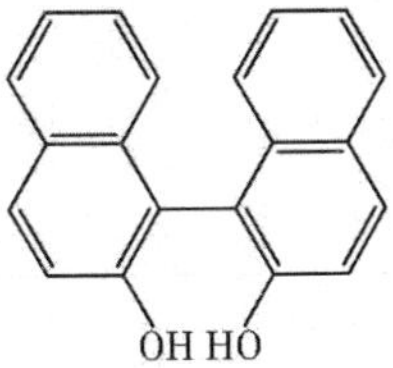

(5) 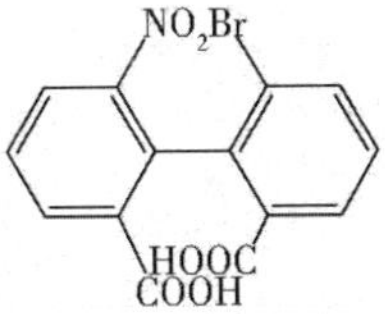

(6) 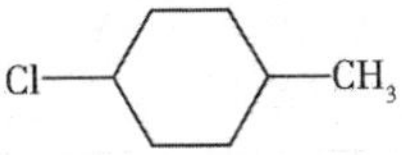

6. 指出下列各组化合物之间属于相同化合物、对映异构体还是非对映异构体。

(1) 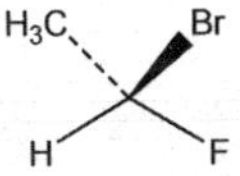 和 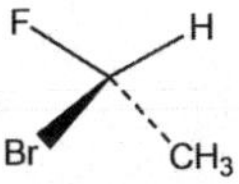

(2) 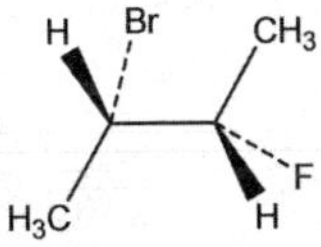 和 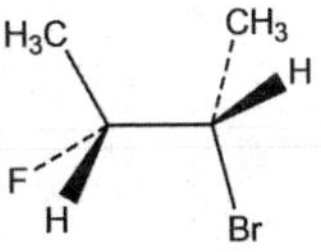

(3) 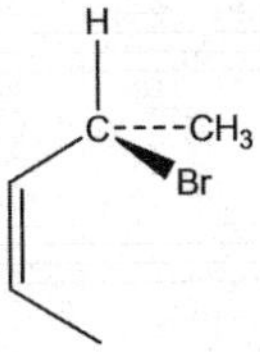 和 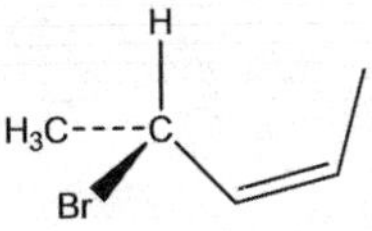

(4)  和 

(5) 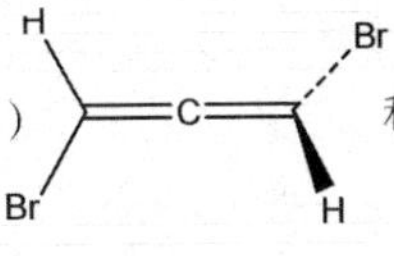 和 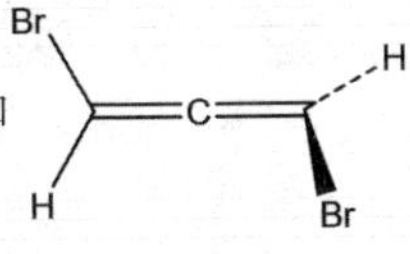

(6) 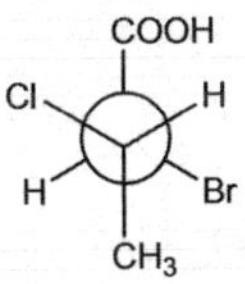 和 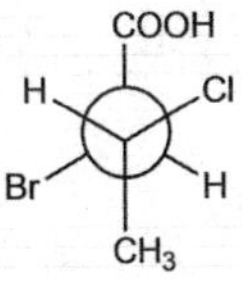

7. 判断下列化合物的 R、S 构型并画出其对映异构体的结构。

(1) 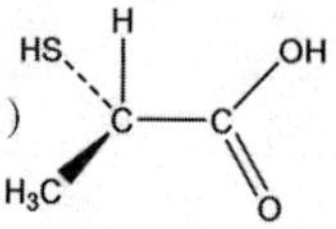 (2) 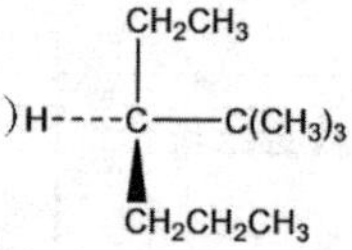 (3)

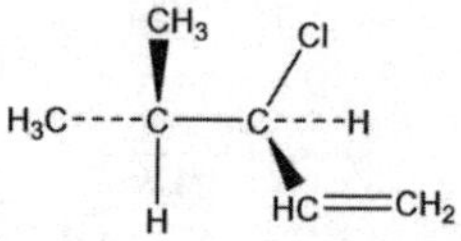

(4) 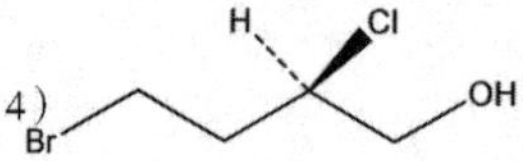 (5) 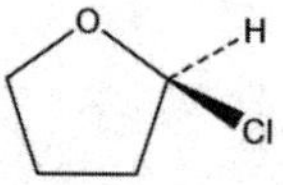 (6)

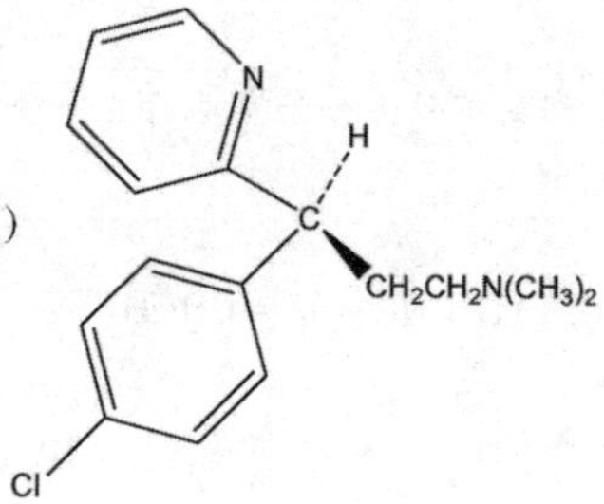

(7)

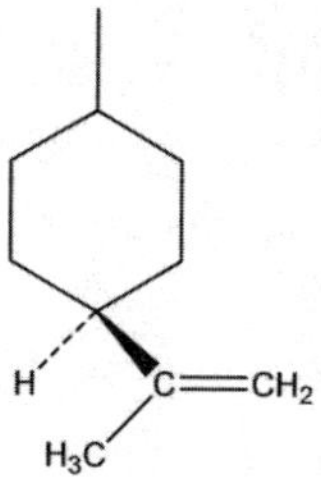

8. 判断下列化合物是否具有手性。

(1) $CH_3CHClBr$ (2) 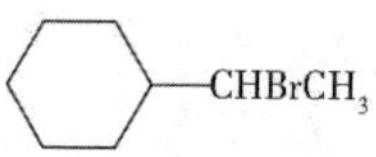 (3) 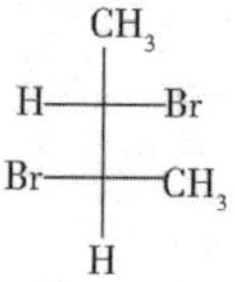 (4)

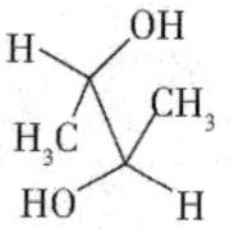

(5) 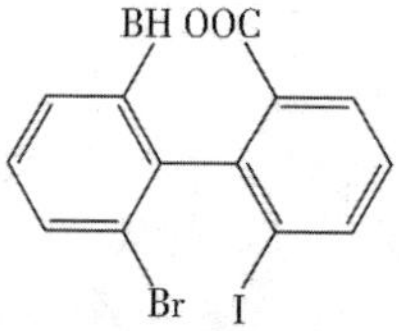 (6) 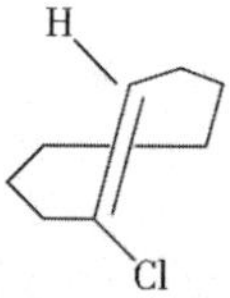 (7)

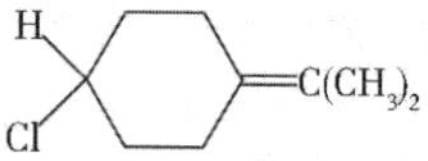

(8) 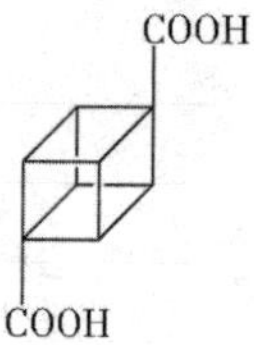 (9) 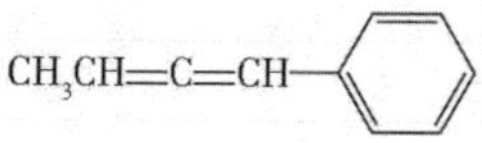 $CH_3CH{=}C{=}CH-$ (10)

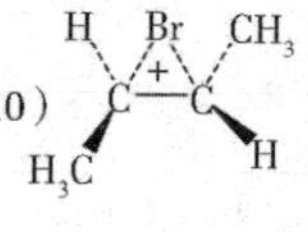

(11) 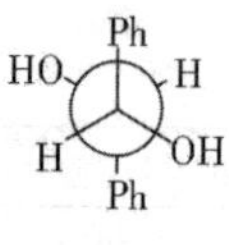 (12) 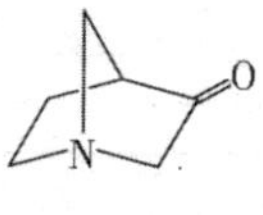 (13)

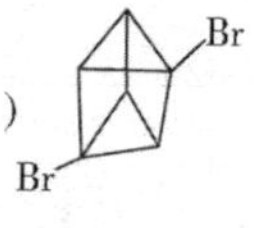

9. 被分离出的天然产物 A 的结构是可能是下列两种的一种，先将 A 配制成溶液进行旋光度测试，得到的结果是 A 的比旋光度为 +40.3°，你认为 A 的结构是下列两种中的哪一种更为合理？

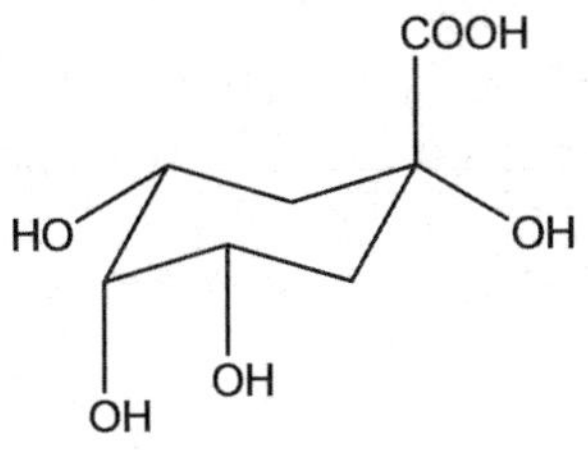

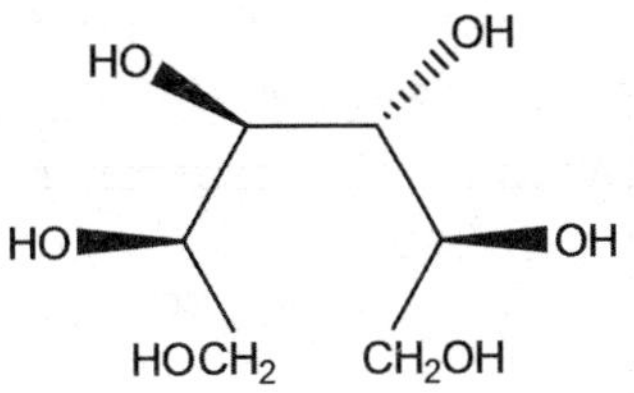

10. 选择题

(1) 化合物（费歇尔投影式：上 CH_3，HO—C—H，H—C—OH，下 C_2H_5）的旋光异构体的个数是　(　　)

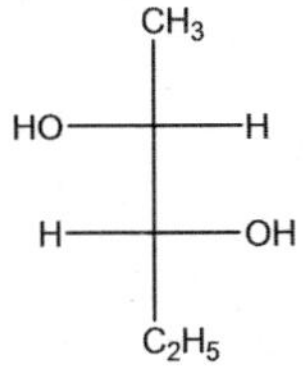

A. 4 个　　B. 5 个　　C. 2 个　　D. 0 个

(2) 下列化合物中无手性碳原子的是　(　　)

A. $C_6H_5CHOCH_3$　　B. 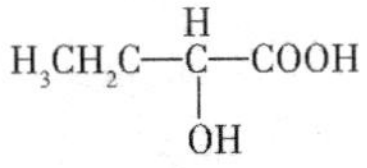 $H_3CH_2C—CH(OH)—COOH$

C. 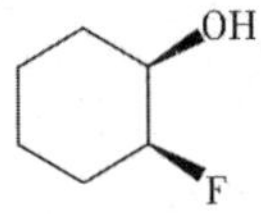 （2-氟环己醇）　　D. 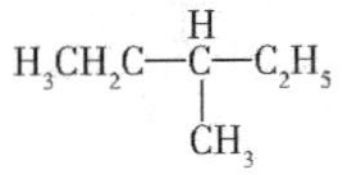 $H_3CH_2C—CH(CH_3)—C_2H_5$

(3) 下列化合物中存在对映异构体的是　(　　)

A. 2 - 丙醇　　B. 2 - 丁醇　　C. 1 - 戊醇　　D. 3 - 戊醇

(4) 下列化合物为 S - 构型的是(多选)　(　　)

A. 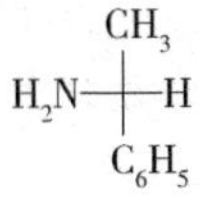 上 CH_3，H_2N—C—H，下 C_6H_5　　B. 上 H，HO—C—CN，下 CH_3　　C. 上 CH_3，H—C—Cl，下 $HC{=}CH_2$

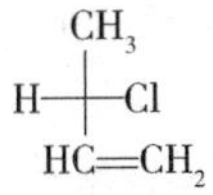

D. 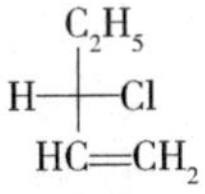 上 C_2H_5，H—C—Cl，下 $HC{=}CH_2$　　E. 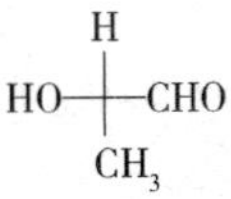 上 H，HO—C—CHO，下 CH_3

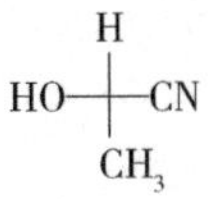

(5)内消旋酒石酸和外消旋酒石酸的相同性质是 ( )

A. 熔点 B. 沸点 C. 在水中的溶解度 D. 比旋光度

(6)一对对映异构体之间不同的是 ( )

A. 构造 B. 化学性质 C. 物理性质 D. 生物活性

(7)顺-2-丁烯与溴单质加成得( ),反-2-丁烯与溴单质加成得 ( )

A. 相同化合物 B. 非对映体 C. 外消旋体 D. 内消旋体

11. 写出 CH_3 分别与溴单质、溴化氢、稀硫酸和乙硼烷加成的产物并体现出立体构型。

12. 写出反-2-丁烯与氯水加成的生成物和它的对映异构体的立体化学过程。

练习题答案

1. (1)化合物分子的构造是指化合物分子式中各个原子的连接顺序和连接方式,而分子的构型是指具有一定构造的分子中的原子在空间中的排列情况。

(2)不一定,例如内消旋体。

(3)不一定。

(4)外消旋体是一种具有旋光性的手性分子与其对映体的等物质的量混合物。

2. (1) CH_3 H Cl H H CH_3　H—O----H H O H H H　Cl----H H O H H H　O H O H H H

(2) e Cl a Cl　e Cl Cl e　H_3C e e CH_3 C CH_3 CH_3

(3)反式 顺式 顺式 反式 反式 反式 (4) OH t-Bu

3. 无顺反异构体的是:(1)(3)(6);

(2)有四种顺反异构体:

H H H CH_3 Cl H　H H CH_3 H Cl H　H H Cl CH_3 H H　H CH_3 Cl H H H

(4)有两种顺反异构体：

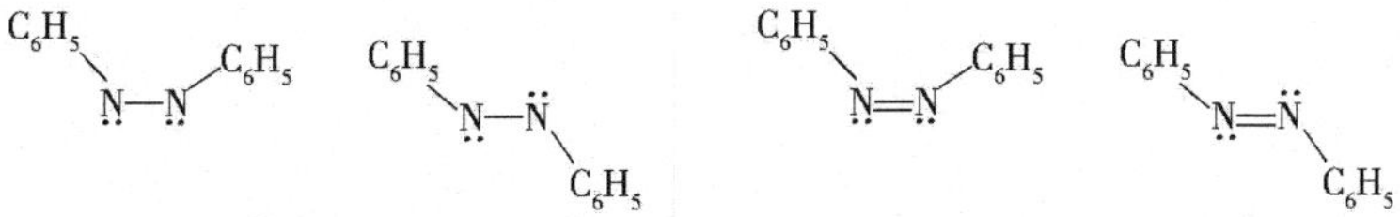

(5)有两种顺反异构体：

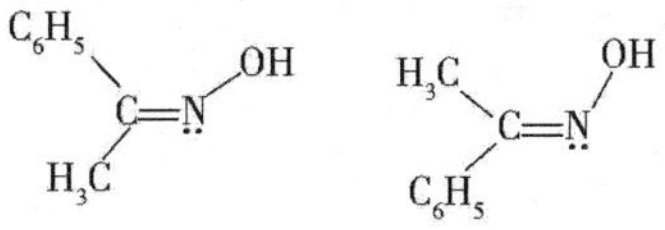

(7)有两种顺反异构体：

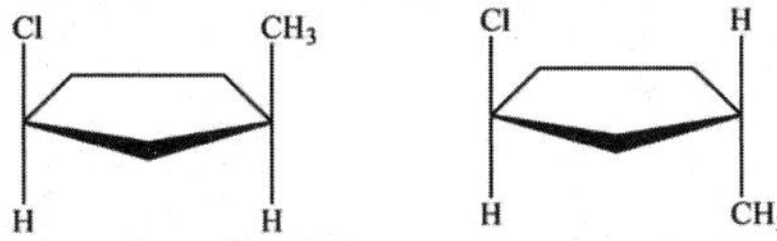

(8)有两种顺反异构体：

(9)有六种顺反异构体：

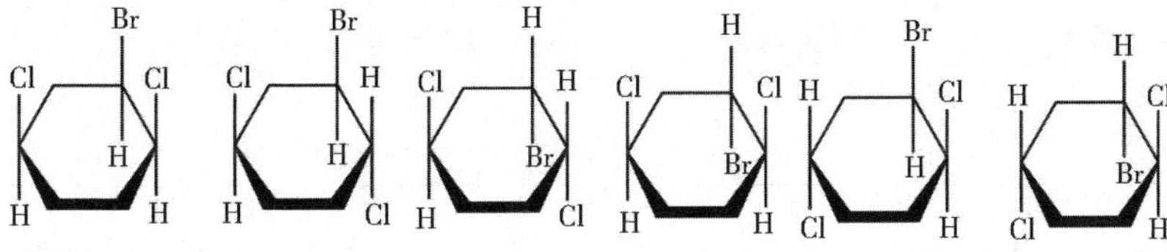

4.(1)

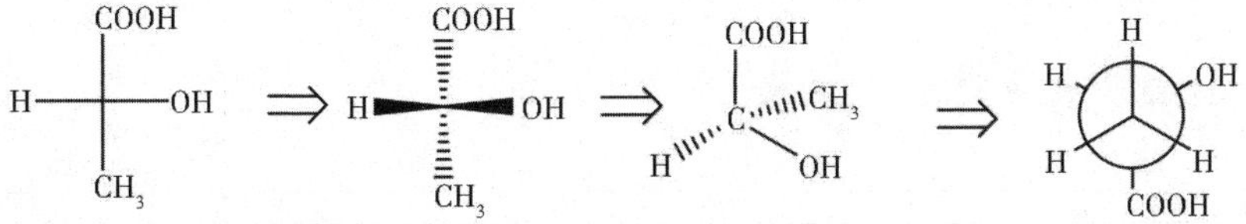

(2)

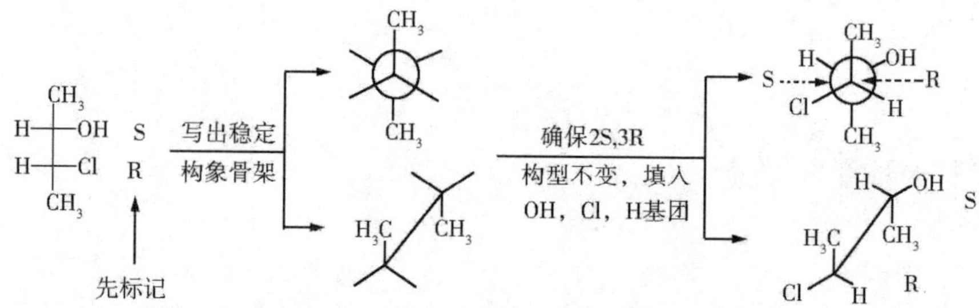

(3)含有两个或者两个以上的手性分子中，只有一个手性碳原子的构型不同，而其他手性碳原子的构型都相同的一对分子互为差向异构体。根据定义写出的与 D－半乳糖 C2 的构型不同的差向异构体为：

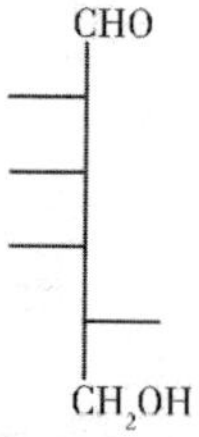

5.(1)(3)(4)(6)。

6.(1)相同化合物　(2)非对映异构体　(3)非对映异构体

(4)对映异构体　(5)对映异构体　(6)对映异构体

7.(1)S 型，对映异构体结构为：

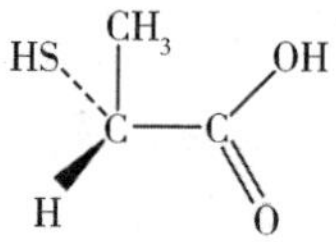

(2)R 型，对映异构体结构为：

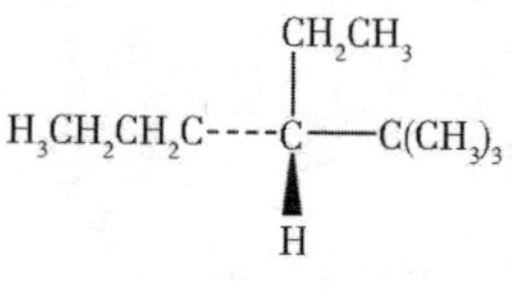

(3)R 型，对映异构体结构为：

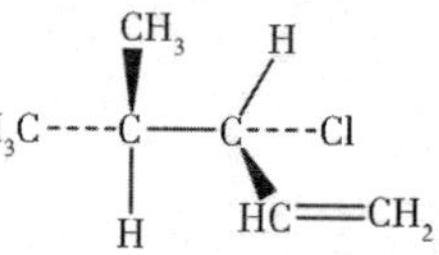

(4)R 型，对映异构体结构为：

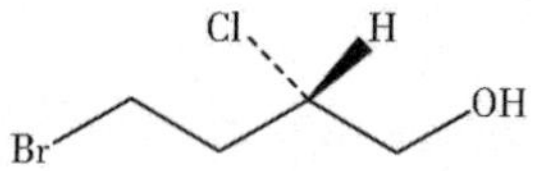

(5)S 型,对映异构体结构为:

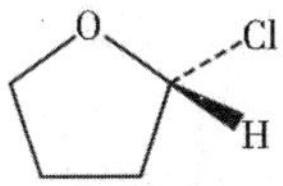

(6)S 型,对映异构体结构为:

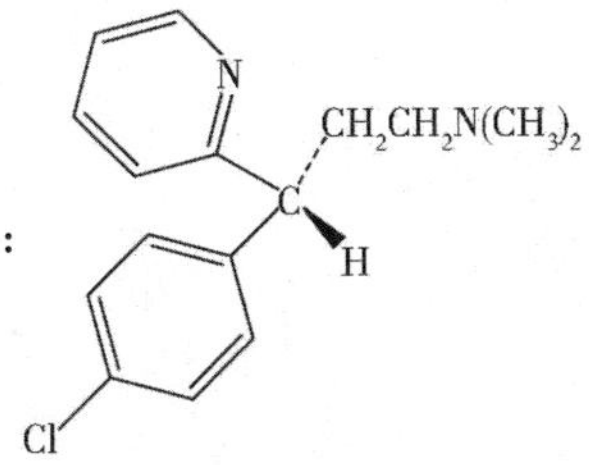

(7)S 型,对映异构体结构为:

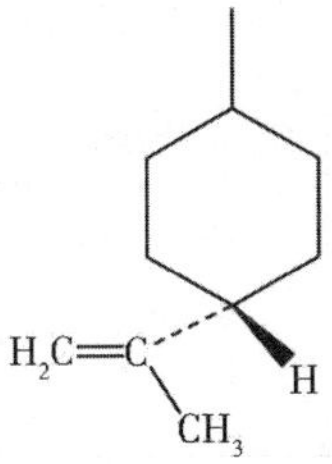

8. 有手性(1)(2)(6)(9)(10)(12)(13);无手性(3)(4)(5)(7)(8)(11)。

9. A 的结构是 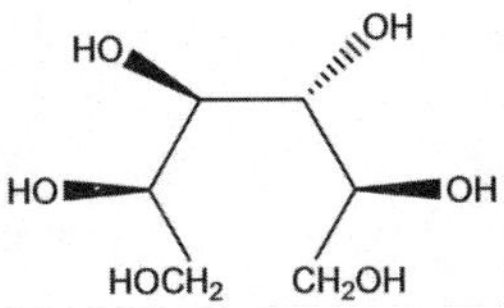 更为合理,因为 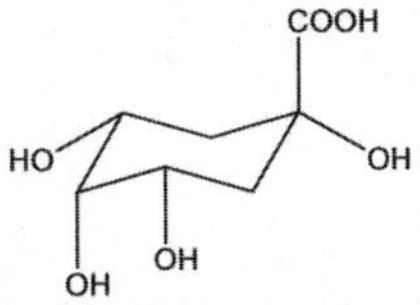 没有旋光性。

10. 选择题

(1)A (2)D (3)B (4)CD (5)D (6)D (7)C、A

11.

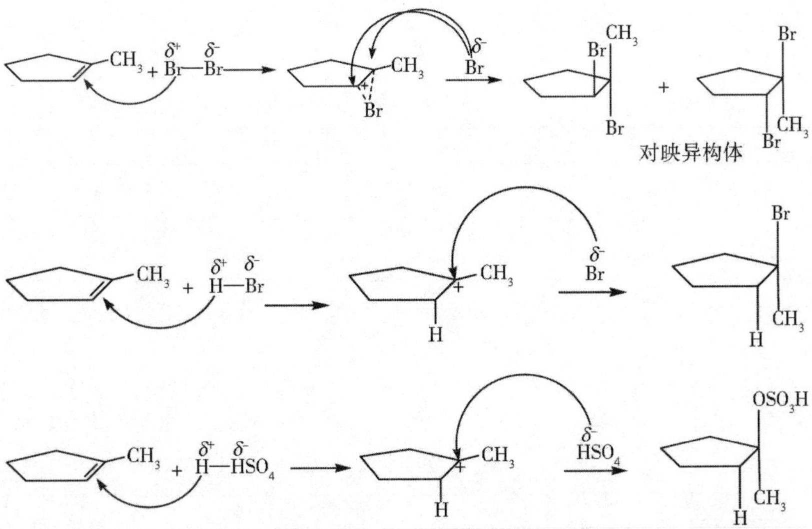

对映异构体

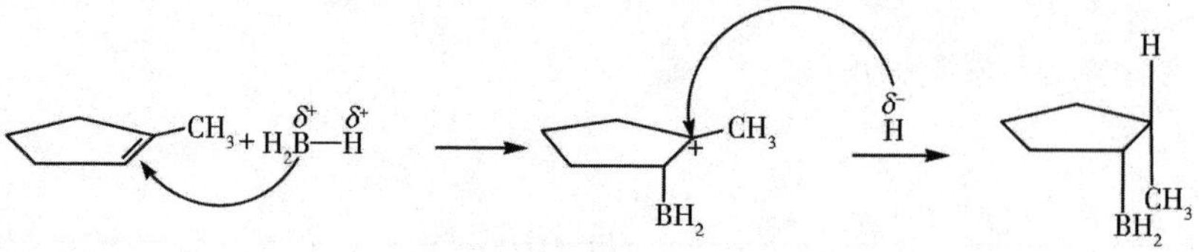

12.

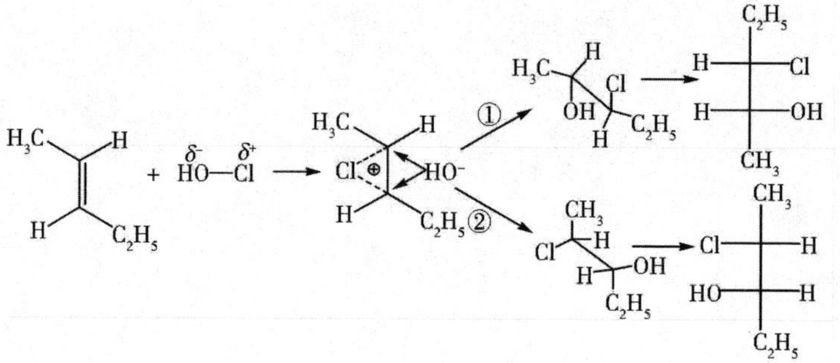

第4章　活泼中间体

有机反应的过程是由底物转化到活泼中间体再到产物的分步过程，在能量－反应进程图上可以看到活泼中间体位于两峰之间的能量最低处，如图4－1所示。活泼中间体的碳原子是二配位或者三配位的，因此活泼中间体具有高度活泼、寿命短等性质，在反应中迅速转变成更稳定的分子。常见的活泼中间体有自由基、碳正离子、碳负离子、碳烯、氮烯、苯炔等。有机化学常用稳定性和反应活性来讨论活泼中间体的性质。稳定性是指物种稳定存在和保持性质稳定的能力，是分子内在的性质，属于热力学范畴。物种的稳定性是相对的，而且与所处的化学环境也有关系。反应活性表现为物种反应速率的快慢，涉及反应活化能的大小，属于动力学范畴。同一底物在不同反应环境中的活性差别可能很大，如自由基在惰性气体中是稳定的，一旦接触氧气则很快发生反应湮灭掉。从能量上来讲，活泼中间体的能量较高而不稳定，因此很难用一般的化学手段分离、纯化活泼中间体物种，需借助于光谱学和其他物理化学方法鉴别其结构和性能。理解活泼中间体是理解有机化学反应的关键，能够为有机合成路线的设计提供坚实的理论基础。

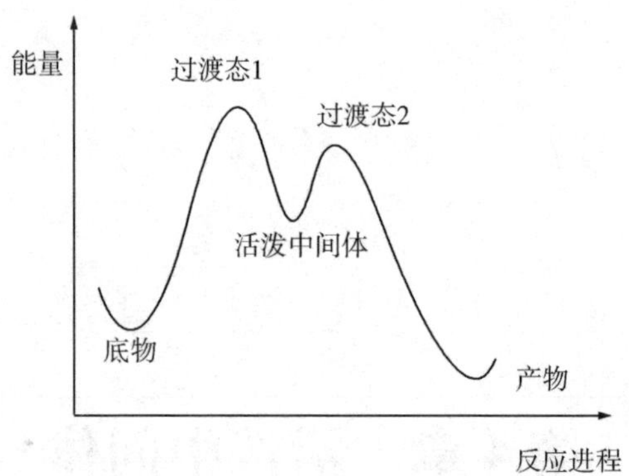

图 4－1　有机反应能量－反应进程图

4.1　自由基

自由基是指含有一个不成对电子的原子或者原子团,也称为“游离基”,一般由化学键的均裂产生。常见的自由基种类有原子自由基、离子自由基和基团自由基等。自由基具有电子不饱和和能量高两个典型的性质。Herzberg 于 1971 年因采用真空紫外分光的方法对甲基自由基的结构特征进行了表征而获得了诺贝尔化学奖。此研究成果有助于对光化学机理进行探究。碳自由基有五种结构形式,如图 4－2 所示。

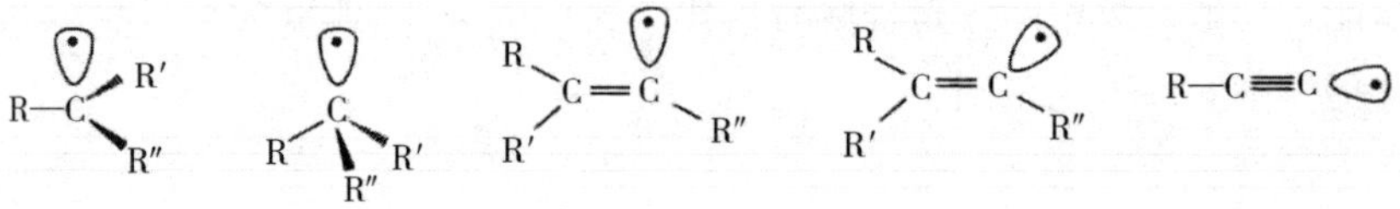

图 4－2　碳自由基的五种结构形式

碳自由基有七个价电子,属于缺电子物种,影响自由基的稳定性的因素主要有电子因素和空间因素。

电子因素是原子或者基团的电负性差异,体现在原子和基团之间的诱导效应和共轭效应上。电负性小的自由基相对稳定一些，如稳定性顺序为 $R_3C\cdot$ > $R_2N\cdot$ > $RO\cdot$。烷基自由基的稳定性顺序是 3° > 2° > 1°，这是由于超共轭效应的影响。自由基的中心原子与推电子基和拉电子基相连均能稳定自由基，取代基对自由基稳定性顺序有如下的规律：苯基/烯基 > 羰基 > 氰基 > 酯基 > 烷基。C—H 键的强弱顺序是 1° > 2° > 苄基，断裂这些 C—H 键形成自由基放热的顺序是苄基 > 2° > 1°，可以看出这与相应的自由基的活性顺序相同。利用自由基活性顺序可以预测某一个反应的产物以及对某些反应的结果进行解释，如乙苯在紫外光照下与氯气进行反应生成 91% 的 1 - 氯 - 1 - 苯基乙烷和 9% 的 1 - 氯 - 2 - 苯基乙烷，而丁烷氯代却生成 72% 的 2 - 氯丁烷和 28% 的 1 - 氯丁烷，这个结果就可以用烷基自由基的稳定性顺序来进行解释。

与自由基中心碳原子相连的基团的体积大小对自由基稳定性的影响属于空间因素的影响。若与中心碳相连的基团体积较大，则自由基较为稳定。因此 3°碳自由基的稳定性较大，除了超共轭效应之外，空间因素也有一定的作用。如图4 - 3 所示，三苯甲基自由基较为稳定，就是空间因素和超共轭效应协同作用的结果，受到三个体积较大的苯基保护，三苯甲基自由基很难与其他自由基或者试剂发生碰撞反应而湮灭，因此该自由基的寿命较长。

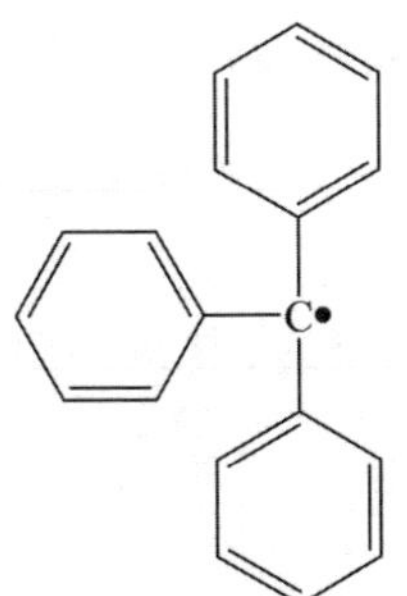

图 4 - 3　三苯甲基自由基

自由基反应常在光、热和引发剂存在的条件下发生，很少受到酸或碱的影响，各种自由基的稳定性和极性不同，因此在反应中能表现出一定的化学选择性和位置选择性。自由基反应按照链反应和非链反应两类机理进行。前者需要引发剂的引发。一般作为引发剂的物质有过氧化物、偶氮二异丁氰等易分解的化合物。反应历程由链的引发、链的传递和链的终止等基元反应组成，如图4－4所示的丁烯与氯仿在过氧化物的引发下生成1，1，1－三氯丁烷。

$$CH_3CH_2CH{=}CH_2 + HCCl_3 \xrightarrow{R-O-O-R} CH_3CH_2CH_2CH_2CCl_3$$

$$R-O-O-R \xrightarrow{\triangle} RO\cdot$$

$$RO\cdot \xrightarrow{HCCl_3} Cl_3C\cdot + ROH$$

$$Cl_3C\cdot + CH_3CH_2CH{=}CH_2 \longrightarrow CH_3CH_2\dot{C}HCH_2CCl_3$$

$$CH_3CH_2\dot{C}HCH_2CCl_3 \xrightarrow{HCCl_3} Cl_3C\cdot + CH_3CH_2CH_2CH_2CCl_3$$

图4－4 丁烯与氯仿反应生成1，1，1－三氯丁烷

N－溴代丁二烯亚胺（NBS）常常在反应中用作溴代试剂，其优点是反应具有位置专一性，可以在烯丙位或者苄基位引入溴原子，如图4－5所示。

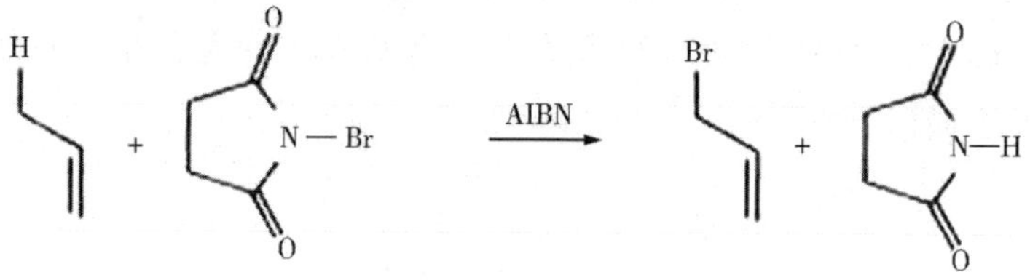

$$\text{H-CH}_2\text{CH=CH}_2 + \text{NBS (N—Br)} \xrightarrow{AIBN} \text{Br-CH}_2\text{CH=CH}_2 + \text{N—H}$$

图4－5 NBS与烯烃的反应

该反应称为Wohl－Ziegler反应，其机理目前尚存在争议，机理大致如图4－6所示。

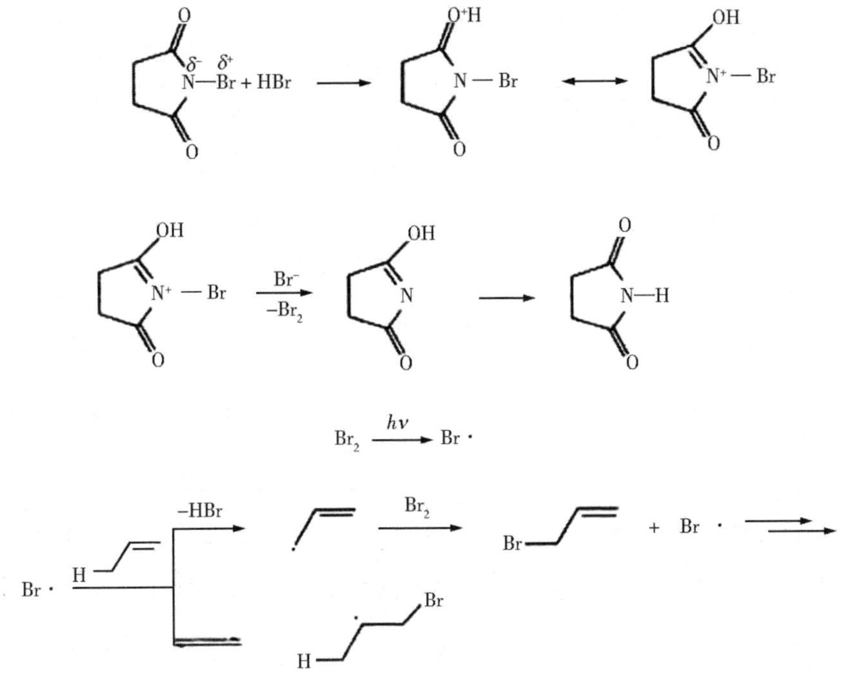

$Br_2 \xrightarrow{h\nu} Br\cdot$

图4-6 Wohl-Ziegler 反应机理

不同自由基之间能量相差不大,故而在有机反应中重排的现象没有碳正离子重排的现象多。

Birch 还原是指芳香族化合物在 Na-液氨的还原作用下得到1,4-环戊二烯的反应 $\xrightarrow{Na}$,其反应机理是:苯在金属钠的作用下先生成负离子自由基1,自由基1从质子溶剂中捕获一个质子成为自由基2之后,再接收一个电子生成环己二烯碳负离子3,3再还原为产物4,即1,4环戊二烯,如图4-7所示。

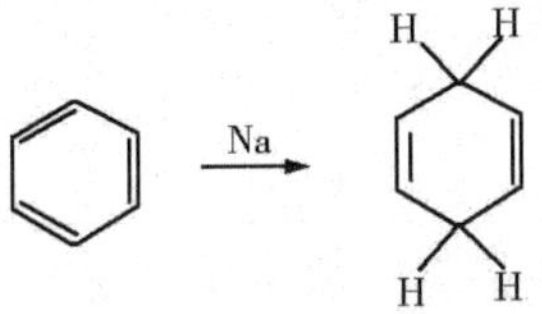

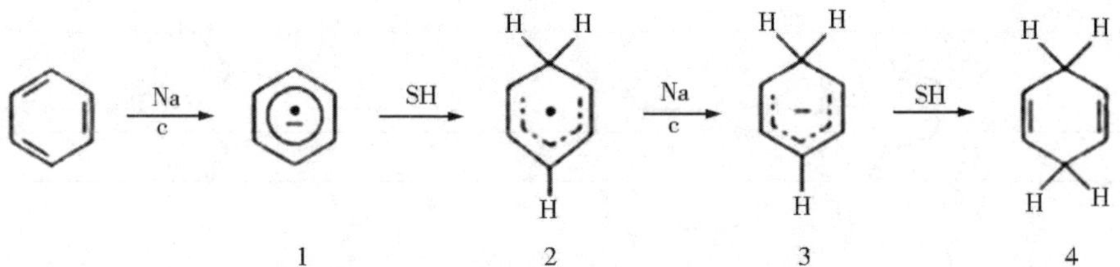

图 4-7　Birch 还原的反应机理

4.2　碳正离子

碳正离子是有六个价电子的缺电子物种，具有高度的亲电性。20 世纪 30 年代，Ingold 和 Hughes 等人在亲核取代反应和消除反应动力学研究中明确了碳正离子中间体的存在，图 4-8 为碳正离子可能存在的五种构型。

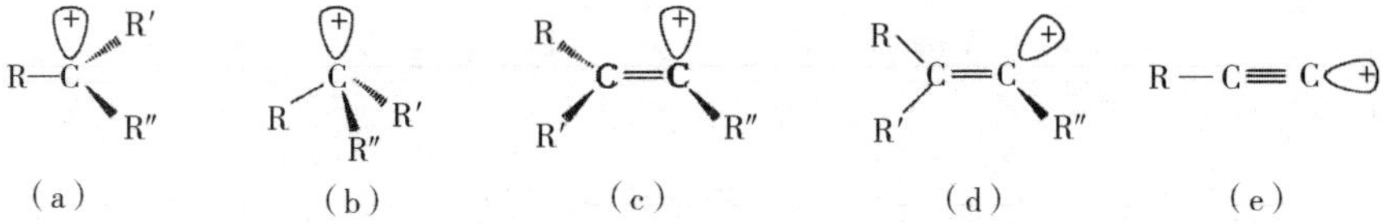

图 4-8　碳正离子的五种构型

碳正离子(a)中的碳原子的杂化方式是 sp^2，碳正离子呈现平面结构，正电荷所在的空轨道垂直于该平面；碳正离子(b)中的碳原子以 sp^3 杂化方式存在，正电荷在杂化轨道内，原子团整体呈现三角锥形的立体结构；碳正离子(c)、(d)和(e)属于烯基和炔基正离子。大多数碳正离子的结构都是平面结构，因为平面的碳正离子能够最大限度和具有未共用电子对的相邻原子形成共轭，如我们熟知的叔丁基正离子 $(CH_3)_3C^+$，已经通过 FTIR 光谱证明其具有平面对称性结构。由于化学键的异裂，离去基团 L 带着一对电子离去而生成碳正离子。醇本身较难形成碳正离子，因为 OH^- 本身亲核性较强，不是一个合适的离去基团 L。但是 H_2O 是一个合适的离去基团，因此在酸性环境下，醇质子化之后，较易生成碳正离子。卤原子 X^-、磺酰基衍生物等都是较合适的离去基团，可以生成碳正离子，$R—OH \xrightarrow{H^+} R—O^+H_2 \xrightarrow{-H_2O} R^+$。

2°和 3°碳正离子在水相中的寿命大约是 10^{-12} s 和 10^{-13} s，3°碳正离子相对来说稳定性大一些，但是没有持久性，可见碳正离子是相当活泼的。碳正离子是缺电子的，任何可以使中心原子电子云密度增大的因素都可以稳定碳正离子。接下来从以下几个方面对碳正离子的稳定性进行讨论。

4.2.1　诱导效应

不同杂化态的碳原子的电负性顺序为 C(sp) > C(sp^2) > C(sp^3)，相对应的碳正离子的稳定性大小顺序为烷基碳正离子 > 烯基碳正离子 > 炔基碳正离子。一般烷基碳正离子的稳定性顺序为 $R_3C^+ > R_2HC^+ > RCH_2^+$，其他的推电子取代基能够稳定中心碳原子的正电荷，也能稳定碳正离子。

4.2.2　共轭效应

带有 π 电子体系的取代基可以通过 p－π 共轭来分散碳正离子中心碳上带的正电荷，往往能使其稳定。图 4－9 为烯丙基正离子和苄基正离子。

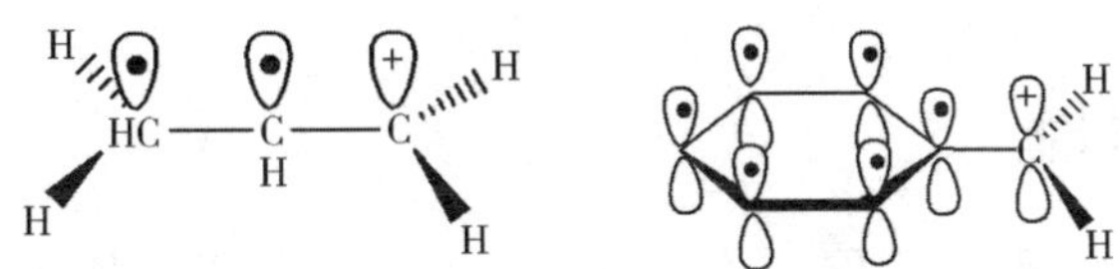

图 4－9　烯丙基正离子和苄基正离子

4.2.3　超共轭效应

超共轭效应也会使碳正离子中心碳原子上的正电荷分散而稳定，其稳定性大小的顺序与取代基的推电子效应顺序是一致的，如图 4－10 所示。

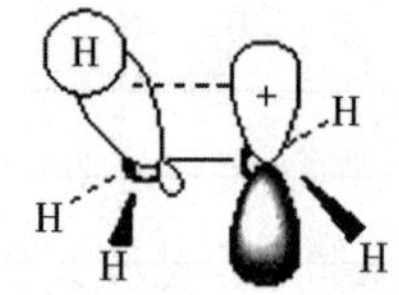

图 4-10 超共轭效应

各种效应对正电荷分散的程度不同，一般来讲共轭效应的影响大于诱导效应和超共轭效应，而且随着共轭链的增长，正电荷分散的程度增大，碳正离子的稳定性也增大。

图 4-11 为环状碳正离子，属于非经典碳正离子，其稳定性与环是否具有芳香性有关。一般来说 π 电子数符合 Hückel 规则，分子共轭共平面的碳正离子属于比较稳定的碳正离子。

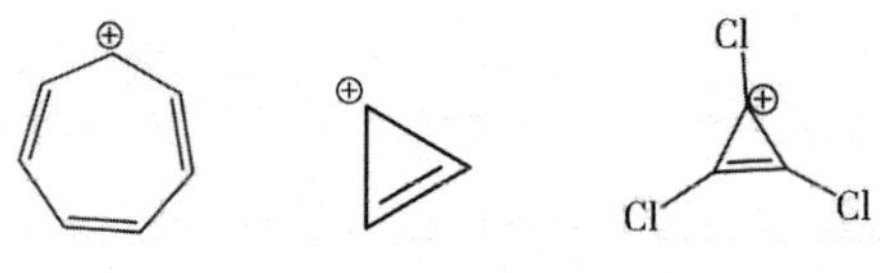

图 4-11 环状碳正离子

4.2.4 空间因素

由于所带的取代基不同，sp^2 杂化的碳正离子的平面构型并不是对称的。由于基团之间存在斥力，中心 C 原子所在的平面会产生张力，被称作背张力或后张力，如异丙基碳正离子的两个甲基之间的斥力会使它们之间的键角大于 120°。基团越大，它们之间的斥力也越大。碳正离子中不同基团的电子效应影响差别很小，空间因素（背张力）是主要的影响因素，如环状正离子，由于环本身的张力存在而稳定性较差。

4.2.5 溶剂效应

很多时候有机化学反应在溶剂中进行，强极性的溶剂有利于化学键的异裂而生成碳正离子，因此极性溶剂的溶剂化作用越强，碳正离子的生成越容易。图 4-12 为叔丁基溴解离成叔丁基碳正离子的反应，在水中解离成叔丁基正离子与在气相中无溶剂解离成叔丁基正离子所消耗的能量大约相差 10 倍。

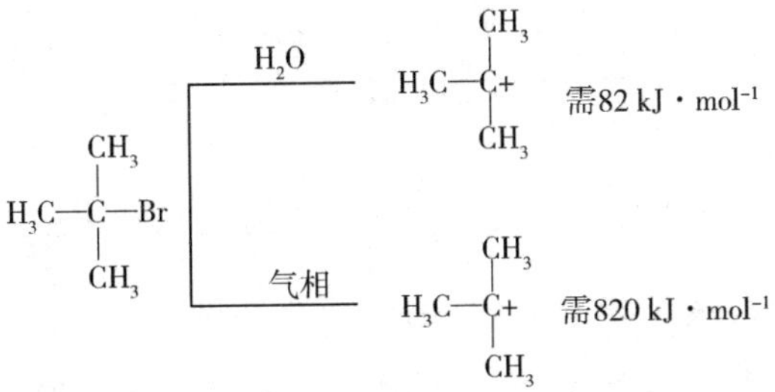

H_2O　$(CH_3)_3C^+$　需82 kJ · mol^{-1}

$(CH_3)_3C—Br$

气相　$(CH_3)_3C^+$　需820 kJ · mol^{-1}

图 4 - 12　叔丁基溴的解离

例题 4 - 1　写出下列反应的机理：

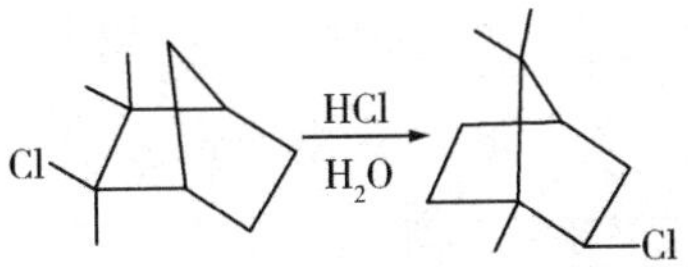

HCl / H_2O

解析　反应中发生了碳正离子的重排，重排反应的动力是碳正离子的稳定性。反应的第一步 Cl^- 离去之后形成的正离子 1 属于桥头正离子，因环张力的存在而不稳定，因此重排成正离子 2，然后接受 Cl^- 的亲核进攻而生成产物。

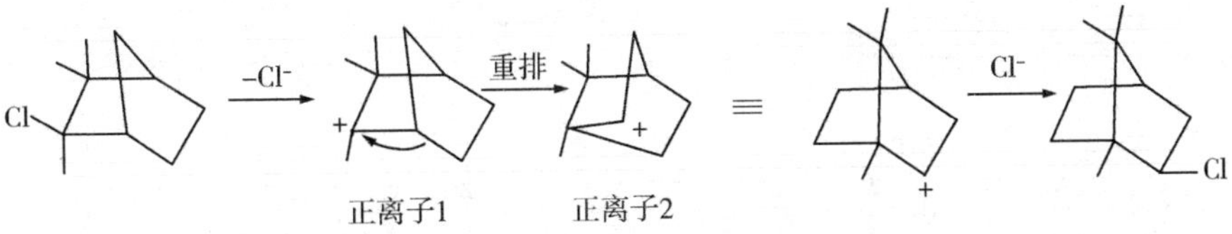

$-Cl^-$　重排　≡　Cl^-

正离子1　正离子2

例题 4 - 2　请写出下列反应的主要产物，并进行解释。

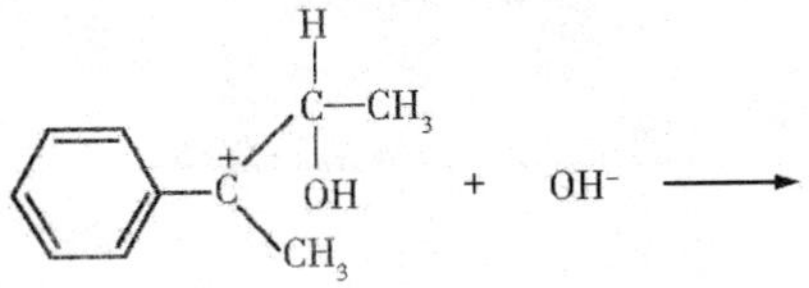

$C_6H_5-\overset{+}{C}(CH_3)-CH(OH)CH_3$ + OH^- ⟶

解析

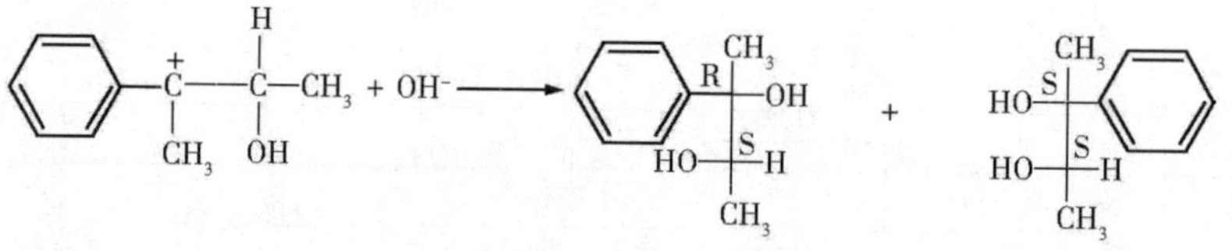

(2R, 3S)-2-苯基-2, 3-丁二醇 (2S, 3S)-2-苯基-2, 3-丁二醇

碳正离子的中心碳原子是 sp^2 杂化的平面结构，但是由于与中心碳原子相邻的碳原子是一个手性碳原子，该碳原子上所连接的基团体积大小不相等，限制了羟基负离子从碳正离子平面两侧进攻碳正离子的平均性，因此得到两个不等量的产物。

不对称的频哪醇在酸性条件下进行的重排反应，重排过程中存在两个问题：(1)哪一个羟基优先脱去？(2)羟基脱去后哪一个基团优先迁移？一般来说，脱去之后生成稳定碳正离子的羟基优先脱去，能稳定碳正离子的基团优先迁移发生重排。频哪醇的重排历程如图 4－13 所示。

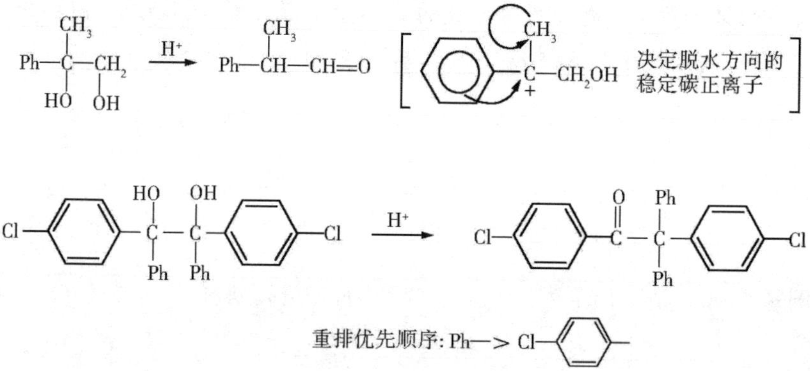

决定脱水方向的稳定碳正离子

重排优先顺序：Ph—> Cl—C₆H₄—

图 4－13 频哪醇的重排

4.3 碳负离子

碳负离子是带有负电荷的碳离子，也是有机合成反应中一类重要的活性中间体。大量实验事实已证明了它的存在。碳负离子具有一对孤对电子，这对未

共用的电子对处于一个独立的 sp^3 杂化轨道中形成四面体结构，但是这种结构往往发生迅速的构型转化，使整个碳负离子处于 $sp^3 \rightarrow sp^2 \rightarrow sp^3$ 的动态快速翻转中，如图 4－14 所示。碳负离子极其活泼，除了极少数情况外，至今尚未分离成功。

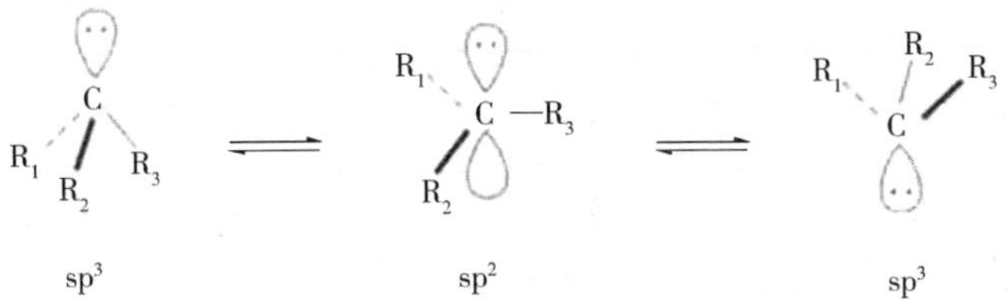

图 4－14　碳负离子 sp^2 与 sp^3 的动态翻转

构型翻转的速率和中心碳原子所连的三个基团的体积大小、共价键的极性有关系，基团体积越大，共价键的极性越强，构型翻转的速率越小。当碳负离子的中心碳原子与带有 π 键的基团，如苯基（ 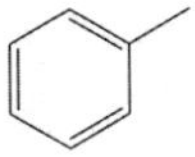 ）、硝基（—NO_2）、羰基（—C ═O）、氰基（—CN）相连或者两个取代基成环时，碳负离子可能是平面结构，如图 4－15 所示的 7－苯基降冰片烷的钾盐的结构。

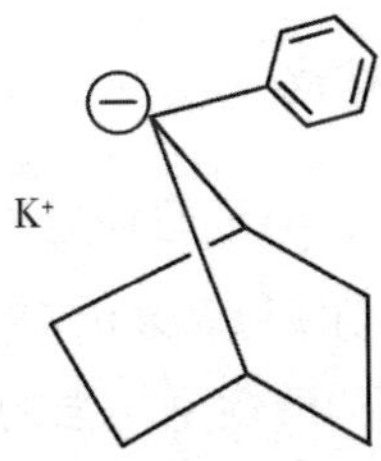

图 4－15　7－苯基降冰片烷的钾盐的结构

广义上理解，碳负离子是一种强的路易斯碱：$RH \rightleftharpoons R^- + H^+$，可以用电离常数 pK_a 表示其碱性的强弱，间接体现出负离子的稳定性。常见烃类的电离常数如表 4－1 所示。

表 4－1　常见烃基的电离常数

RH	R^-	pK_a
$HC \equiv CH$	$HC \equiv C^-$	25
$(C_6H_5)_3CH$	$(C_6H_5)_3C^-$	31
$(C_6H_5)_2CH_2$	$(C_6H_5)_2CH^-$	33
$C_6H_5CH_3$	$C_6H_5CH_2^-$	35
$H_2C=CH_2$	$H_2C=CH^-$	37
C_6H_6	$C_6H_5^-$	37
CH_4	CH_3^-	40
CH_3CH_3	$CH_3CH_2^-$	42

C_2H_2、C_6H_6、CH_4、C_2H_6的电离常数 pK_a 分别是25、37、40和42，因此，对应碳负离子的稳定性顺序是：$HC \equiv C^- > C_6H_5^- > CH_3^- > C_2H_5^-$。

影响碳负离子稳定性的因素有静电作用、中心碳原子的杂化状态和芳构化效应。

4.3.1　静电作用

包括诱导效应和共轭效应。这两种效应之一或者综合作用的结果若能分散中心碳原子上的负电荷，那么就能稳定该碳负离子。

4.3.2　中心碳原子的杂化状态

轨道的 s 成分越多，则未用电子对的稳定性也越强，因而简单的碳负离子是棱锥形的构型。同时 C—H 键的 s 成分的百分数和键的酸性也是密切相关的。例如，从乙烷至乙烯至乙炔的酸性是增强的，这与随着 C—H 键的 s 成分所占的百分数变大，相应生成的碳负离子稳定性提高是一致的。

4.3.3　芳构化效应

环戊二烯负离子较为稳定，如图 4－16(a)所示。环戊二烯显弱酸性($pK_a=15$)，环戊二烯负离子的未成键电子对参与芳香体系的共轭，离域到整个环戊二烯分子环中。同理，环壬四烯负离子也较为稳定，如图 4－16(b)所示。

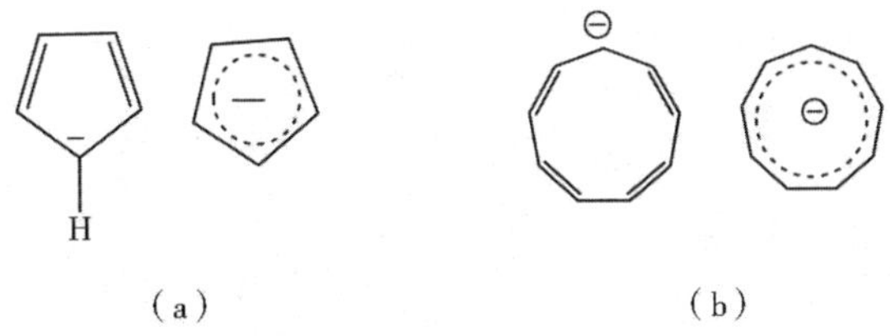

图4－16　环戊二烯负离子和环壬四烯负离子

碳负离子中间体属于多电子物质，在反应中作为亲核试剂。碳负离子可以通过图4－17所示的烃的金属化等一系列反应形成。

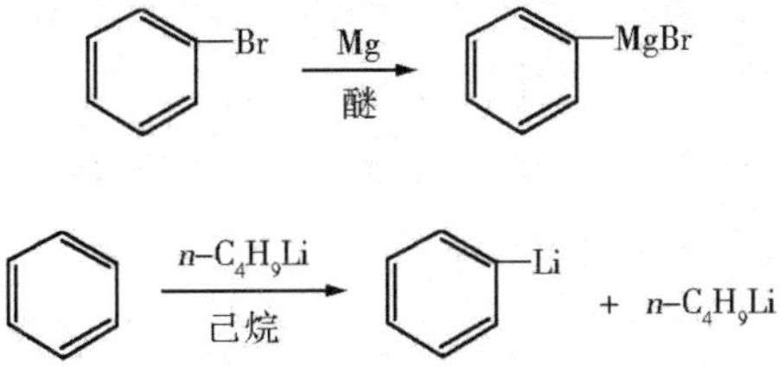

—Br $\xrightarrow[\text{醚}]{\text{Mg}}$ —MgBr

$\xrightarrow[\text{己烷}]{n\text{-}C_4H_9Li}$ —Li + $n\text{-}C_4H_9Li$

$$R—CH═CH\cdot Br + n-C_4H_9Li \xrightarrow[-70\ ℃]{THF} R—CH═CH\cdot Li + n-C_4H_9Br$$

图4－17　烃的金属化反应

醛酮、羧酸、羧酸酯、硝基化合物、腈、砜等二羰基化合物的活泼H用不同强度的碱处理也能产生碳负离子，如图4－18所示。

$$CH_2(COOC_2H_5)_2 + NaOC_2H_5 \longrightarrow {}^{\ominus}CH(COOC_2H_5)_2 + HOC_2H_5 \xrightarrow{Na^+} NaCH(COOC_2H_5)_2$$

$$CH_3COCH_3 + KOH \longrightarrow {}^{\ominus}CH_2COCH_3 \xrightarrow{K^+} KCH_2COCH_3$$

图4－18　羰基化合物与碱作用产生负离子

图4－19为常见的二羰基化合物形成的双碳负离子。

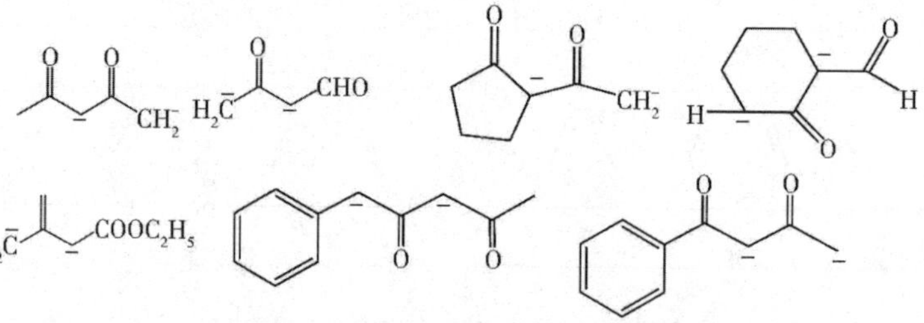

图 4-19 常见的二羰基化合物形成的双碳负离子

二羰基化合物形成的负离子通常以烯醇负离子形式存在。碳负离子与烯醇式之间的转化如图 4-20 所示。形成烯醇负离子的条件是:(1)动力学控制,形成碳负离子的中心碳原子上的 H 被碱夺取,一般在较低温度与体积较大的碱作用时,在位阻较小的位置容易生成碳负离子;(2)热力学控制因素,两种碳负离子能相互转化并达到平衡,一般在较高温度与体积较小的碱作用时,取代基较多的中心碳原子容易形成碳负离子。

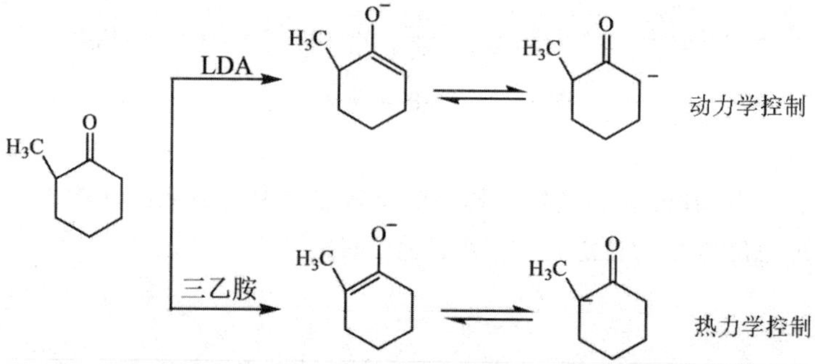

LDA:二异丙基氨基锂,化学式为$[(CH_3)_2CH]_2NLi$,体积较大的强碱

图 4-20 碳负离子与烯醇式之间的转化

以碳负离子为中间体的各种有机反应通常是上述各种负离子与缺电子中心的反应,包括亲核加成反应、亲核取代反应、芳香族亲核取代反应、重排反应和消除反应等,合成中常常用于 C—N、C—O 和 C—C 键的生成。图 4-21 所示的卤代烃和酰卤等发生的亲核取代反应可以生成烷基化和酰基化的产物。

$$CH_3COCH_3 \xrightarrow{NaOC_2H_5} \overset{-}{C}H_2COCH_3 \xrightarrow{C_2H_5Br} CH_3CH_2CH_2\overset{O}{\overset{\|}{C}}CH_3$$

$$CH_3{-}CN \xrightarrow{NaOC_2H_5} \overset{-}{C}H_2CN \xrightarrow{CH_3\overset{O}{\overset{\|}{C}}{-}Cl} CH_3\overset{O}{\overset{\|}{C}}{-}CH_2CN$$

$$\overset{-}{C}H_2CN \xrightarrow{ClCN} NC{-}CH_2{-}CN$$

$$CH_3\overset{O}{\overset{\|}{C}}CH_2\overset{O}{\overset{\|}{C}}CH_3 \xrightarrow{NaOH} CH_3\overset{O}{\overset{\|}{C}}{-}\overset{-}{C}H{-}\overset{O}{\overset{\|}{C}}CH_3 \xrightarrow{\text{(1,3-二氧戊环-2-基)}CHCH_2CH_2Cl}$$

$$CH_3\overset{O}{\overset{\|}{C}}{-}\underset{CH_2CH_2CH(\text{1,3-二氧戊环})}{\underset{|}{CH}}{-}\overset{O}{\overset{\|}{C}}CH_3 \xrightarrow{H^+} (CH_3CO)_2CH{-}CH_2{-}CH_2{-}CHO$$

图 4－21　卤代烃和酰卤等发生的亲核取代

图 4－22 为酯类化合物在碱的作用下生成碳负离子之后，可以发生自身的缩合反应，生成 C—C 键。

$$C_6H_5\overset{O}{\overset{\|}{C}}{-}OC_2H_5 + \overset{-}{C}H_2{-}\overset{O}{\overset{\|}{C}}{-}C_6H_5 \longrightarrow C_6H_5{-}\overset{O}{\overset{\|}{C}}{-}CH_2{-}\overset{O}{\overset{\|}{C}}{-}C_6H_5$$

$$C_6H_4(CO_2C_2H_5)_2 + CH_3CO_2C_2H_5 \xrightarrow[\text{②}H_3O^+]{\text{①}C_2H_5ONa} \text{(1,3-茚二酮)}CHCO_2C_2H_5$$

$$H\overset{O}{\overset{\|}{C}}{-}OC_2H_5 + CH_3\overset{O}{\overset{\|}{C}}{-}CH_2{-}\overset{O}{\overset{\|}{C}}{-}CH_3 \xrightarrow[\text{②}H_3^+O]{\text{①}C_2H_5ONa} H{-}\overset{O}{\overset{\|}{C}}{-}\underset{COCH_3}{\underset{|}{CH}}{-}\overset{O}{\overset{\|}{C}}{-}CH_3$$

$$Br(CH_2)_5Cl + H_2C(COOC_2H_5)_2 \xrightarrow{C_2H_5ONa} Cl(CH_2)_5—CH(COOC_2H_5)_2$$

$$\xrightarrow{C_2H_5ONa} \text{1,1-环己烷二甲酸二乙酯 } (CO_2C_2H_5)_2 \xrightarrow[\text{②}H_2SO_4,\triangle]{\text{①}NaOH/H_2O} \text{环己基}—COOH$$

图 4－22　酯类化合物在碱的作用下生成 C—C 键

图 4－23 为碳负离子与 α, β—不饱和氰、α, β—不饱和羰基化合物等发生 1,4 加成反应合成分子骨架比较复杂的化合物。

$$+ CH_2{=}CH—C{\equiv}N \xrightarrow{CH_3ONa} CH_2—\bar{C}H—CN \longrightarrow$$

$$\xrightarrow{CH_2{=}CH—CN} \xrightarrow{H_2O}$$

$$CO_2C_2H_5 + CH_2{=}CH—\overset{O}{\overset{\|}{C}}—CH_3 \xrightarrow[\text{②}C_2H_5OH]{\text{①}C_2H_5ONa} CO_2C_2H_5,\ CH_2—CH_2—\overset{O}{\overset{\|}{C}}—CH_3 \xrightarrow{C_2H_5ONa}$$

$$CH_2CH_2\overset{O}{\overset{\|}{C}}—\bar{C}H_2,\ CO_2C_2H_5 \longrightarrow CO_2C_2H_5 \xrightarrow[\text{②}\triangle]{\text{①}C_2H_5ONa} CO_2C_2H_5$$

图 4－23　碳负离子与不饱和化合物的 1,4 加成

4.4　卡宾

卡宾又称碳烯，是电中性的活泼中间体。早在 1862 年人们就在如图 4－24 所示的氯仿的碱性水解反应中提出二氯化碳的中间体二氯卡宾的存在。

$$HCCl_3 + NaOH \longrightarrow :CCl_2 + NaCl + H_2O$$

图 4－24　氯仿的碱性水解反应

1951 年，Woodward、Doering 和 Winstein 等人提出卡宾的定义：卡宾是包含六个价电子的碳原子的化合物，其中四个价电子在两个共价键中，另外两个电子为非键电子，图 4－25 为几种烃基卡宾，其中最简单的是甲基卡宾，也叫甲烯。

CH_2:	CH_3CH_2:	X_2C:
甲基卡宾	乙基卡宾	二卤卡宾

图 4－25　几种烃基卡宾

卡宾中的碳原子只有六个价电子，不是八电子饱和结构，因此卡宾具有亲电性。如图 4－26 所示的卡宾有两种结构：单线态和三线态结构。两个电子占据同一个轨道，自旋方向相反，这种情况就是单线态卡宾；中心碳原子相当于 sp 杂化，两个电子各占据一个 p 轨道，自旋方向相同，就是三线态卡宾。三线态卡宾具有较低的能量，因为电子之间的斥力比较小。

图 4－26　卡宾的两种结构

卡宾发生的反应主要有图 4－27(a)所示的烯酮类或者重氮化合物等活性分子的分解反应，图 4－27(b)所示的生成二氯卡宾的消去反应，图 4－27(c)所示的 σ 键的插入反应和 π 键的环加成反应。

$$CH_2=C=O \xrightarrow{h\nu} :CH_2 + CO$$
(a)

$$N_2CH_2 \xrightarrow{\triangle} :CH_2 + N_2$$
(b)

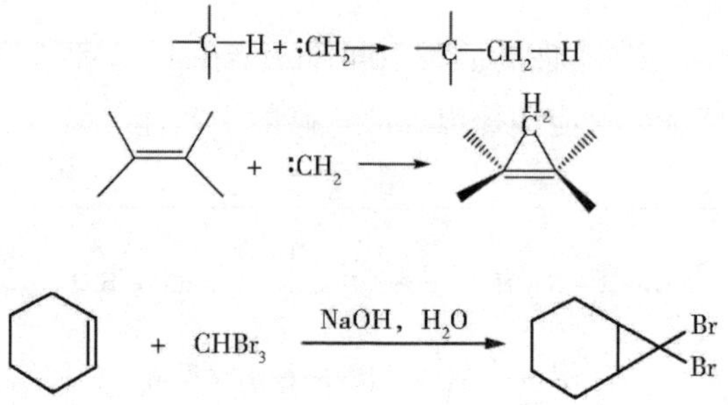

$$-\overset{|}{\underset{|}{C}}-H + :CH_2 \longrightarrow -\overset{|}{\underset{|}{C}}-CH_2-H$$

NaOH，H_2O

$+ CHBr_3$

Br

Br

(c)

图 4 - 27　卡宾的几种反应

单线态和三线态卡宾都能发生上述的插入反应，但是反应过程不同。图 4 - 28(a)所示的单线态卡宾因为所有的电子都是成对的，因此反应通过协同过程一步生成产物；图 4 - 28(b)三线态卡宾因为含有两个自旋平行的未成对电子，所以反应是分步进行的。

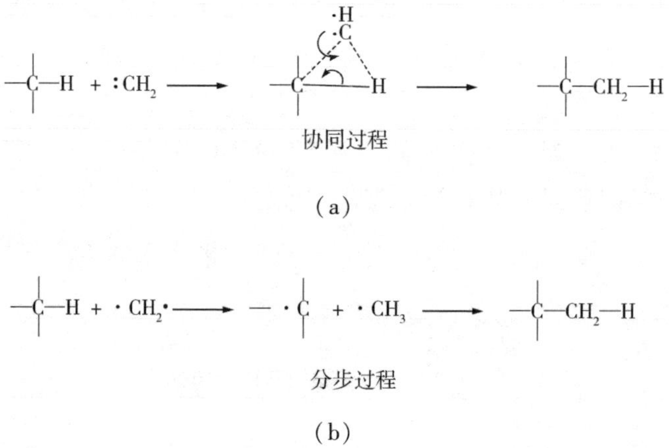

$$-\overset{|}{\underset{|}{C}}-H + :CH_2 \longrightarrow \text{[过渡态]} \longrightarrow -\overset{|}{\underset{|}{C}}-CH_2-H$$

协同过程

(a)

$$-\overset{|}{\underset{|}{C}}-H + \cdot CH_2\cdot \longrightarrow -\cdot\overset{|}{\underset{|}{C}} + \cdot CH_3 \longrightarrow -\overset{|}{\underset{|}{C}}-CH_2-H$$

分步过程

(b)

图 4 - 28　单线态和三线态卡宾反应的协同过程和分步过程

卡宾还能插入 C—C 键和 O—H 键中，形成相应的化合物，如图 4 - 29

所示。

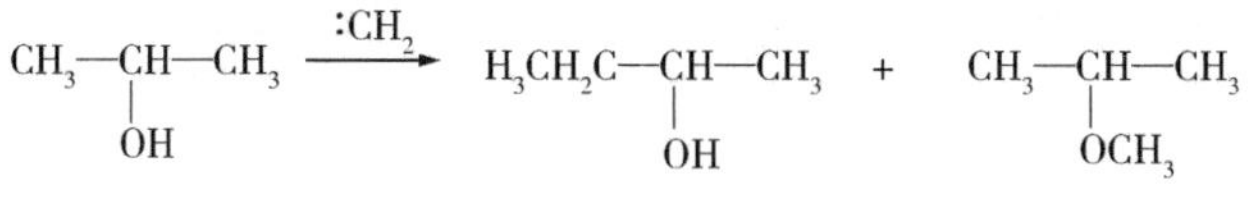

:CH2
CH3—CH—CH3
OH
H3CH2C—CH—CH3
OH
+
CH3—CH—CH3
OCH3
插入C—C键中
插入C—O键中

图 4－29　卡宾的插入反应

4.5　苯炔

苯炔又称去氢苯，是苯环裂解掉两个相邻的 H 原子得到的一种不稳定电中性中间体，如图 4－30(a)所示。苯炔属于缺电子的中性中间体，炔键上的两个 C 原子的杂化方式是 sp^2。与脂肪炔不同的是，苯炔键的两个 sp^2 杂化轨道与苯环的 π 键垂直，与苯环上的 C 原子共平面，呈 C2 轴对称，其成键电子呈现单线态，如图 4－30(b)所示，环上 H 原子可以被甲基等取代基取代而得到衍生物。苯炔极其活泼，寿命短，只能作为反应中间体存在，与此结构类似的化合物有萘炔、吡啶炔等，如图 4－30(c)～(f)所示。

(a)苯炔分子
(b)苯炔成键单线态
(c)萘炔
N
(d)吡啶炔
Ph
Ph
Ph
Ph
(e)四苯基苯炔
CH3
(f)3－甲基苯炔

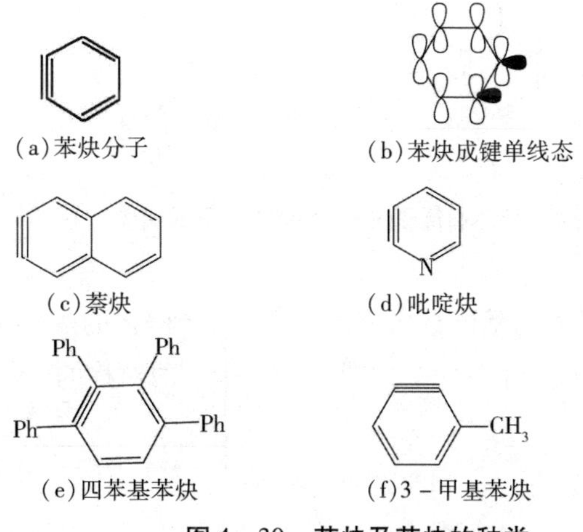

图 4－30　苯炔及苯炔的种类

在早期研究中,发生在苯环上的亲核取代反应存在许多难以解释的现象,如图 4-31 所示的用强碱处理卤苯得到两种正常的取代产物,而且同时得到异构化的产物,采用元素标记的方法探究其反应原理时,可以得到大约 50% 的异构化产物。

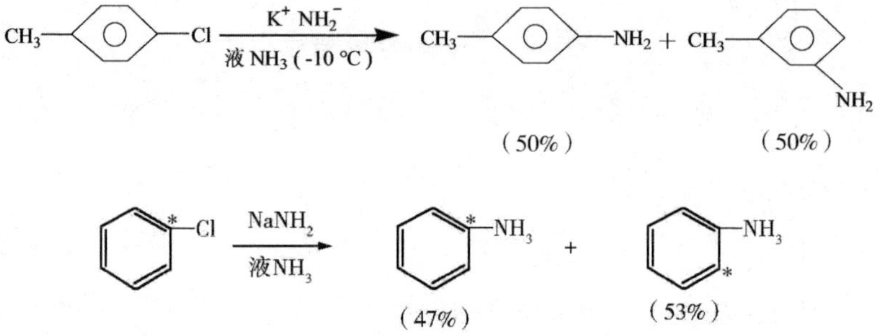

CH_3—C$_6$H$_4$—Cl $\xrightarrow[\text{液 } NH_3(-10\ ℃)]{K^+\ NH_2^-}$ CH_3—C$_6$H$_4$—NH_2 (50%) + CH_3—C$_6$H$_4$—NH_2 (50%)

C$_6$H$_5$—Cl (*) $\xrightarrow[\text{液}NH_3]{NaNH_2}$ C$_6$H$_5$—NH_3 (*) (47%) + C$_6$H$_5$—NH_3 (*) (53%)

图 4-31　用强碱处理卤苯得到两种产物

用 $NaNH_2$ 或者 KNH_2 等强碱处理卤原子邻位没有 H 原子的卤苯的衍生物时,不能发生图 4-31 的反应。如 2,6-二甲基碘苯与 KNH_2 不发生反应,2,4,6-三甲基溴苯也不和 KNH_2 发生反应。

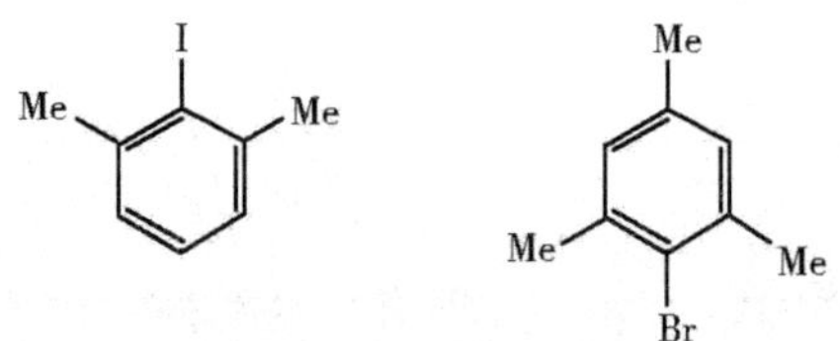

图 4-32　卤原子邻位没有 H 原子的卤苯

异构化的产物中引入的基团在卤原子的邻位,异构化的产物是通过卤原子邻位脱掉原子形成的,因此存在一个如图 4-33 所示的对称的中间体苯炔。

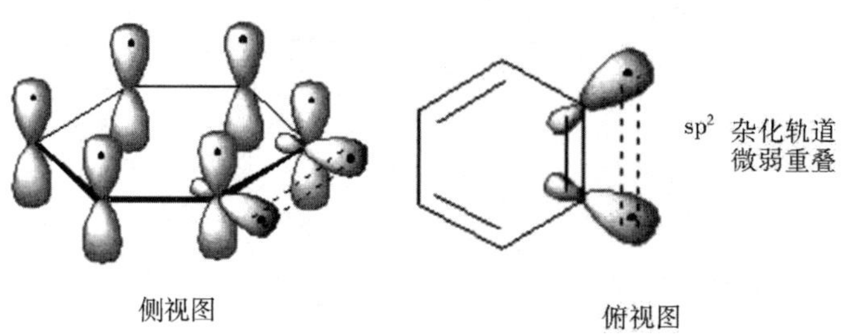

图 4－33　中间体苯炔的对称结构

苯炔可以通过图 4－34 所示的苯环上的两个相邻取代基同步消除或者不同步消除等反应制得。图 4－34(a)为邻二卤代芳烃与金属 Li 或者 Mg 作用制得苯炔；图 4－34(b)为卤苯在强碱作用下脱掉卤化氢得到苯炔。苯环上存在不同的卤原子生成苯炔的难易程度会不同，一般 F 原子电负性较大，邻位 C 原子上的 H 酸性增强容易以质子的形式离去，因此氟苯较易生成苯炔。卤苯生成苯炔的历程中碱分子夺取质子这一步骤是反应的控速步骤，相反卤素原子的离去属于快反应步骤。苯环上中性原子或者基团消除也能得到苯炔，如图 4－34(c)所示；环状化合物也可以制得苯炔，如图 4－34(d)所示。

F　Br　Li　F　Li　慢　F　$-F^-$　快

(a)

Cl　H　NH_2^-　Cl　$-Cl^-$　NH_2^-　NH_2　NH_3　NH_2

消去　加成

(b)

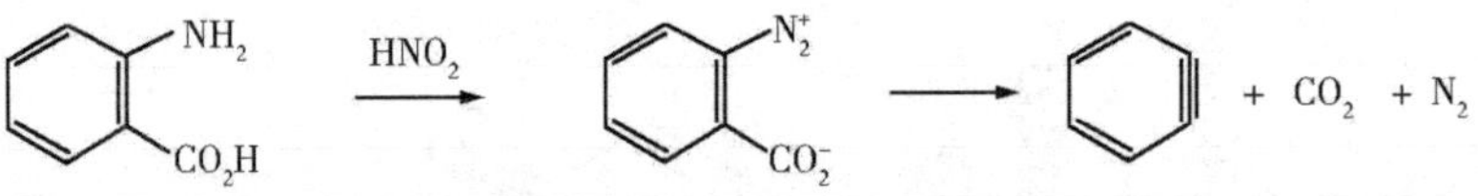

(c)

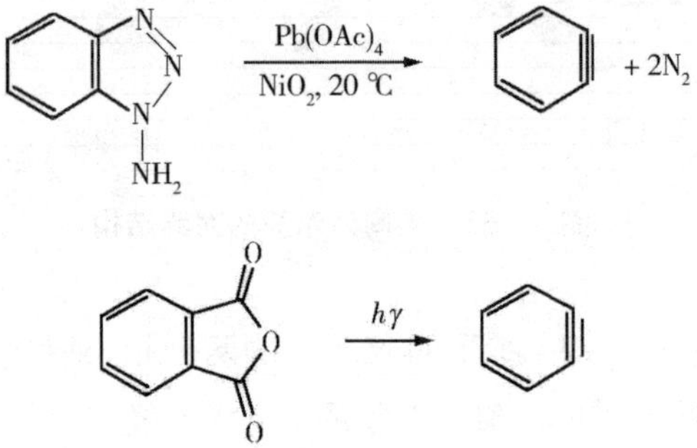

(d)

图 4 - 34 几种苯炔的制备反应

苯炔发生化学反应时,苯环上的炔键加成恢复苯环的芳香结构。如图 4 - 35 所示,苯炔还可以聚合生成二聚物和三聚物。

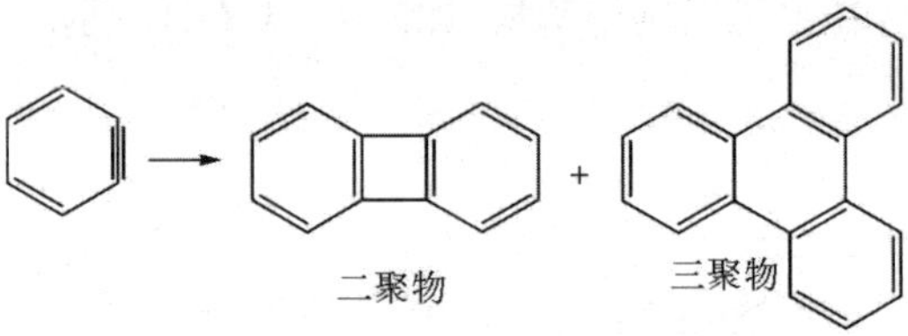

图 4 - 35 苯炔的聚合反应

醇/烷氧基化合物、烷基锂羧酸盐、卤离子和氰化物等都能与苯炔发生亲核加成反应。亲核试剂 Nu 与未取代苯炔反应时,Nu 从三键的任何一端进攻均得到同一产物,如图 4 - 36 所示。

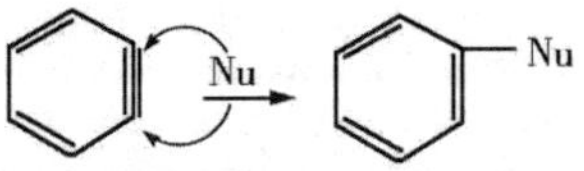

图 4 - 36 未取代苯炔与亲核试剂的反应

如图 4 - 37 所示的亲核试剂与不对称的取代苯炔进行亲核加成时,存在一个产物方向的问题。当苯炔上取代基 G 是推电子基团时，有两种进攻方位:(1)亲核试剂进攻 2 位，负电荷在 3 位，生成的负离子可以部分削弱 G 的推电子作用，有利于电荷的分散;(2)亲核试剂进攻 3 位，负电荷在 2 位，结合基团 G 的推电子作用，不利于负电荷的分散，对反应不利，是次要产物。

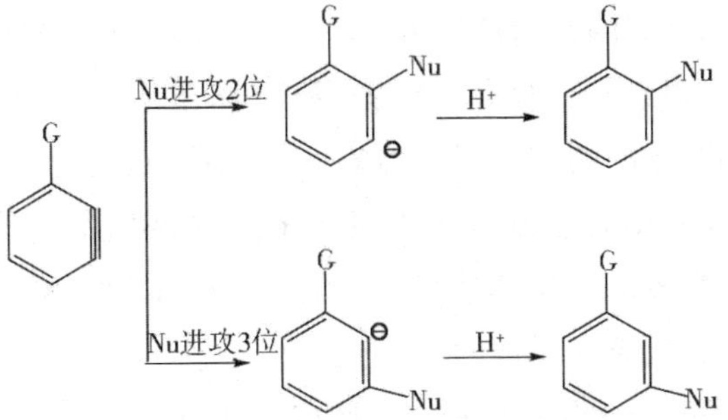

G
Nu进攻2位
Nu
H⁺
Nu进攻3位

图 4 - 37　亲核试剂与不对称的取代苯炔的亲核加成反应

苯炔可以与卤素单质等亲电试剂发生如图 4 - 38 所示的亲电加成反应。

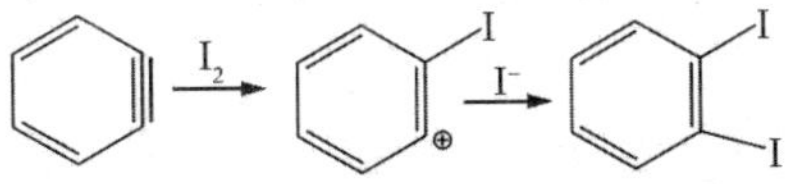

I_2
I^-
I

图 4 - 38　苯炔与卤素单质的亲电加成反应

苯炔是很好的亲双烯体，可以与双烯体进行[2 + 4]双烯合成反应，如图 4 - 39 所示。

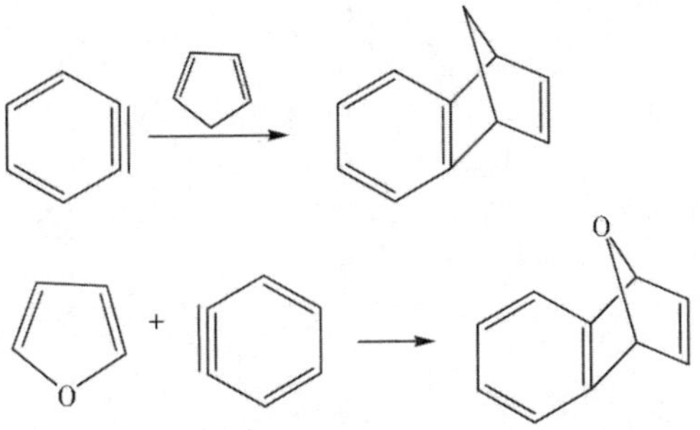

O
+

图 4 - 39　苯炔与双烯体进行[2 + 4]双烯合成反应

4.6 协同反应过程

双烯合成、电环化、电开环和 σ 键的迁移等反应往往不需要酸碱催化剂，反应条件是加热或者光照，如共轭多烯烃在加热和光照条件下转化成环烯烃，环烯烃再受到加热和光照的作用转化为共轭烯烃。这一类反应被称为协同反应。协同反应是指不经过任何中间体，历程既不是离子型反应也不是自由基型反应，新键的生成和旧键的断裂通过过渡态一步完成，也称为周环反应。反应的特点是不受溶剂和催化剂的影响，反应中存在一个环状的过渡产物，而非离子或者自由基历程，有较高的立体选择性。周环反应主要包括三种类型的反应：电环化反应、环加成反应和 σ 键的迁移反应。

电环化反应是指链状共轭烯烃在光照或者加热条件下环合及其逆反应，根据参加反应过渡态的 π 电子数分为 $4n$ 和 $4n+2$ 型两大类，简要总结其立体专一性：$4n$ 型，光照对旋，加热顺旋；$4n+2$ 型，光照顺旋，加热对旋。共轭烯烃在光照或者加热的条件下成环的反应就是电环化反应，其逆反应叫电开环反应，根据参与环状过渡态的 π 电子数，分为 $4n$ 体系和 $4n+2$ 体系。图 4－40 为几种典型的电环化反应。

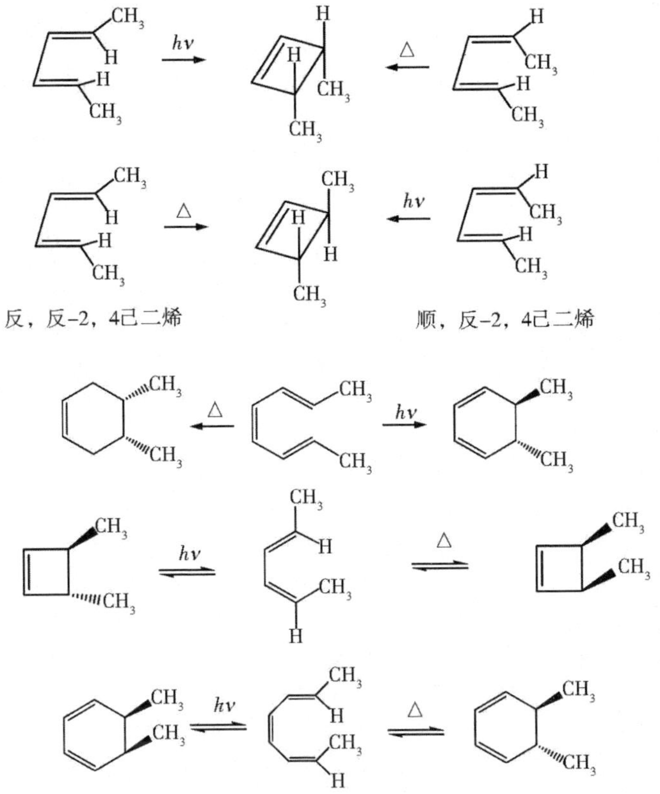

反，反-2，4己二烯　　顺，反-2，4己二烯

图 4－40　几种典型的电环化反应

两个含有不饱和键的有机化合物在光照和加热条件下合成环的反应及其逆过程叫作环加成反应。环加成反应是含有不饱和键的两个化合物在光照和加热条件下分子轨道重组生成脂环化合物的反应及其逆反应。典型的环加成有[2＋2]型环加成和[4＋2]型环加成。该反应的立体专一性简要归纳为：[2＋2]型环加成光照条件下同面－同面加成；[4＋2]型环加成加热条件下同面－同面加成。图 4－41 为几种典型的环加成反应。

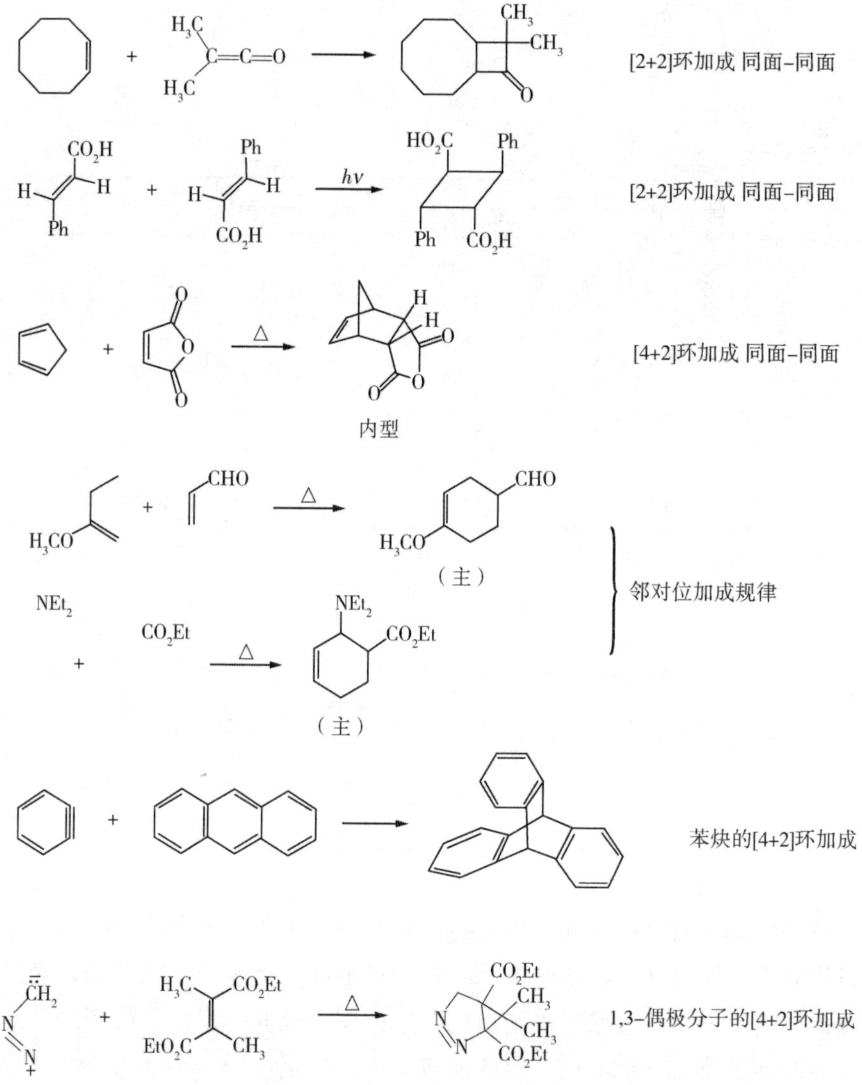

[2+2]环加成 同面–同面

[2+2]环加成 同面–同面

[4+2]环加成 同面–同面

内型

（主）

（主）

邻对位加成规律

苯炔的[4+2]环加成

1,3–偶极分子的[4+2]环加成

图 4 –41 几种典型的环加成反应

图 4 –42 所示的 Diels – Alder 反应（简称 D – A 反应）的历程属于协同反应的环加成反应。D – A 反应在加热或者光照下进行，无论是双烯体的 HOMO 轨道 + 亲双烯体的 LUMO 轨道组合，还是双烯体的 LUMO + 亲双烯体的 HOMO 轨道组合，分子轨道的对称性都是允许的。

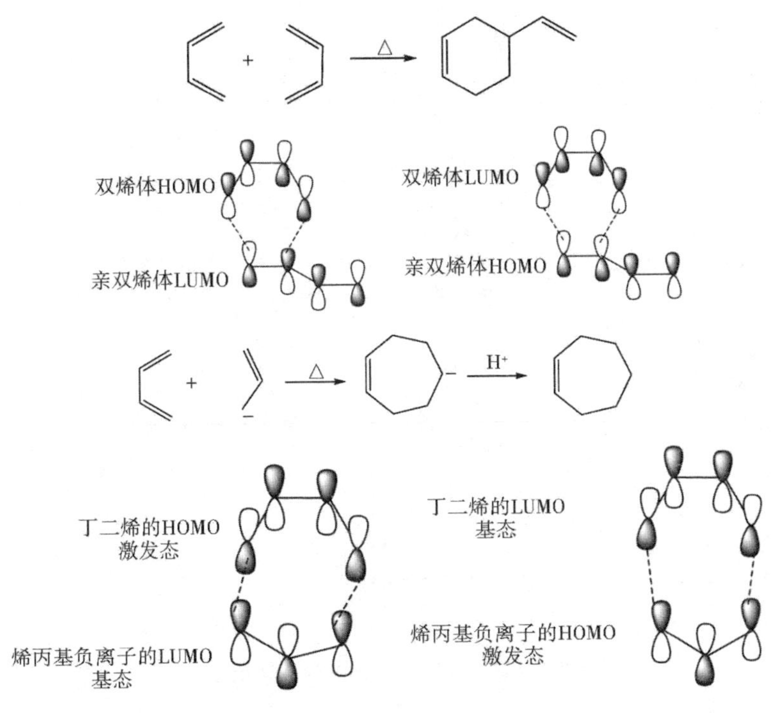

图 4－42　D－A 反应

σ 键的迁移反应是指烯烃或者共轭烯烃一端的 α 位的 σ 键断裂，同时分子中的 π 键发生转移，在分子的另一端生成新的 σ 键。图 4－43 为几种常见 σ 键的迁移反应。

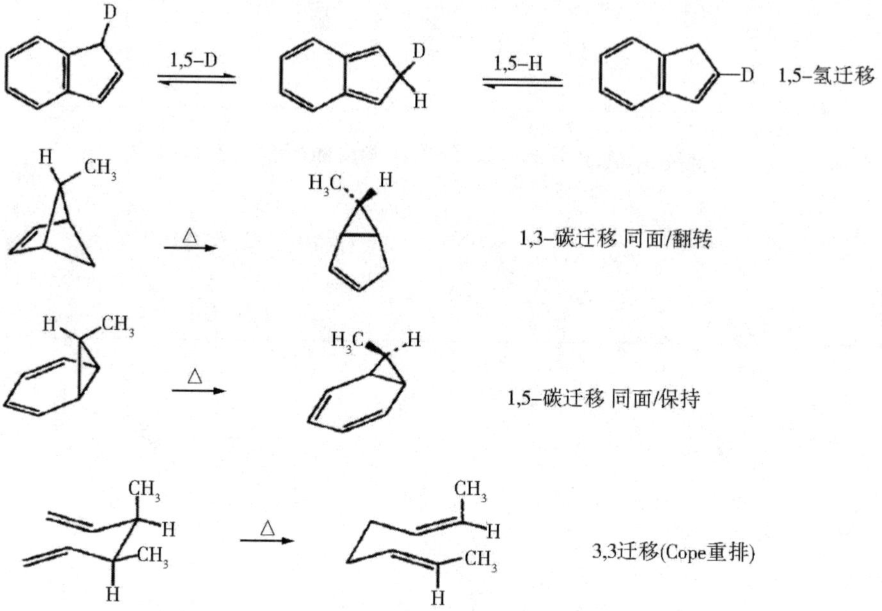

1,5–D　1,5–H　1,5–氢迁移

△　1,3–碳迁移 同面/翻转

△　1,5–碳迁移 同面/保持

△　3,3迁移(Cope重排)

图 4-43　几种常见 σ 键的迁移反应

1,5 戊二烯型化合物在加热条件下发生的[3,3] σ 迁移反应叫作 Cope 重排,这个协同反应历经稳定的椅式过渡态。Cope 重排可以使化合物的分子骨架发生较大的改变,这在合成上很有意义。如图 4-44(a)所示的酯类化合物,在加热条件下,α 位烯丙基重排到 γ 位生成 α, β-不饱和酯;在 1,5 戊二烯型化合物的 3 位或者 4 位有羟基时,Cope 重排可以制备酮,如图 4-44(b)所示。

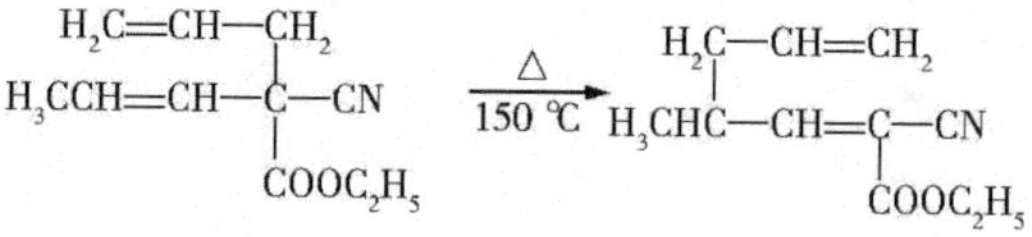

$$H_2C{=}CH{-}CH_2{-}C(CN)(COOC_2H_5){-}CH{=}CHCH_3 \xrightarrow[150\ ℃]{\triangle} H_2C{=}CH{-}CH_2{-}CH(CH_3){-}CH{=}C(CN)COOC_2H_5$$

(a)

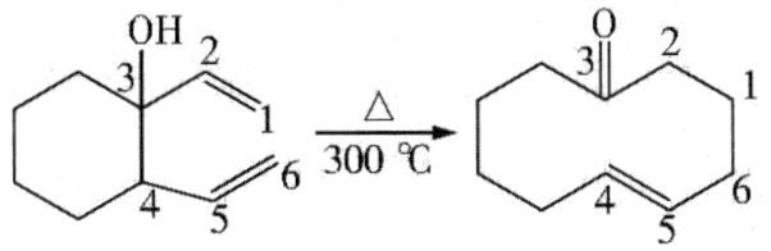

(b)

图 4 - 44　1,5 戊二烯型化合物在加热条件下发生[3,3]σ 迁移反应

1,5 - 戊二烯型化合物的 3 位或者 4 位被 O 原子取代形成烯丙基 - 乙烯基醚,在加热条件下发生的[3,3] σ 迁移叫作 Claisen 重排,如图 4 - 45 所示,反应历经椅式过渡态,一般得到羰基化合物。

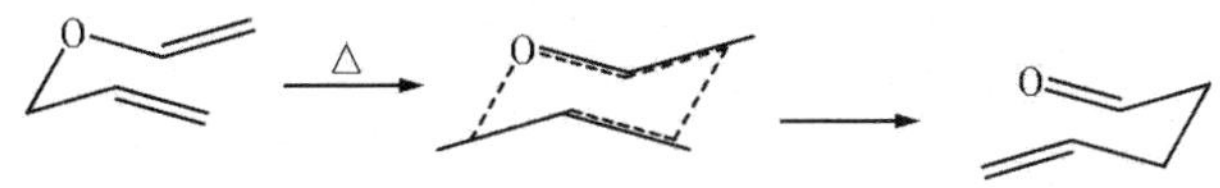

图 4 - 45　Claisen 重排

Claisen 重排的另一种形式是烯丙基芳基醚进行的重排反应,如图 4 - 46 所示。烷基苯基醚在高温下是很稳定的,但是 Claisen 发现,烯丙基芳基醚在高温(200 ℃)下可以重排为邻烯丙基苯酚,邻烯丙基苯酚还可以再进一步重排得到对烯丙基苯酚,这两类重排反应统称为 Claisen 重排。这个反应的特点是高度的区域选择性,产物大部分是邻位的,如图 4 - 46(a)所示;如果两个邻位被占据,则烯丙基迁移到对位,如图 4 - 46(b)所示;当两个邻位被其他取代基 R 占据时,重排反应不是一次完成的,如图 4 - 46(c)所示的历程,首先烯丙基通过[3,3] σ 迁移反应迁移到邻位,由于邻位上没有 H,无法通过质子的转移还原苯的结构,此时烯丙基再次进行[3,3] σ 迁移反应从邻位迁移到对位,最后将对位上的 H 转移到 O 原子上还原苯环的结构,得到稳定的对位产物。

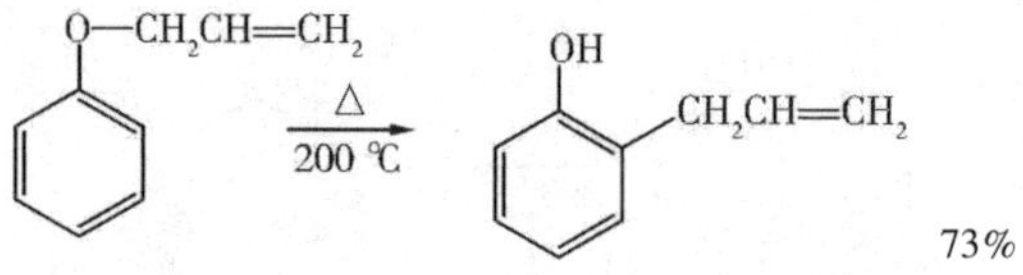

(a)

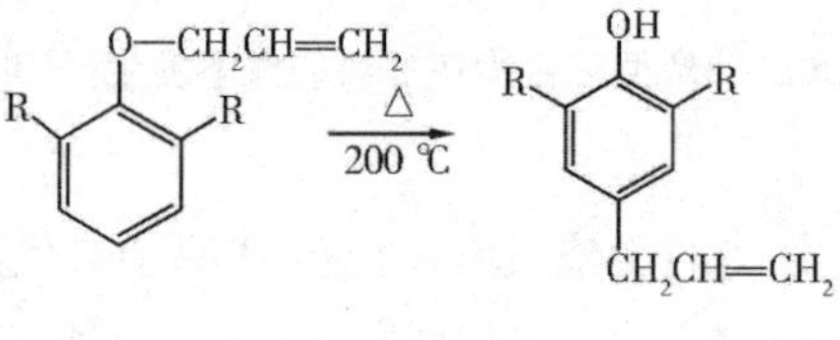

(b)

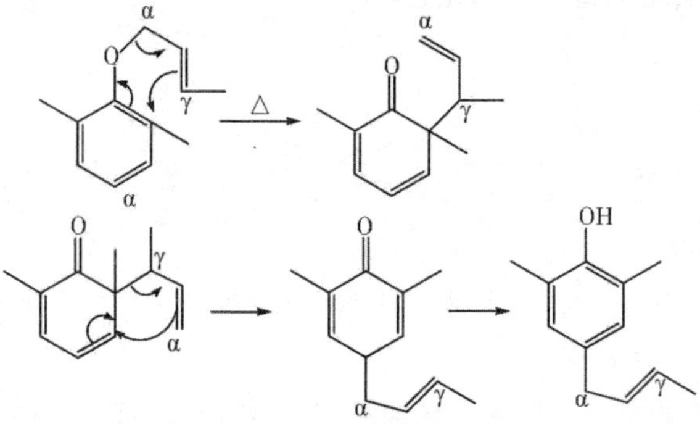

(c)

图4－46　烯丙基芳基醚的 Claisen 重排

审视整个过程可以看出：Claisen 重排反应的驱动力是生成热力学稳定的取代度最大的“烯烃”。交叉实验结构表明：Claisen 重排是严格的分子内反应。第一次重排之后，γ 原子与苯环相连，双键位置发生转移；发生两次重排后，则再次恢复了原来位置，仍是 α 碳原子与苯环相连。

σ 键的迁移在生活中也随处可见。维生素 D 是皮肤中的 7－脱氢胆固醇在阳光的紫外光辐照下转化生成的前维生素 D_3，再依靠皮肤温度转为维生素 D_3，如图 4－47 所示，由淋巴等转运吸收入血液，再经肝和肾中羟化酶的作用生成活性维生素 D。该反应的原理是 σ 迁移反应，反应过程包括电环化和 H 原子的迁移过程。

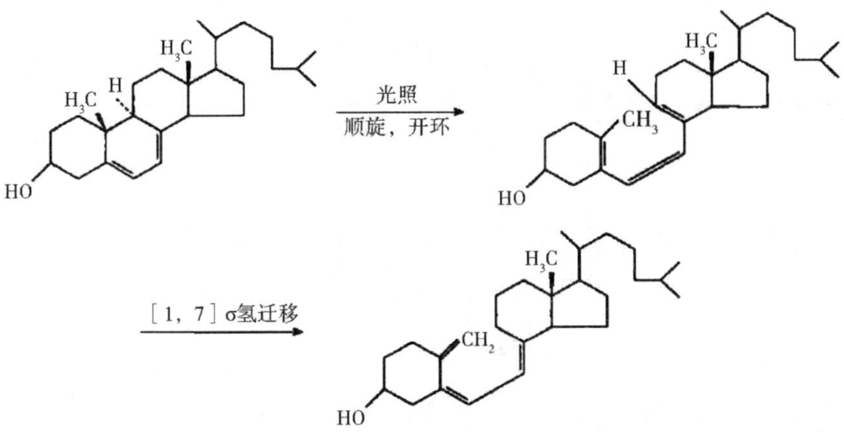
H
H3C
H
HO
光照
顺旋，开环
H3C
H
CH3
HO
[1，7] σ氢迁移
H3C
CH2
HO

维生素D_3

图 4－47　人体皮肤表面 D3 的合成

本章练习题

1. 选择题

(1) 下列反应不经过中间体即能完成的反应是　　(　　)

A. 乙炔与 HBr 的加成反应　　B. 乙烯的[2＋2]环加成反应

C. 丙酮与乙炔钠的加成反应　　D. 苯的 Birch 还原反应

(2) 下列活泼中间体的中心碳原子不是 sp^2 杂化的是　　(　　)

A. $\overset{+}{C}H_3$　　B. $\dot{C}H_3$　　C. $\overset{-}{C}H_3$　　D. $:CH_4$

(3) 下列化合物与 HCl 反应速率最快的是　　(　　)

A. 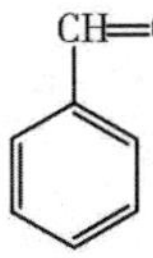
CH=CH2
B. 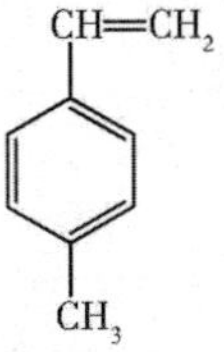
CH=CH2
CH3
C. 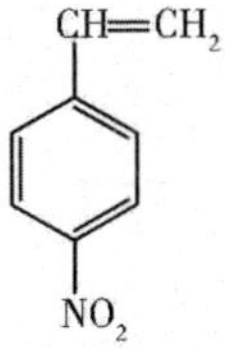
CH=CH2
NO2
D. 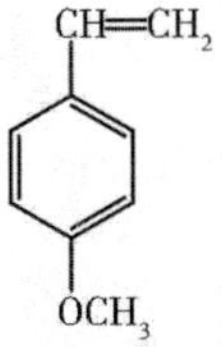
CH=CH2
OCH3

(4) 下列化合物与 1,3－丁二烯进行环加成反应，难度最大的一个是　　(　　)

A. 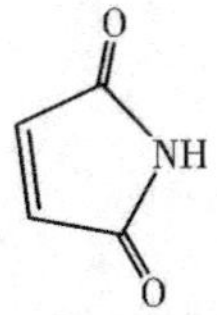
O
NH
O
B. 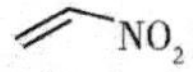
NO2

C. $H_3C-CO-C{\equiv}C-CO-CH_3$　　D. $(NC)_2C{=}C(CN)_2$

2. 请将下列各组活泼中间体按照稳定性顺序进行排序。

(1) A. $CH_3\dot{C}H_2$　B. $(C_6H_5)_3C\cdot$　C. $C_6H_5\dot{C}H_2$　D. $\dot{C}H_3$

(2) A. $(C_6H_5)_3C^+$　B. $(C_6H_5)_2CH^+$　C. $C_6H_5\overset{+}{C}H_2$

(3) A. $O_2N-C_6H_4-\overset{+}{C}H_2$　B. $Cl-C_6H_4-\overset{+}{C}H_2$　C. $H_3C-C_6H_4-\overset{+}{C}H_2$

3. 请用反应方程表示制备苯炔的几种方法。

4. 完成下列反应。

(1) $(C_6H_5)_2C{=}N-C_6H_5 + Li-C_6H_5 \longrightarrow$

(2) $CH_3-\overset{O}{\overset{\|}{C}}-Cl + BrMg-CH_2CH_3 \longrightarrow$

(3) 环己酮 + $CH_2{=}CH_2$ $\xrightarrow{h\nu}$

(4) 亚甲基环己烷($=CH_2$) + $CH_3-\underset{Cl}{\underset{|}{C}H}-\overset{O}{\overset{\|}{C}}-Cl$ $\xrightarrow{Et_3N}$

（5）$CH_2=CH—CN+CH_3NO_2 \xrightarrow{KH}$

5. 写出下列反应可能的反应机理。

（1）

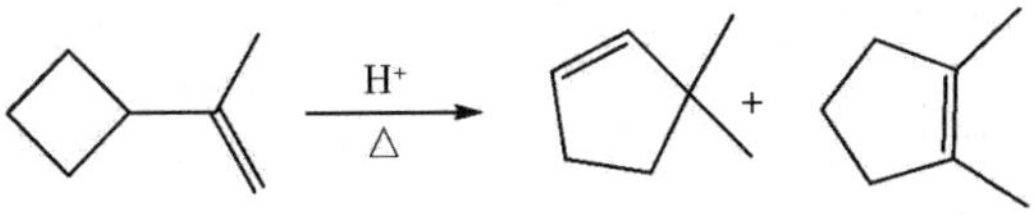

（2）

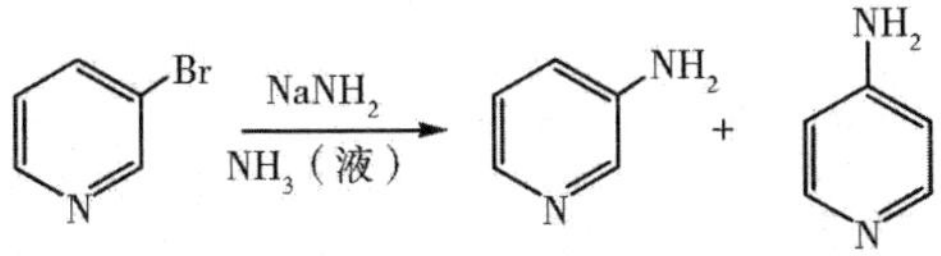

6. 用反应机理解释下列反应的结果。

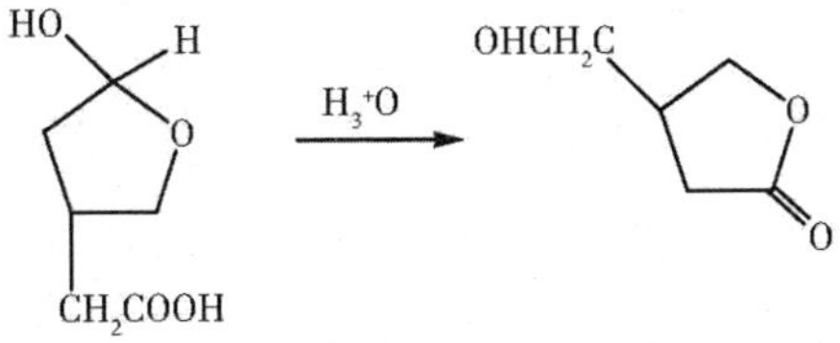

练习题答案

1.（1）B　（2）D　（3）D　（4）D

2.（1）B > C > A > D　（2）A > B > C　（3）C > B > A

3.

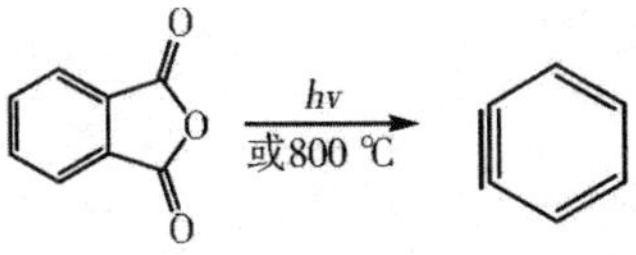

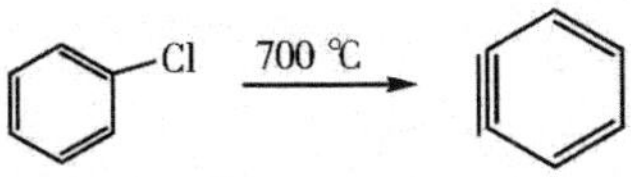

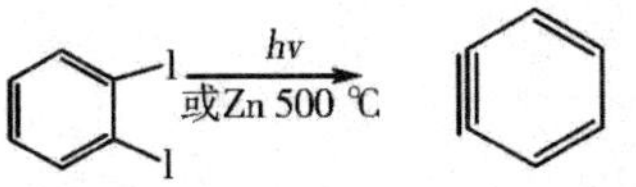

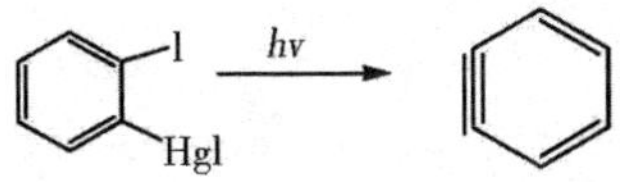

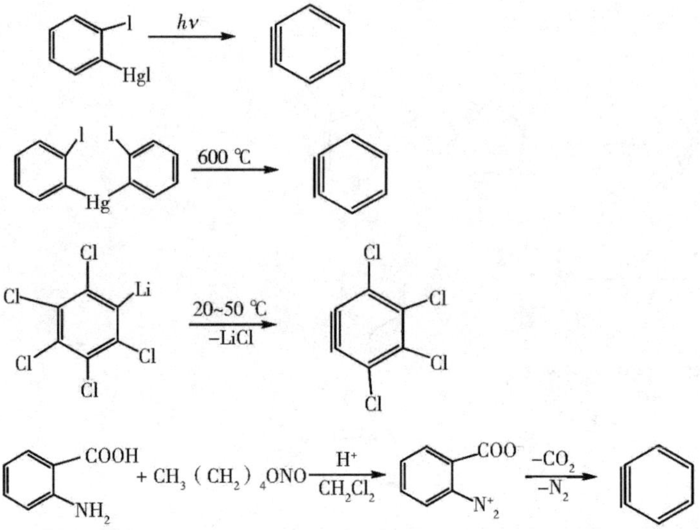

I, HgI $\xrightarrow{h\nu}$

I, I, Hg $\xrightarrow{600\ ℃}$

Cl, Cl, Li, Cl, Cl, Cl $\xrightarrow[-LiCl]{20\sim50\ ℃}$ Cl, Cl, Cl, Cl

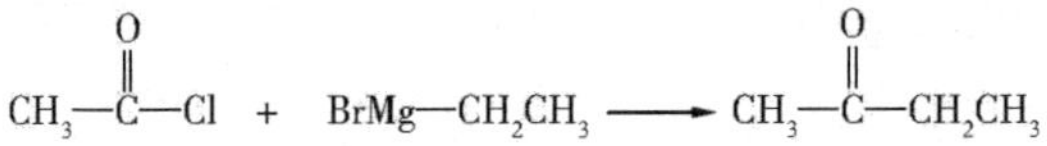

COOH, NH_2 + $CH_3(CH_2)_4ONO$ $\xrightarrow[CH_2Cl_2]{H^+}$ COO^-, N_2^+ $\xrightarrow[-N_2]{-CO_2}$

4. (1) C=N + Li $\longrightarrow$ C—N, Li

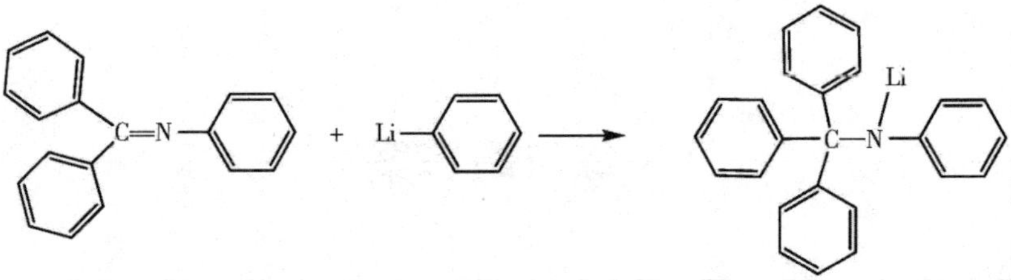

(2) $CH_3-\overset{O}{\overset{\|}{C}}-Cl + BrMg-CH_2CH_3 \longrightarrow CH_3-\overset{O}{\overset{\|}{C}}-CH_2CH_3$

(3) O + $\xrightarrow{h\nu}$ O

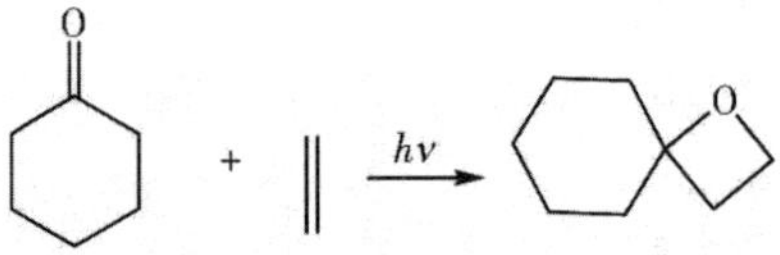

(4) $CH_3-\underset{Cl}{\underset{|}{CH}}-\overset{O}{\overset{\|}{C}}-Cl \xrightarrow{Et_3N}$ CH_3, Cl C=C=O $\xrightarrow{=CH_2}$ =O, Cl, CH_3

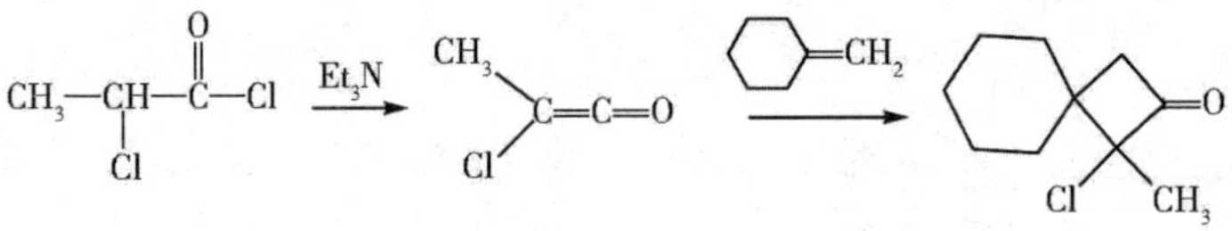

(5) $CH_2=CH-CN + CH_3NO_2 \xrightarrow{KH} NC-CH_2-CH_2-CH_2-NO_2$

5. (1)

$\xrightarrow[\triangle]{H^+}$　$\longrightarrow$　$\xrightarrow{-H^+}$

$\longrightarrow$　$\xrightarrow{-H^+}$

(2)

NH_2^-　H　Br　$\xrightarrow[-Br^-]{NaNH_2}$　N

a　NH_3　b　N

a　$\overset{+}{N}H_3$　N　$\longrightarrow$　NH_2　N

b　$\overset{+}{N}H_3$　N　$\longrightarrow$　NH_2　N

6. 该反应生成物的结构是不稳定的半缩醛,在酸或碱的作用下可以水解转化羟基和醛基。

HO　H　O　CH_2COOH　$\xrightarrow{H^+}$　H—O　H　$\overset{+}{O}HH$　CH_2COOH　$\longrightarrow$　O　H　OH　CH_2—C—OH　O　$\xrightleftharpoons{H^+}$

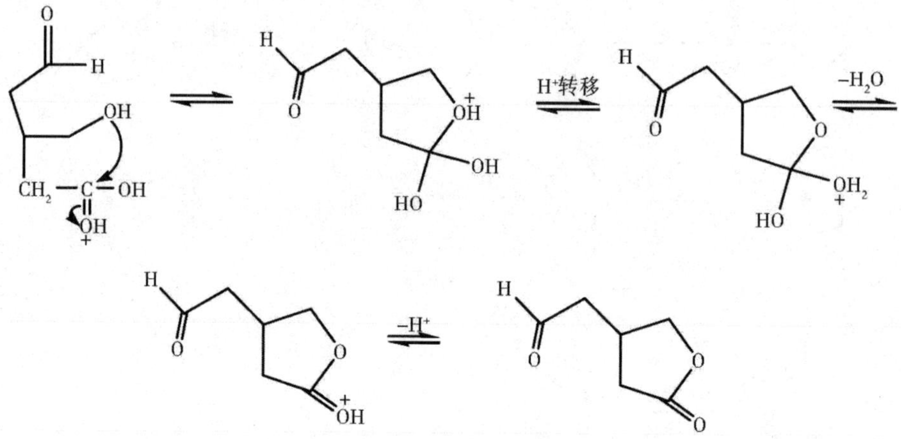

H⁺转移

$-H_2O$

$-H^+$

第 5 章　加成、取代和消除反应

5.1　加成反应

加成反应主要发生在不饱和结构上，例如含有碳碳双键（三键）或碳氧双键的有机物，在一定的试剂或者反应条件下，不饱和键中的一条共价键断开，然后在原来不饱和的碳原子上分别连上新的基团的反应。可以把加成反应大致分为亲电加成、亲核加成、环加成和加成聚合这样几大类。

5.1.1　烯/炔烃的亲电加成

亲电加成是烯烃和炔烃化合物重要的化学反应，常见的亲电试剂主要有卤素单质、氢卤酸、水（酸催化）等试剂，如图 5－1 所示。

亲电加成

- 卤素单质 $\rangle C{=}C\langle + X_2 \longrightarrow -\overset{|}{\underset{X}{C}}-\overset{X}{\underset{|}{C}}-$
- 卤化氢 $\rangle C{=}C\langle + H{-}X \longrightarrow -\overset{|}{\underset{H}{C}}-\overset{|}{\underset{X}{C}}-$
- 酸催化水合 $\rangle C{=}C\langle + H{-}OH \xrightarrow[\text{高温，高压}]{H^+} -\overset{|}{\underset{H}{C}}-\overset{|}{\underset{OH}{C}}-$
- 次卤酸 $\rangle C{=}C\langle + X_2 + H_2O \longrightarrow -\overset{|}{\underset{X}{C}}-\overset{OH}{\underset{|}{C}}-$
- 乙硼烷 $\rangle C{=}C\langle \xrightarrow{1/2\,(BH_3)_2} \left[-\overset{|}{\underset{|}{C}}-\overset{|}{\underset{|}{C}}-\right]_3 B \xrightarrow{H_2O_2,OH^-} -\overset{|}{\underset{H}{C}}-\overset{|}{\underset{OH}{C}}-$

图 5－1　常见的亲电试剂种类

烯烃和炔烃亲电加成反应遵循马氏规则,其机理主要有如图 5－2 所示的两种:碳正离子机理(a)和环状正离子(鎓离子)机理(b)。烯烃与卤化氢等加成是按照碳正离子机理进行的,烯烃与卤素等加成是通过环状正离子历程进行的。如图 5－2(c)所示,环己烯与溴单质加成,得到反－1,2－二溴环己烷。

$$\rangle C{=}C\langle + H^+ \underset{}{\overset{\text{慢}}{\rightleftharpoons}} \rangle\underset{H}{C}-\overset{+}{C}\langle \xrightarrow{X^-} -\overset{|}{\underset{H}{C}}-\overset{X}{\underset{|}{C}}-$$

碳正离子

(a)

$$C{=}C + Br_2 \overset{\text{慢}}{\rightleftharpoons} \text{C—C}^{+}(\text{Br}) \xrightarrow{Br^-} \text{C(Br)—C(Br)}$$

反式加成产物

(b)

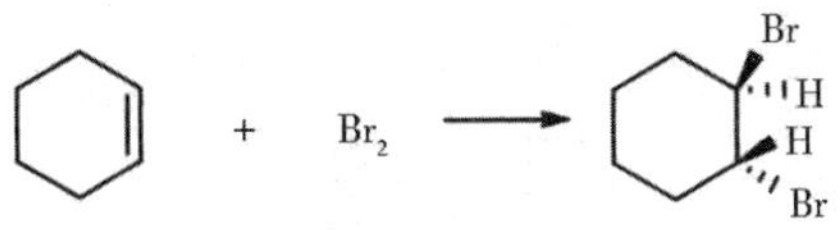

(c)

图 5-2　烯烃和炔烃亲电加成的马氏规则历程

图 5-3 为炔烃与卤素等亲电试剂加成反应的产物。在烯烃的亲电加成反应中,要详细分析马氏规则的应用,区分烯和炔在亲电加成中活性的差异。

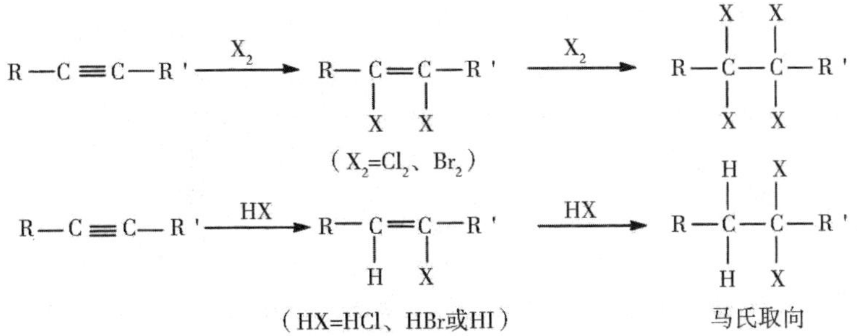
(X_2=Cl_2、Br_2)
(HX=HCl、HBr或HI)
马氏取向

(a)炔烃与卤素单质和卤化氢的加成

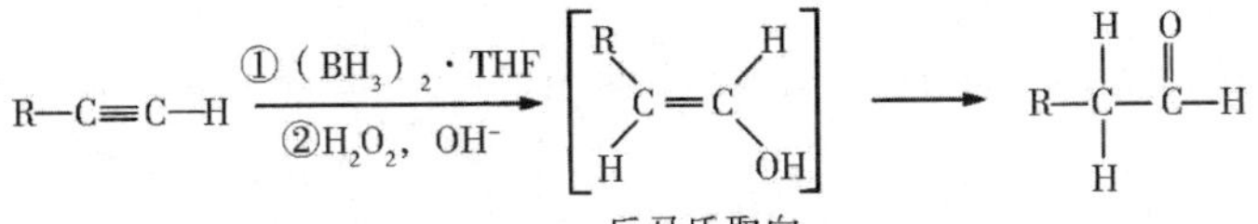
① $(BH_3)_2$ · THF
② H_2O_2, OH^-
反马氏取向

(b)炔烃与乙硼烷加成得到烯醇,经异构化得到醛

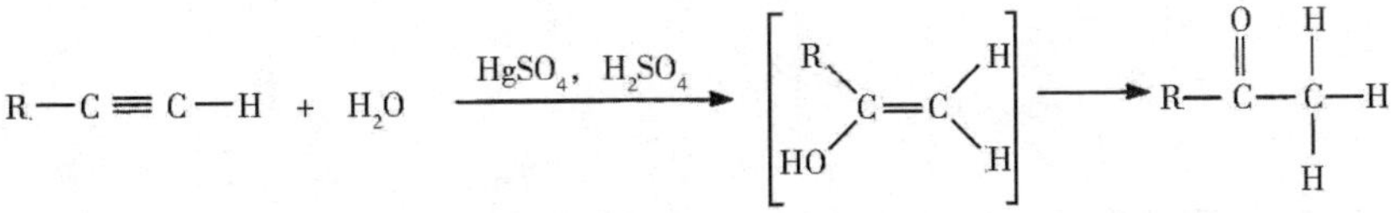
$HgSO_4$, H_2SO_4

(c)炔烃水合反应得到酮

图 5-3　炔烃的亲电加成产物取向

例题 5-1　顺-2-丁烯与氯水反应生成苏氏 3-氯-2-丁醇,请解释其原因。

解析　顺-2-丁烯与氯水反应通过环状正离子历程:

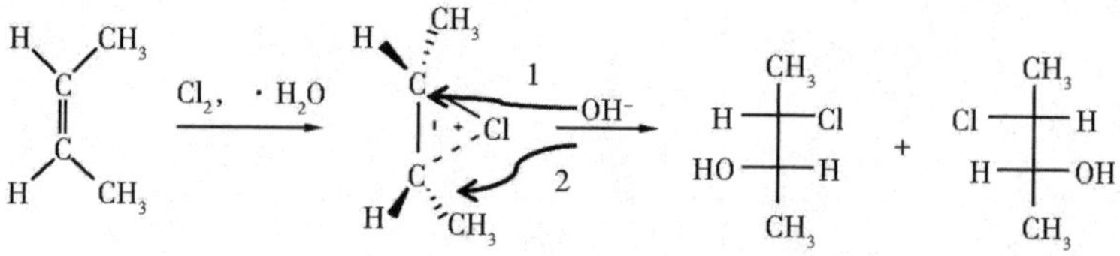

当环状正离子形成之后，OH^-有两种进攻方式分别为图示中的1和2，两种进攻方式的概率是相等的，因此可以得到两种苏氏产物，且这两种产物互为对映异构体。

例题5-2 橙花醇可以在稀酸的作用下转化成萜品醇，请根据学过的知识给出合理的反应历程。

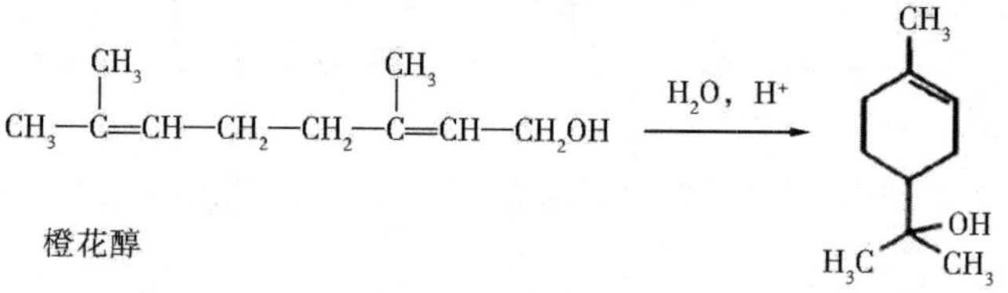

橙花醇

α-萜品醇

解析 该反应属于碳正离子中间体的机理，并且在反应中进行了分子内的亲电加成反应，其机理详解如下：

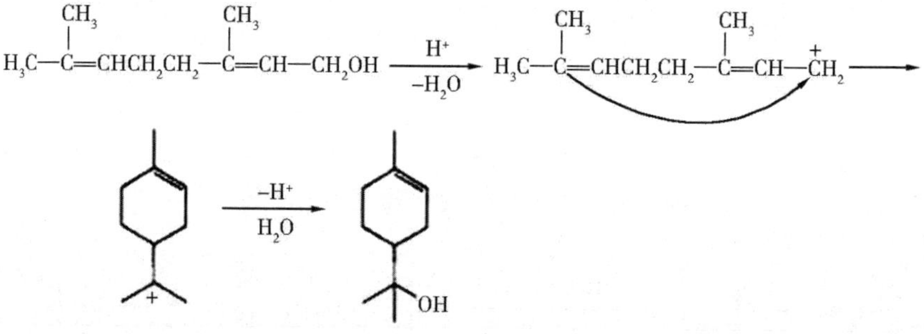

5.1.2 亲核加成

发生亲核加成反应的有机化合物主要有炔烃、羰基化合物（醛或酮）等。炔烃进行亲电加成的活性小于烯烃，但是炔烃可以进行亲核加成反应，图5-4为几种炔烃的亲核加成反应。

$$HC \equiv CH + C_2H_5OH \xrightarrow[0.1\sim1.5\ MPa]{碱,150\sim180\ ℃} H_2C{=}CH{-}OC_2H_5$$

$$HC \equiv CH + HCN \xrightarrow[70\ ℃]{CuCl_2,水溶液} CH_2{=}CH{-}CN$$

$$HC \equiv CH + CH_3COOH \xrightarrow[170\sim210\ ℃]{Zn(OAc)_2,活性炭} CH_3COOCH{=}CH_2$$

图 5－4　炔烃的几种亲核加成反应

醛酮化合物的官能团是极性不饱和基团羰基,碳氧双键中的 π 电子倾向于氧原子而使得羰基碳原子显部分单位的正电性,可以接受带有电子的亲核试剂的进攻。羰基的亲核加成可以在酸或碱的催化下进行,亲核试剂中的负电部分加在羰基碳上,正电部分加在羰基氧上,如图 5－5 所示。在加成过程中遵循 Cram 规则,即亲核试剂从 α 碳原子上连有最小基团的一侧进攻羰基碳原子。

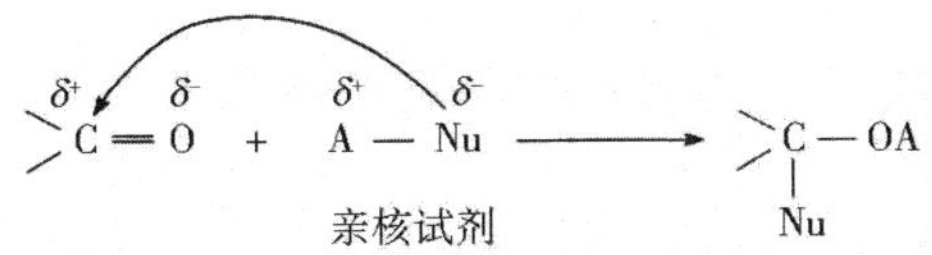

图 5－5　羰基的亲核加成

可以用作亲核试剂的有 H_2O、ROH、RMgBr、NH_3(RNH_2或其他衍生物)等,这些试剂的共性是含有带负电的中心原子如 O 原子和 N 原子。试剂的亲核性和碱性是不同的概念,亲核性是指试剂提供一对电子与反应底物带正电荷的中心原子之间的成键的能力,亲核性更多用于反应动力学的研究中,可极化因素和空间因素对试剂的亲核性有着重要的影响,如二异丙基铵基锂(LDA),尽管 N 原子带有负电荷,但是由于两个异丙基体积庞大,LDA 的亲核性很弱。试剂的碱性是指试剂与酸结合的能力,通常用酸碱平衡常数来表示碱性的强弱。

一些试剂如 RO^-、HO^-、$RCOO^-$,亲核中心都是 O 原子,其亲核性和碱性的强弱顺序相似,$RO^- > HO^- > RCOO^-$,可由碱强度来判断其亲核性。R_3C^-、RN^-、RO^-和 F^-等亲和中心原子为同一周期的阴离子,亲核性与碱性存在如下顺序:$R_3C^- > RN^- > RO^- > F^-$。当亲核试剂的亲核中心原子是化学周期表中不同位置原子的离子时,亲核性比较难判断。亲核性还会受到溶剂的溶剂化作用影响,在极性质子溶剂中,亲核中心原子半径小的阴离子亲核性小,而亲核性中心原子半径大的阴离子亲核性大，例如 $RO^- < RS^-$，$I^- > Br^- > Cl^- > F^-$。

羰基上的亲核加成反应可以在原来的醛酮分子中引入新的官能团，改变原有醛酮的骨架，因此醛酮与亲核试剂反应可以应用于以醛酮为底物的合成设计，如醛酮与 HCN 加成合成羧酸、与格氏试剂加成制备醇等。

亲核原子可以是 C 原子、O 原子、P 原子，以及 S 原子。周期表中第三周期的元素，特别是硫和磷与碳结合，碳带负电荷，硫或者磷带正电荷，同时保持完整的电子隅，称为叶立德，最常见的是磷叶立德和硫叶立德，其结构如图 5 - 6 所示，季鏻盐在强碱的作用下，失去一分子的卤化氢，形成稳定的磷叶立德。

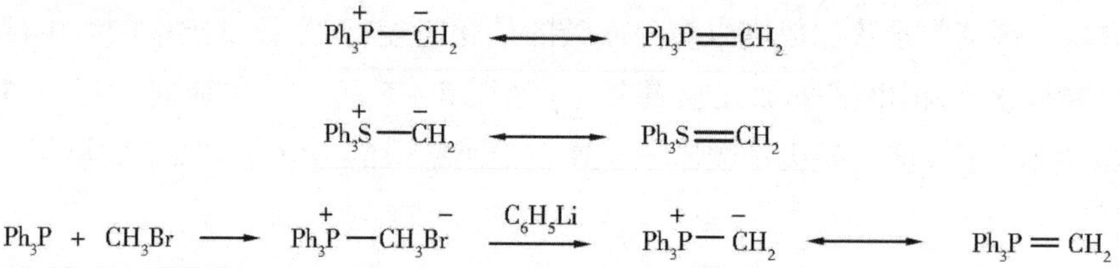

$$Ph_3\overset{+}{P}-\overset{-}{C}H_2 \longleftrightarrow Ph_3P=CH_2$$

$$Ph_3\overset{+}{S}-\overset{-}{C}H_2 \longleftrightarrow Ph_3S=CH_2$$

$$Ph_3P + CH_3Br \longrightarrow Ph_3\overset{+}{P}-CH_3\overset{-}{Br} \xrightarrow{C_6H_5Li} Ph_3\overset{+}{P}-\overset{-}{C}H_2 \longleftrightarrow Ph_3P=CH_2$$

图 5 - 6 磷叶立德和硫叶立德的结构与制备

磷叶立德是黄色固体，在水或者空气中不稳定，合成时可以直接使用而不用事先分离，P ═C 具有很强的极性，可以和羰基化合物进行亲核加成反应，加成物进一步分解得到不饱和碳碳双键和三苯基氧膦。这是合成烯烃重要的方法，称为 Wittig 反应，如图 5 - 7 所示。

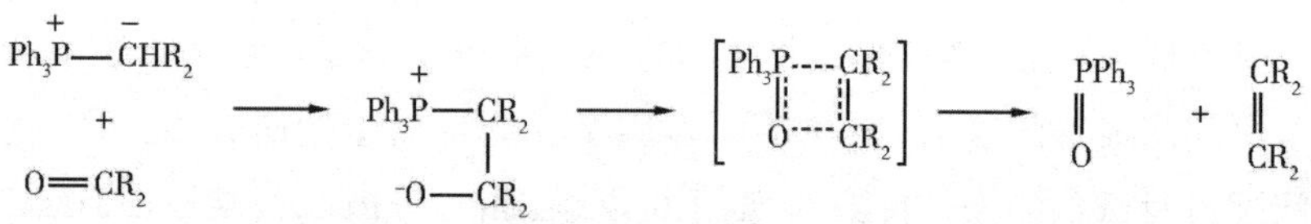

$$Ph_3\overset{+}{P}-\overset{-}{C}HR_2 + O=CR_2 \longrightarrow Ph_3\overset{+}{P}-CR_2(-\overset{-}{O}-CR_2) \longrightarrow \left[\begin{matrix}Ph_3P\cdots CR_2\\ \vdots \quad\ \vdots\\ O\cdots CR_2\end{matrix}\right] \longrightarrow PPh_3=O + CR_2=CR_2$$

图 5 - 7 Wittig 反应

硫盐用碱除去 S 原子相邻的 α - H，制得类似 Wittig 的内鎓盐硫叶立德，硫叶立德仅仅在 0 ℃下稳定存在，硫叶立德与羰基化合物反应生成环氧化合物，如图 5 - 8 所示。

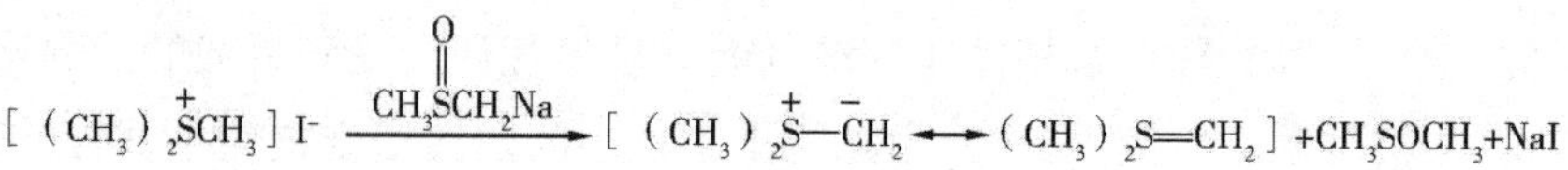

$$[(CH_3)_2\overset{+}{S}CH_3]I^- \xrightarrow{CH_3\overset{O}{\overset{\|}{S}}CH_2Na} [(CH_3)_2\overset{+}{S}-\overset{-}{C}H_2 \longleftrightarrow (CH_3)_2S=CH_2] + CH_3SOCH_3 + NaI$$

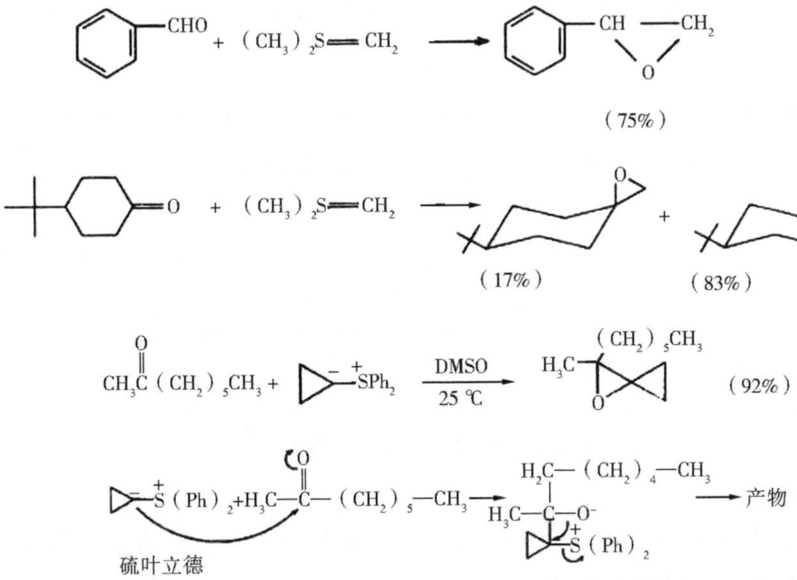

$$C_6H_5CHO + (CH_3)_2S{=}CH_2 \longrightarrow C_6H_5\text{-}CH\text{—}CH_2 \text{ (epoxide, O bridge)} \quad (75\%)$$

$$\text{4-}t\text{-butylcyclohexanone} + (CH_3)_2S{=}CH_2 \longrightarrow \text{(17\%)} + \text{(83\%)}$$

$$CH_3\overset{O}{\overset{\|}{C}}(CH_2)_5CH_3 + \triangleright^{-}\overset{+}{S}Ph_2 \xrightarrow[25\ ℃]{DMSO} \text{H}_3\text{C}, (CH_2)_5CH_3 \text{ oxaspiropentane} \quad (92\%)$$

$$\triangleright\text{—}\overset{+}{S}(Ph)_2 + H_3C\text{—}\overset{O}{\overset{\|}{C}}\text{—}(CH_2)_5\text{—}CH_3 \longrightarrow H_3C\text{—}\underset{\triangleright\text{—}\overset{+}{S}(Ph)_2}{\overset{H_2C\text{—}(CH_2)_4\text{—}CH_3}{C}}\text{—}O^- \longrightarrow \text{产物}$$

硫叶立德

图 5-8 硫叶立德的制备与羰基化合物反应

5.1.3 加成聚合反应

在一定的条件下,烯烃或者炔烃分子中的不饱和键被打开,彼此相互转化成共价键生成相对分子质量在 10^4 以上的高分子化合物,这个反应就是加成聚合,也叫聚合。烯烃聚合反应历程有自由基加成聚合反应和离子型聚合反应。自由基聚合一般在过氧化物的引发下进行,反应要求无氧无水,通过链的引发、传递、转移和终止等几个基元反应来进行,其机理如图 5-9 所示。

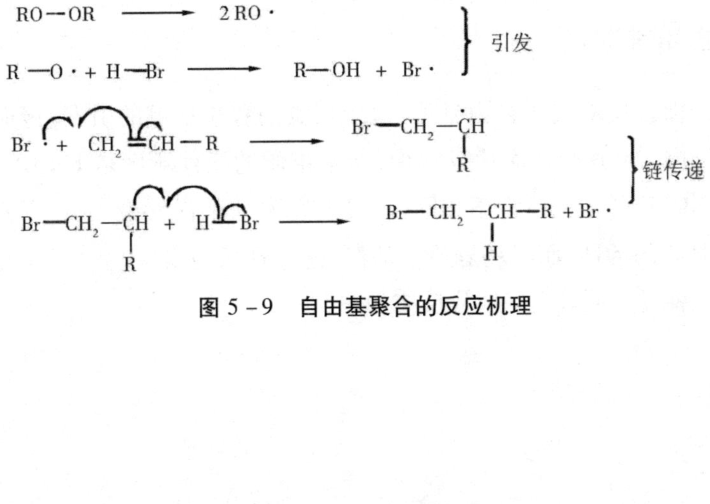

引发:

$$RO\text{—}OR \longrightarrow 2RO\cdot$$

$$R\text{—}O\cdot + H\text{—}Br \longrightarrow R\text{—}OH + Br\cdot$$

链传递:

$$Br\cdot + CH_2{=}CH\text{—}R \longrightarrow Br\text{—}CH_2\text{—}\underset{R}{\dot{C}H}$$

$$Br\text{—}CH_2\text{—}\underset{R}{\dot{C}H} + H\text{—}Br \longrightarrow Br\text{—}CH_2\text{—}\underset{H}{CH}\text{—}R + Br\cdot$$

图 5-9 自由基聚合的反应机理

烯烃的离子型聚合通过过渡金属化合物的引发进行，其机理如图 5 - 10 所示。

$$n\ H_2C{=}CH_2 \xrightarrow[0.1\sim1\ \text{MPa},\ 60\sim75\ ^\circ\text{C}]{TiCl_4-Al(C_2H_5)_3} {+}CH_2{-}CH_2{+}_n$$

聚乙烯

$$n\ CH_3CH{=}CH_2 \xrightarrow[0.1\sim1\ \text{MPa},\ 60\sim75\ ^\circ\text{C}]{TiCl_4-Al(C_2H_5)_3} {+}\underset{\displaystyle CH_3}{\underset{|}{CH}}{-}CH_2{+}_n$$

聚丙烯

图 5 - 10　烯烃的离子型聚合机理

环戊二烯以 Diels - Alder 反应的方式进行加成，生成梯形聚合物的反应也是加成聚合反应，如图 5 - 11 所示。

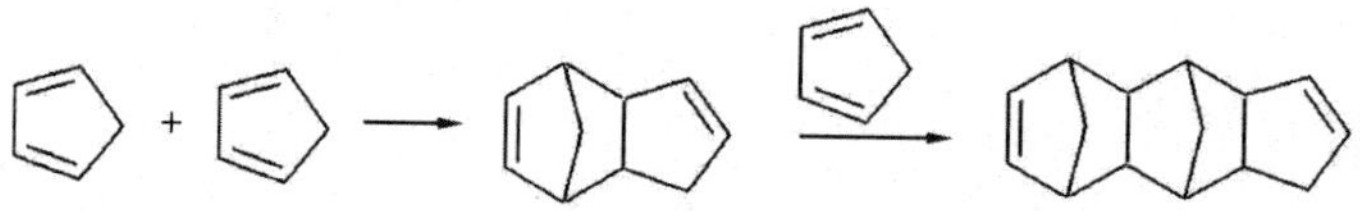

图 5 - 11　环加成生成梯形聚合物

5.2　取代反应

5.2.1　自由基取代

烷烃的卤代反应属于自由基取代反应，其历程包括链的引发、传递和终止三个基元反应。在烷烃的卤代反应中，卤素单质的活性顺序是 F > Cl > Br > I，烃分子中不同 H 原子的活性不相同，一般来说 3°氢的活性最大，2°氢的活性次之但大于 1°氢的活性，而甲基氢最不活泼，这一现象与自由基中间体的活性有关。常见几种烃类的自由基取代反应如图 5 - 12 所示。

$$R—H + X_2 \xrightarrow{h\nu \text{或} \triangle} R—X + HX$$

$$\triangle + Cl_2 \xrightarrow{h\nu} \triangle—Cl + HCl$$

$$CH_3CH{=}CH_2 \xrightarrow[500 \sim 600\ ℃]{Cl_2,\text{气相}} ClCH_2CH{=}CH_2$$

图 5－12　自由基取代反应

六氯化苯（结构式：六个碳上各连一个 Cl 的环己烷）是一种作用于昆虫神经的杀虫剂，也叫六六六，简称HCH。HCH 一般加工成粉剂或可湿性粉剂使用。制造六六六的工艺较简单，苯和氯气在光照的条件下就可以生成，20 世纪 50 年代在全世界广泛生产和应用，曾是我国产量最大的杀虫剂，对于消除蝗灾、防治家林害虫、家庭卫生害虫起到积极作用。

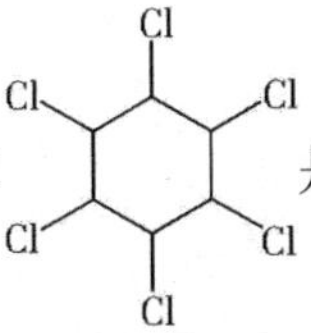

苯与氯单质在光照下生成六氯化苯，是一个自由基取代反应历程，包括链的引发、链的传递和链的终止等几个基元反应。

链的引发：$Cl_2 \xrightarrow{h\nu} 2Cl\cdot$

链的传递：

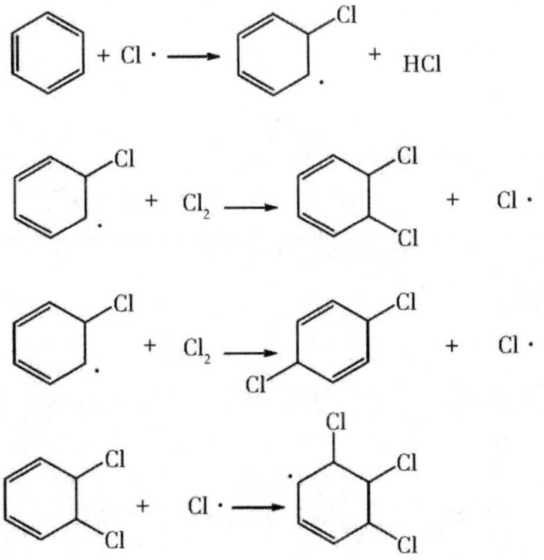

（反应式：苯 + Cl· → 5-氯环己二烯自由基 + HCl；该自由基 + Cl_2 → 5,6-二氯环己-1,3-二烯 + Cl·；该自由基 + Cl_2 → 3,6-二氯环己-1,4-二烯 + Cl·；5,6-二氯环己-1,3-二烯 + Cl· → 三氯环己烯自由基）

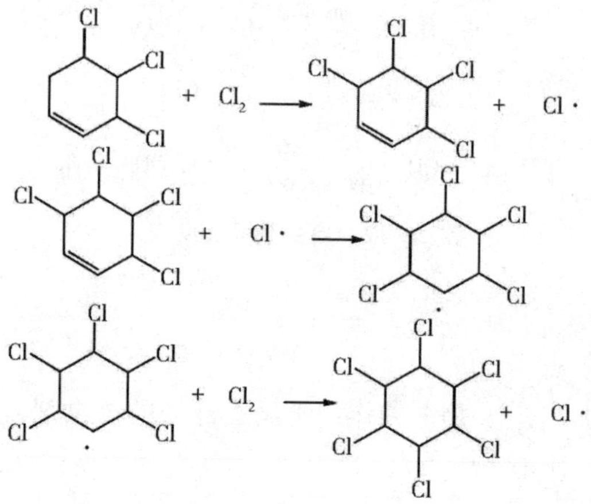

链的终止：$2Cl\cdot \longrightarrow Cl_2$

5.2.2 亲电取代

亲电取代反应是苯环等芳烃的重要反应之一，图 5－13 为苯环的卤化、磺化、硝化、烷基化、酰基化和氯甲基化等亲电取代反应。

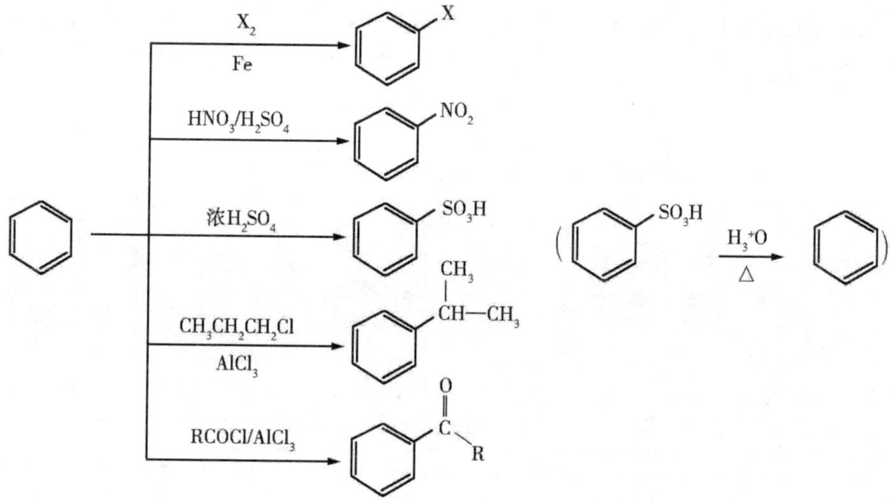

图 5－13 苯环上的亲电取代反应

图 5－14 为苯环上的亲电取代反应历程，该历程主要分两步进行：第一步，

富电子的苯环与亲电试剂先生成 π 配合物，继而与苯环上的一个碳原子以 σ 键相连形成一个带正电荷的环状正离子中间体，称为 σ 配合物；第二步，σ 配合物失去一个质子，苯环从环状正离子恢复原来的大 π 键结构，得到亲电取代的产物。

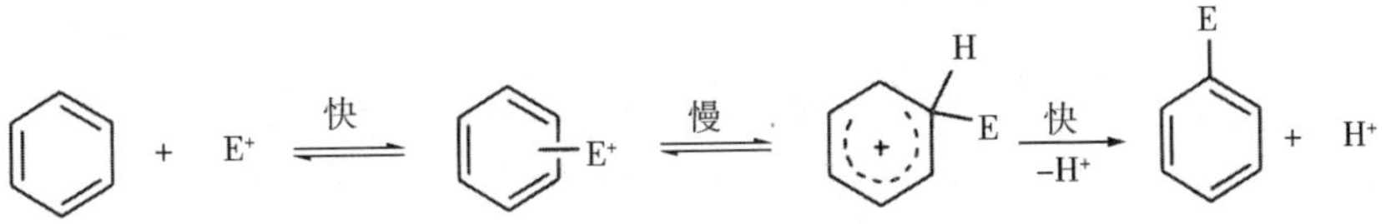

图 5 – 14　苯环上的亲电取代反应历程

在苯及其衍生物亲电取代反应的研究中，苯环上取代基的定位效应对亲电取代反应产物的影响、定位规则的解释、芳烃亲电取代反应中的动力学和热力学控制始终是这一研究领域的难点。苯环上的取代基影响苯环的亲电取代活性和生成物的取向是有规律可循的。如图 5 – 15 所示，烷氧基（$—OCH_3$）、酚羟基、氨基等属于致活基团，这些基团与苯环直接相连的碳原子 p 轨道上的未共用电子与苯环形成 p – π 共轭体系，在定位效应上属于邻对位定位基；而硝基（$—NO_2$）、磺酸基（$—SO_3H$）、羰基（—CO—）等基团与苯环碳原子直接相连的原子相比电负性较强，这些基团属于苯环亲电取代反应的致钝基团，也称作钝化剂，定位效应是间位定位基。卤素原子较为特殊，卤素原子直接与苯环相连，致活基团最强的是负离子，致钝基团最强的是正离子，因此卤素原子是弱的致钝基团，其定位效应是邻对位定位基。

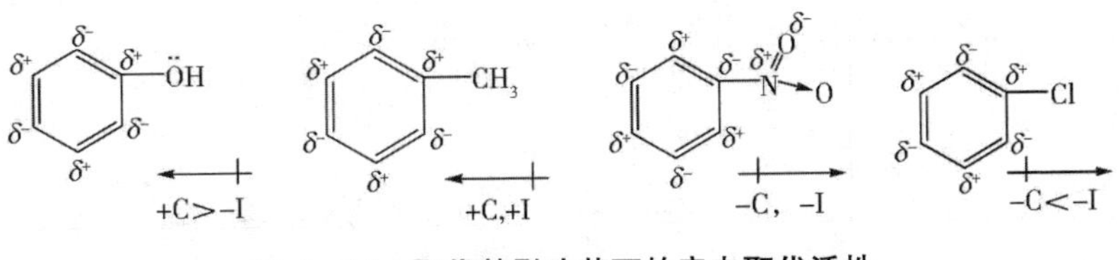

图 5 – 15　取代基影响苯环的亲电取代活性

例题 5 – 3　写出 4 – 氯联苯一次溴化的亲电取代的产物并解释其原因。

解析　反应物 4 – 氯联苯 Cl— 有两个苯环，亲电取代反应

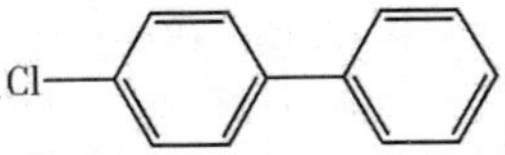

发生在电子云密度较大的苯环。Cl 原子是邻对位弱的致钝基团，因此直接和 Cl 原子相连的苯环不利于溴化反应，Br 原子应该连到没有 Cl 原子的苯环上，而且由于位阻效应，产物只有对位产物一种：

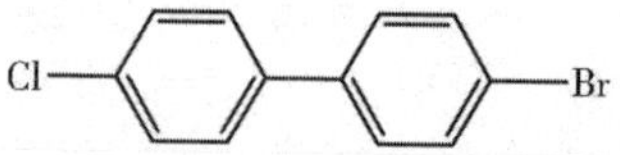

Cl—C₆H₄—C₆H₄—Br

芳烃与烯烃、卤代烃、酰卤、酸酐、羧酸、脂肪醇等在 Lewis 酸的催化下发生亲电取代生成取代苯的反应叫作 Friedel - Crafts 反应，是在苯环上引入烷基或者酰基的重要手段，分别称为烷基化和酰基化。苯环上的烷基化反应有重排的可能，如苯和新戊基氯在无水 $AlCl_3$ 的作用下发生烷基化反应，主产物不是新戊基氯苯，而是 2 - 甲基 - 2 - 苯基丁烷，其原因就是在取代过程中发生了重排，重排的动力是碳正离子的稳定性。

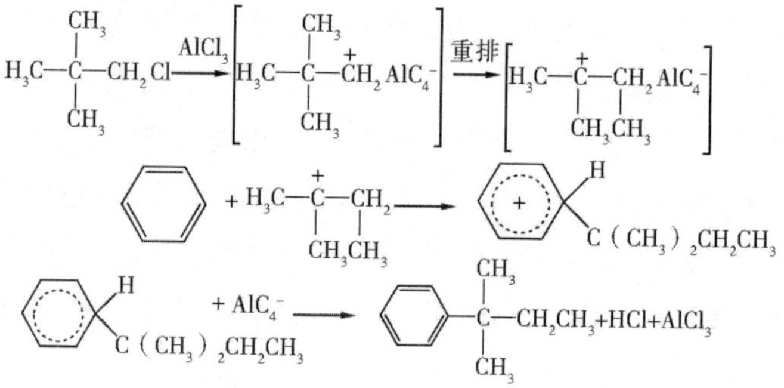

$$(CH_3)_3C-CH_2Cl \xrightarrow{AlCl_3} [(CH_3)_3C-\overset{+}{C}H_2\ AlCl_4^-] \xrightarrow{重排} [H_3C-\overset{+}{C}(CH_3)-CH_2CH_3\ AlCl_4^-]$$

$$C_6H_6 + H_3C-\overset{+}{C}(CH_3)-CH_2CH_3 \longrightarrow [C_6H_6^+(H)C(CH_3)_2CH_2CH_3]$$

$$[C_6H_6^+(H)C(CH_3)_2CH_2CH_3] + AlCl_4^- \longrightarrow C_6H_5-C(CH_3)_2-CH_2CH_3 + HCl + AlCl_3$$

在偶联反应中，如果活化基的对位有 H 原子，则活化基对位偶联；如果活化基对位无 H 原子，则活化基邻位发生偶联；N 原子上有 H 原子，N 原子发生偶联，N 原子上没 H 原子，邻对位发生偶联。

图 5 - 16 为偶联反应的本质，其也是亲电取代反应。

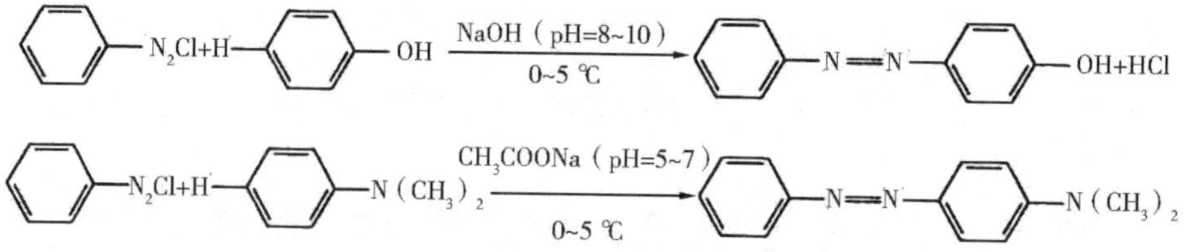

$$C_6H_5-N_2Cl + H-C_6H_4-OH \xrightarrow[0\sim5\ ℃]{NaOH\ (pH=8\sim10)} C_6H_5-N=N-C_6H_4-OH + HCl$$

$$C_6H_5-N_2Cl + H-C_6H_4-N(CH_3)_2 \xrightarrow[0\sim5\ ℃]{CH_3COONa\ (pH=5\sim7)} C_6H_5-N=N-C_6H_4-N(CH_3)_2$$

图 5 - 16　偶联反应

呋喃、噻吩、吡咯和吡啶等含有杂原子的芳香族化合物被称为芳杂环，芳杂环也能发生亲电取代反应。五元杂环中 X(O、N、S)上一对孤对电子参加了环的共轭体系，使得杂环上的 π 电子云密度比苯环大，所以五元芳杂环比苯更容易进行亲电取代反应。而吡啶中的 N 原子上的孤对电子对不参加吡啶环上的共轭，而 N 原子的电负性大于 C 原子，使得环上的 π 电子云密度降低，在亲电取代的反应条件下，H 原子结合 N 原子使其带有正电荷，诱导环上的电子云向 N 原子偏移，因此吡啶比苯更难进行亲电取代反应，吡啶必须在较为强烈的条件下才能进行亲电取代反应。几种芳杂环的亲电反应如图 5 - 17 所示。

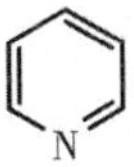

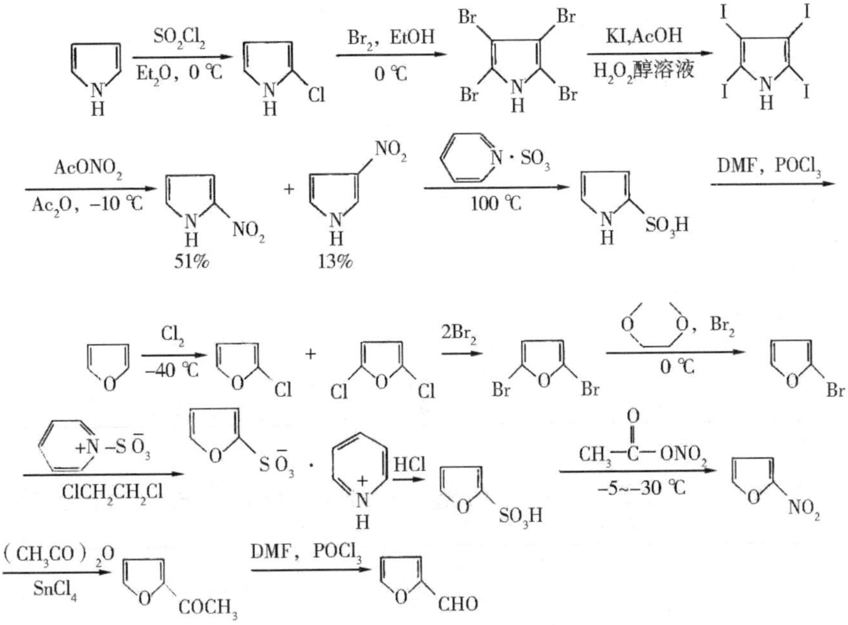

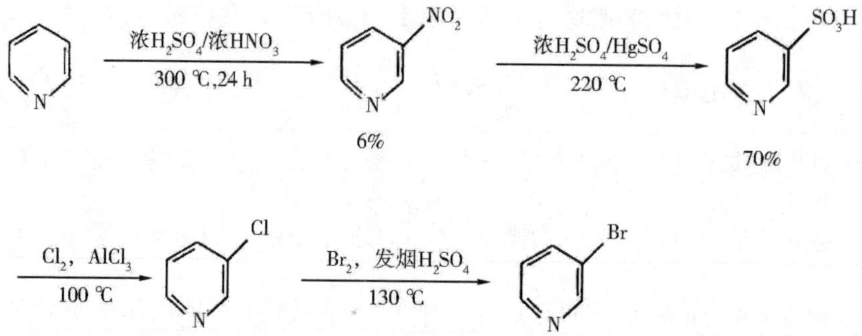

图 5－17 几种芳杂环的亲电反应

呋喃、噻吩和吡咯五元杂环的亲电取代反应主要发生在杂原子的 α 位，而吡啶的亲电取代反应主要发生在杂原子的 β 位。图 5－18 为吡啶环中不同位置的量子力学计算的结果，吡啶的 2 位和 4 位上的电子云密度比 3 位上的电子云密度大，吡啶比苯环更难进行亲电取代反应，但吡啶可以发生亲核取代反应。吡啶发生亲核取代的位置发生在 2 位和 6 位，如果 2 位和 6 位被占据，则发生在 4 位。

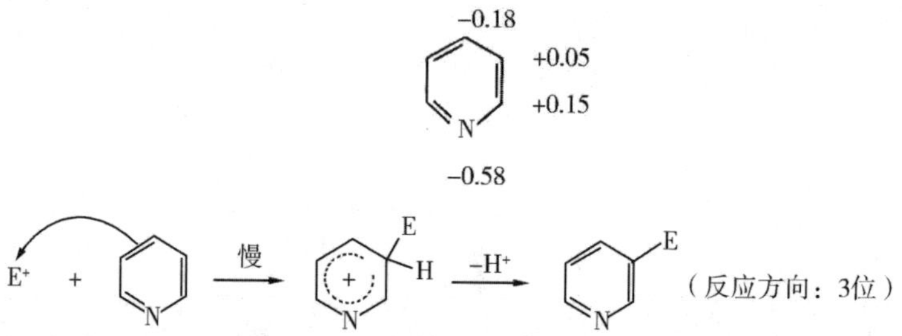

图 5－18 吡啶环中不同位置的量子力学计算结果和发生亲电取代的位置

5.2.3 亲核取代

饱和卤代烃的亲核取代反应通式为：$RX + Nu^- \longrightarrow RNu + X^-$。

亲核试剂有 H_2O、ROH、NaCN、炔、格氏试剂等。亲核取代反应有 S_N1 和 S_N2 两种历程。S_N1 叫作单分子历程，如图 5－19 所示。

$$\mathrm{C{-}X} \xrightarrow{\text{慢}} \mathrm{X^-} + \mathrm{C^+} \xrightarrow[\text{快}]{\mathrm{Nu^-}} \underbrace{\mathrm{C{-}Nu} + \mathrm{Nu{-}C}}_{\text{外消旋化}}$$

图5－19　亲核取代反应 S_N1 历程

图5－20为3°氯代烃按照 S_N1 历程进行的亲核取代反应，包括两步基元反应。第一步，卤代烃解离成碳正离子，这一步反应C—X化学键发生异裂，是取代反应的控速步骤，与亲核试剂无关，与底物的结构有关。第二步，碳正离子一旦生成，亲核试剂很快与碳正离子结合，反应生成共价键，此步反应是快反应。影响 S_N1 反应活性的因素包括底物的结构、离去基团L的离去能力和溶剂的极性。由于 S_N1 反应的中间体是碳正离子，因此能够生成稳定的碳正离子烃基结构，有利于卤代烃按照 S_N1 历程进行反应，与 S_N2 历程相反。溶剂极性越大，越有利于C—X键的异裂和碳正离子的生成。离去基团的离去能力强，既有利于 S_N1 反应，也有利于 S_N2 反应。S_N1 反应中伴随着碳正离子的重排，其动力是中间体的稳定性。因此外消旋化是 S_N1 反应的立体化学特征。

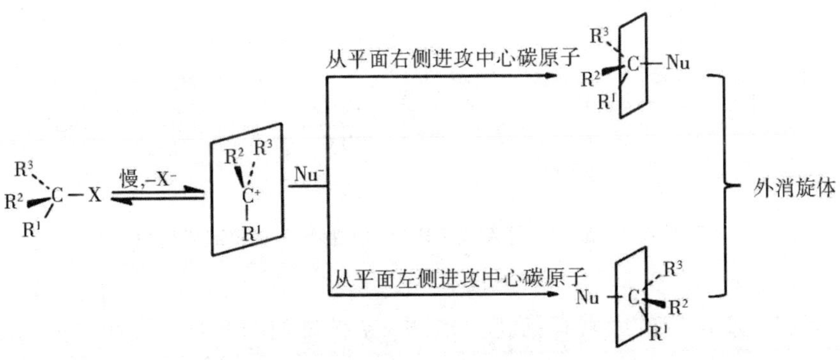

图5－20　3°氯代烃的 S_N1 亲核取代反应历程

图5－21为亲核取代反应的 S_N2 双分子历程。1°卤代烃一般情况下按照 S_N2 历程进行，只有一步基元反应，如图5－22所示。反应中C—X键的断裂和C—Nu键的生成同时进行，中心碳原子以 sp^3 杂化态、四面体的立体构型转变成 sp^2 杂化体的、平面三角形的构型，新键的生成和旧键的断裂同步完成，中心碳原子的杂化态和立体构型再次复原到 sp^3 杂化体和四面体构型，反应前后底物

的构型发生反转。

$$Nu^- + C—X \longrightarrow \overset{\delta^-}{Nu}—C—\overset{\delta^-}{X} \longrightarrow Nu—C + X^-$$

过渡态　　构型翻转

图 5－21　亲核取代反应 S_N2 历程

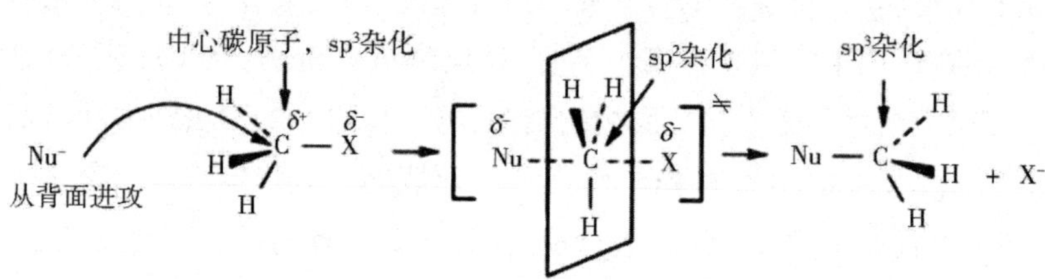

图 5－22　1°卤代烃亲核取代反应的 S_N2 历程

R－2－丁醇与 CH_3SO_2Cl 反应，反应按照 S_N2 历程进行，因此得到 S 构型的产物，如图 5－23 所示。

$$CH_3CH_2\overset{OH}{\overset{|}{C}}{}^*HCH_3 \xrightarrow{CH_3SO_2Cl} CH_3CH_2\overset{OSO_2CH_3}{\overset{|}{C}}{}^*HCH_3 \xrightarrow[CH_3OH]{CH_3O} CH_3CH_2\overset{OH}{\overset{|}{C}}{}^*HCH_3 + CH_3SO_3O^-$$

S_N2历程

图 5－23　*R*－2－丁醇与 CH_3SO_2Cl 的 S_N2 亲核取代历程

影响 S_N2 反应的因素有：底物的结构、亲核试剂的亲核能力和离去基团的离去能力。氯代正丁烷与乙醇钠反应的速率大于甲醇，其原因是 $CH_3CH_2O^-$ 的亲核性强于 CH_3OH。

卤苯不易与亲核试剂 NaOH 发生 S_N2 反应制得苯酚，与苯环相连的卤原子与苯环形成 p－π 共轭使得卤原子十分不活泼。当卤原子的邻对位连有拉电子取代基时，改变了苯环的电子云密度，使卤苯的亲核取代反应难度下降，拉电子基数目越多，卤原子越活泼，S_N2 反应越容易，如图 5－24 所示。

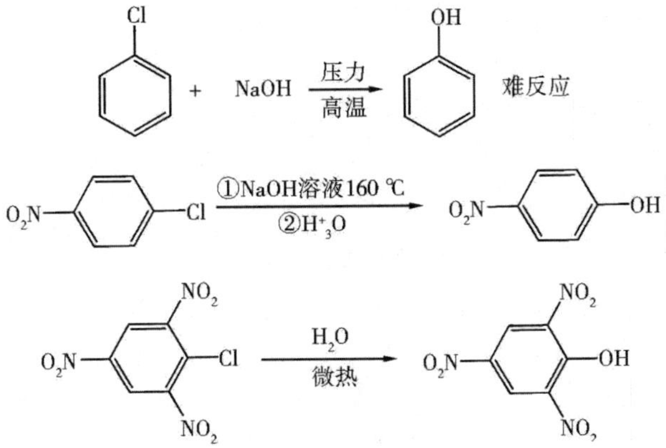

$$\text{C}_6\text{H}_5\text{Cl} + \text{NaOH} \xrightarrow[\text{高温}]{\text{压力}} \text{C}_6\text{H}_5\text{OH}\quad \text{难反应}$$

$$O_2N\text{—C}_6\text{H}_4\text{—Cl} \xrightarrow[\text{②}H_3^+O]{\text{①NaOH溶液160 ℃}} O_2N\text{—C}_6\text{H}_4\text{—OH}$$

$$(O_2N)_3C_6H_2\text{—Cl} \xrightarrow[\text{微热}]{H_2O} (O_2N)_3C_6H_2\text{—OH}$$

图 5 - 24　卤苯和取代卤苯与亲核试剂 NaOH 的反应

很多亲核取代反应的历程是 S_N1 和 S_N2 相互竞争的，究竟按照哪一种历程进行与很多因素有关，如反应底物的结构、试剂的亲核性、离去基团的离去能力和溶剂的极化能力等。三级卤代烃、三级醇和仲醇的亲核取代多为 S_N1 历程，此外反应底物中的离去基团容易离去，亲核试剂的亲核性较弱、溶剂的极性较强时也有利于 S_N1 历程。如果反应底物结构中的离去基团不容易离去、亲核试剂的亲核性较强、浓度较大时，往往按照 S_N2 历程进行，如图 5 - 25 所示，新戊基溴在 C_2H_5ONa 存在下的反应为 S_N2 历程，而与 C_2H_5OH 反应时历程为 S_N1，这是由于 C_2H_5ONa 的亲核性要强于 C_2H_5OH。

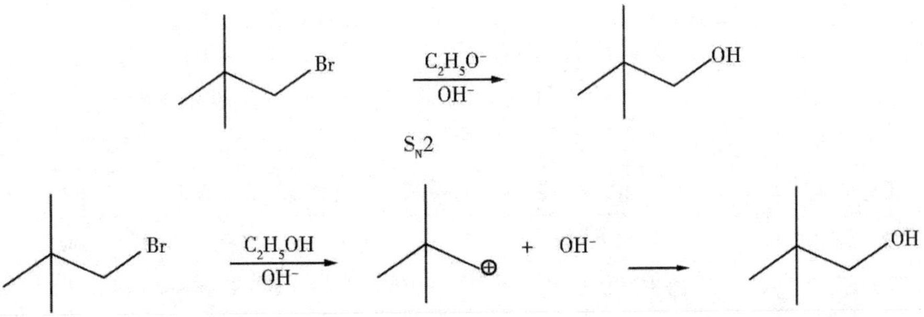

$$(CH_3)_3CCH_2Br \xrightarrow[OH^-]{C_2H_5O^-} (CH_3)_3CCH_2OH$$

S_N2

$$(CH_3)_3CCH_2Br \xrightarrow[OH^-]{C_2H_5OH} (CH_3)_3C\overset{\oplus}{C}H_2 + OH^- \longrightarrow (CH_3)_3CCH_2OH$$

图 5 - 25　新戊基溴在 C_2H_5ONa 存在下的 S_N2 反应

烯丙基卤和苄基卤进行亲核反应时，S_N1 和 S_N2 历程往往难以区分，反应条件对历程的选择起着重要的作用，如图 5 - 26 苄基卤的水解反应，在水中碱性

水解为 S_N1 历程，在丙酮中水解则为 S_N2 历程。

CH_2Br $\xrightarrow{H_2O}$ CH_2^+ $\xrightarrow{OH^-}$ CH_2OH

S_N1

CH_2Br $\xrightarrow[丙酮]{OH^-}$ CH_2OH

S_N2

图 5－26　苄基卤的水解反应

综上所述：分析卤代烃底物结构的特征，1°卤代烃通常按照 S_N2 历程进行亲核取代反应，3°卤代烃通常按照 S_N1 历程进行亲核取代反应，而 2°卤代烃发生亲核取代反应的历程因亲核试剂的亲核性、溶剂的极性等反应条件而异，亲核性较强的亲核试剂与 2°卤代烃一般遵循 S_N2 历程，产物构型翻转。亲核取代反应中 S_N1 历程和 S_N2 历程存在竞争，表 5－1 总结了两种历程的特点。

表 5－1　S_N1 历程和 S_N2 历程的特点

历程	S_N1	S_N2
基元反应	单分子历程	双分子历程
控速反应	碳正离子的形成	协同过程
立体化学特征	外消旋化	构型翻转
分子重排	有	无
烃基结构	烯丙基、苄基 > 3° > 2° > 2° > 甲基	烯丙基、苄基 > 甲基 > 1° > 2° > 3°
试剂亲核性	无影响	强亲核试剂有利于反应
离去基团	离去性优有利于反应	离去性优有利于反应
溶剂	质子溶剂、极性大的溶剂有利于反应	非质子极性溶剂有利于反应
竞争反应	E1 单分子消除反应	E2 双分子消除反应

例题 5－4　甲基叔丁基醚与 HI 分别在无水乙醚和水溶剂中反应，为什么

得到的产物不同？

解析　无水乙醚和水作为溶剂极性有所不同，在水溶液中反应，介质的极性很高，有利于甲基叔丁基醚按照 S_N1 历程进行，解离成 3° 正离子中间体。若在乙醚中进行，反应介质的极性较低，有利于亲核取代反应按照 S_N2 历程进行，亲核试剂从位阻较小的甲基一侧进攻。

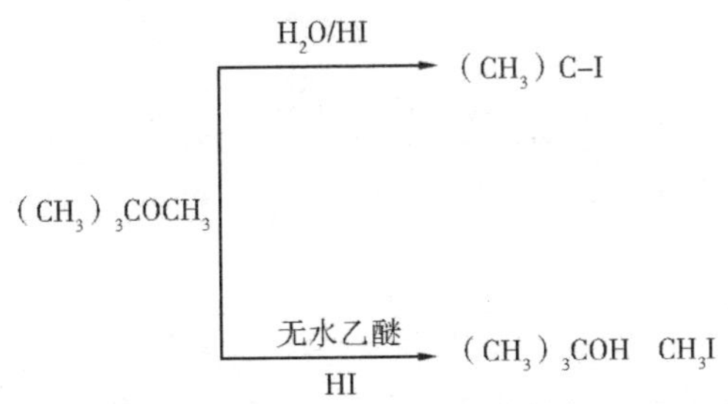

例题 5－5　解释下列反应现象：底物 [Br] 不发生 S_N1 反应和 S_N2 反应。

解析　若按照 S_N1 历程发生反应，则底物会生成 [+]，由于桥头正离子受到环的张力作用很难伸展成平面构型，因此桥头正离子很难形成，即很难进行 S_N1 反应。若按照 S_N2 历程进行，亲核试剂从底物背面进攻中心碳原子，而溴原子背后有双环存在，有很大的位阻，因此也不容易进行 S_N2 反应。

5.3　亲核加成－消除反应

氨及其衍生物、磷叶立德和碳负离子等与醛酮发生亲核加成反应时，加成产物不稳定，会进一步脱去分子内一个小分子生成较为稳定的化合物，这个历程称为亲核加成－消除历程如图 5－27 所示。

与氨衍生物的反应

$$>C=O + H_2\ddot{N}-Z \longrightarrow >C(OH)-NH-Z \xrightarrow{-H_2O} >C=N-Z$$

（Z=R—Ar—，HO—，—HN—(2,4-二硝基苯基)等）

羟醛缩合反应

$$2CH_3CHO \xrightarrow{稀NaOH} CH_3CH(OH)CH_2CHO \xrightarrow{\triangle} CH_3CH=CHCHO$$

Wittig反应

$$>C=O + R_2\ddot{C}^{-}-\overset{+}{P}Ph_3 \longrightarrow -C(\ddot{O}^{-})-CR_2(\overset{+}{P}Ph_3) \longrightarrow -C(O)-CR_2(PPh_3)\text{（四元环）} \longrightarrow >C=CR_2 + Ph_3P=O$$

图 5－27　亲核加成－消除历程

5－硝基－1,2,3－三溴苯与乙醇钠在乙醇溶液中反应，能够生成单一的产物（2,6-二溴-4-硝基苯乙醚，OC_2H_5、Br、Br、NO_2取代的苯环），这个反应的历程也是属于亲核加成－消除历程，如图 5－28 所示。在反应底物 5－硝基－1,2,3－三溴苯分子中，由于硝基强拉电子作用，苯环上的电子云密度降低，有利于苯环接受亲核试剂（C_2H_5O—）的进攻。由于 C_2 位于—NO_2的对位，C—Br 键受到—NO_2拉电子作用的影响最大，因此 C_2 带有较多的正电荷有利于接受亲核试剂 $C_2H_5O^-$ 的进攻。从反应中生成的负离子的角度去分析，$C_2H_5O^-$ 进攻 C_2 形成碳负离子中间体，每一个极限结构带有负电荷的 C 原子均与拉电子取代基相连，有利于负电荷的分散。这些极限结构中贡献最大的是Ⅳ，碳负离子稳定且容易生成，C_2 上的溴原子与 C_1 和 C_3 上的溴原子不共平面，空间效应影响较小而稳定，因此反应的产物是 C_2 上的溴原子被取代生成 4－硝基－2,6－二溴苯乙醚。

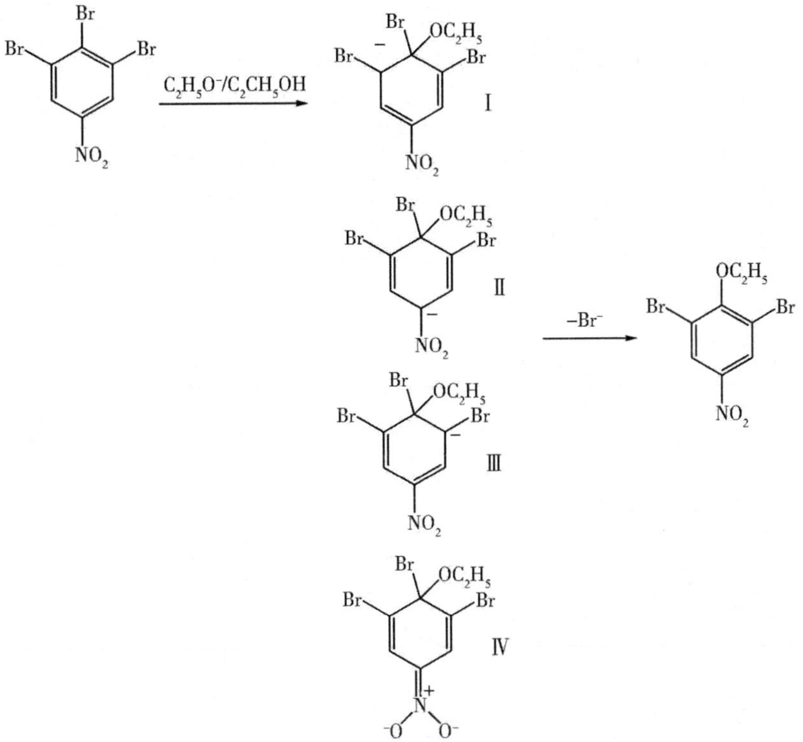

图 5－28　5－硝基－1,2,3－三溴苯与乙醇钠在乙醇溶液中的反应

卤苯的亲核反应比饱和碳原子上卤原子的亲核取代反应难得多,因此,其反应机理也不同于一般的亲核取代反应历程。如图 5－29 所示,当苯环上没有推电子基或者拉电子基时,反应历程是苯炔机理;当苯环上有拉电子基时,反应历程是加成－消除机理,即先生成苯环上带有负电荷的 σ 配合物,然后脱掉卤负离子生成取代苯,该反应的亲核试剂一定是强的亲核试剂,反应中间体是苯炔。

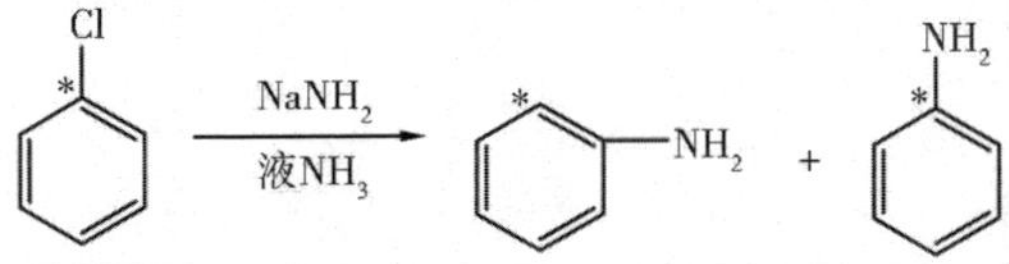

图 5－29　卤苯碱性条件下的苯炔机理

图5－30为对溴甲苯在强碱KNH_2-NH_3(液态)的作用下历经苯炔中间体得到的间氨基甲苯和对氨基甲苯两种产物,其中间氨基甲苯是主产物。反应中氨基取代了苯环中的Br原子,属于芳香族的亲核取代反应,反应中间体是苯炔,按照消除－加成的历程进行。生成中间体苯炔之后,氨基负离子NH_2^-既可以进攻C_3,也可以进攻C_4生成两种产物,但是碳负离子Ⅰ的负电荷比碳负离子Ⅱ的负电荷距离推电子基甲基较远,比较容易生成,因此,产物中间位取代的产物数量较多,是主产物。

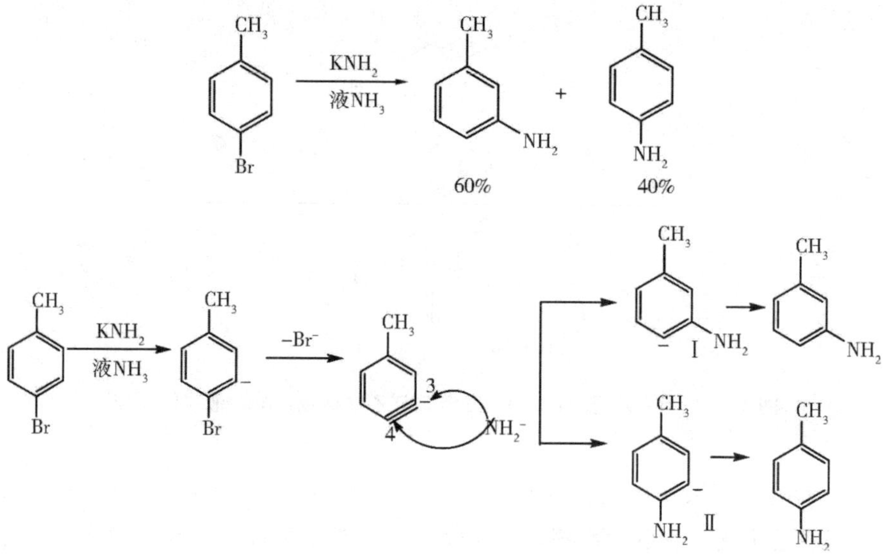

图5－30 对溴甲苯在强碱KNH_2-NH_3(液态)作用下的反应及历程分析

类似的反应还有如图5－31所示的2,4－二硝基氯苯与CH_3NH_2和$C_6H_5CH_2SNa$的反应,这两个反应都是按照加成－消除的机理进行的。

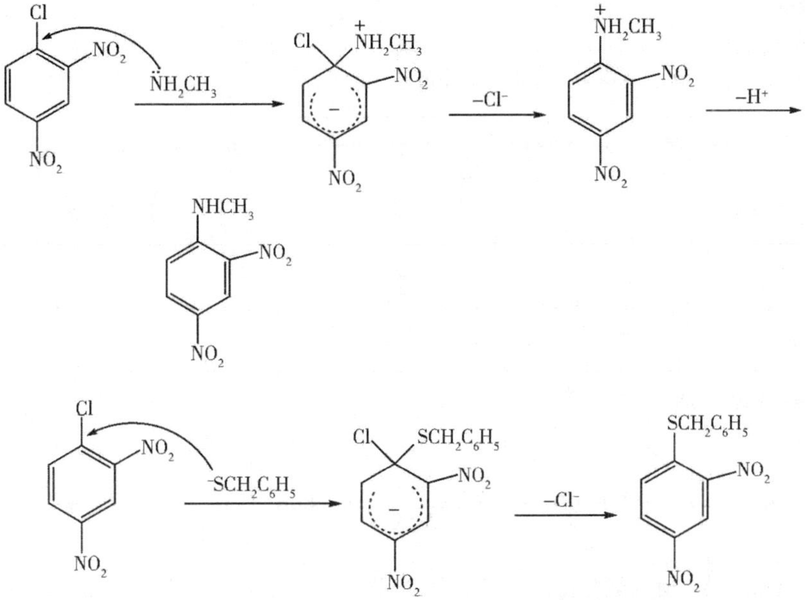

图5－31 2,4－二硝基氯苯与 CH_3NH_2 和 $C_6H_5CH_2SNa$ 的反应

羧酸及其衍生物之间相互转化的反应历程是亲核试剂对羧酸及其衍生物的羰基加成，一个基团离去，恢复羰基的结构完成取代，因此该历程也是加成－消除历程。如图5－32所示的羧酸与醇的酯化反应，酰卤、酸酐的生成、含有α—H的酯在碱的作用下生成β—酮酸酯的Claisen酯缩合反应等。

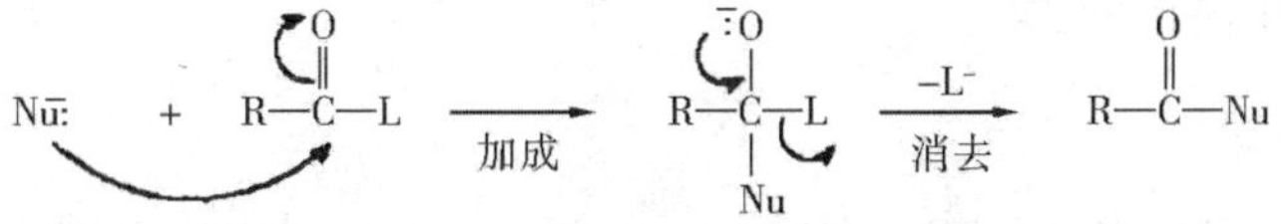

酸催化酯化：

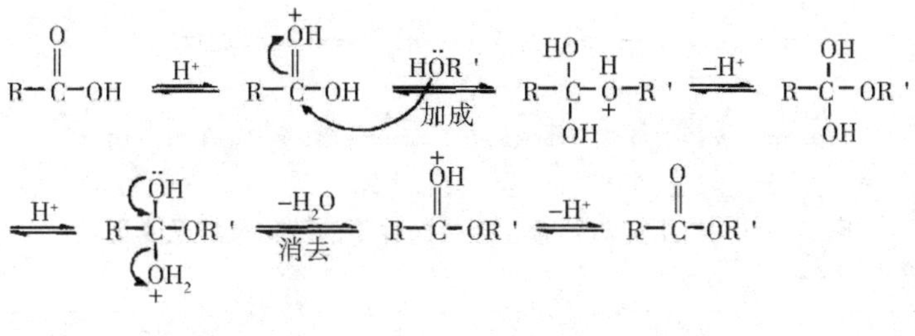

碱催化酯化：

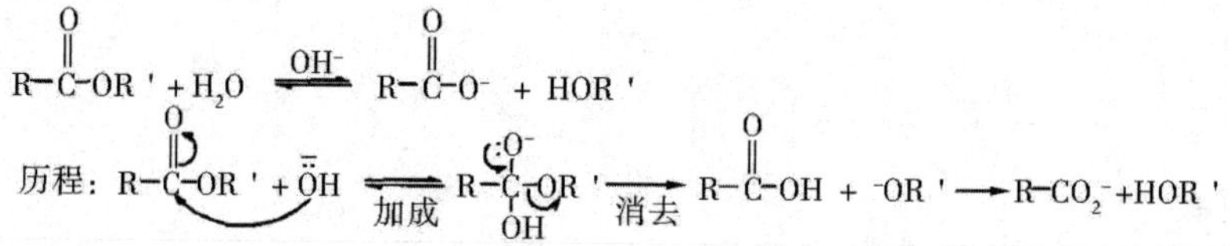

$$R-\overset{O}{\overset{\|}{C}}-OR' + H_2O \xrightleftharpoons{OH^-} R-\overset{O}{\overset{\|}{C}}-O^- + HOR'$$

历程：

$$R-\overset{O}{\overset{\|}{C}}-OR' + \bar{O}H \xrightleftharpoons[\text{加成}]{} R-\underset{OH}{\overset{:O^-}{C}}-OR' \xrightarrow[\text{消去}]{} R-\overset{O}{\overset{\|}{C}}-OH + {}^-OR' \longrightarrow R-CO_2^- + HOR'$$

酰卤的制备：

$$R-\overset{O}{\overset{\|}{C}}-Cl + :OH_2 \xrightarrow[\text{加成}]{} R-\underset{\overset{+}{O}H_2}{\overset{O^-}{C}}-Cl \longrightarrow R-\underset{OH}{\overset{OH}{C}}-Cl \xrightarrow[\text{消去}]{-Cl^-} R-\overset{\overset{+}{O}H}{\overset{\|}{C}}-OH \xrightarrow{-H^+} R-\overset{O}{\overset{\|}{C}}-OH$$

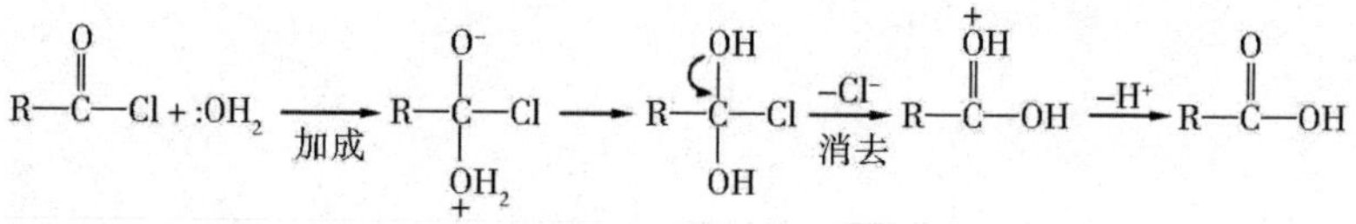

Claisen 酯缩合历程

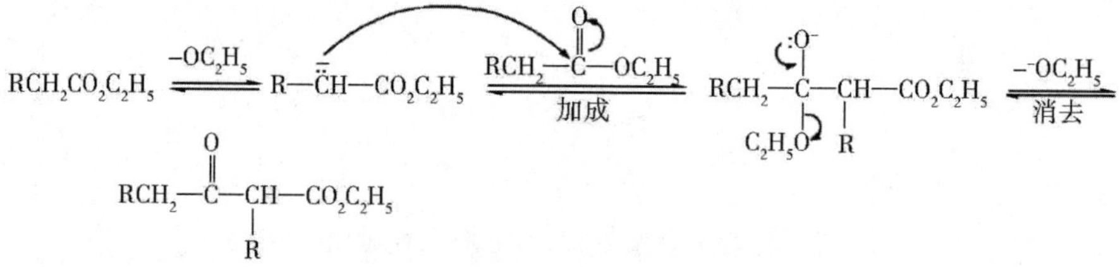

$$RCH_2CO_2C_2H_5 \xrightleftharpoons{-OC_2H_5} R-\bar{C}H-CO_2C_2H_5 \xrightleftharpoons[\text{加成}]{RCH_2-\overset{O}{\overset{\|}{C}}-OC_2H_5} RCH_2-\underset{C_2H_5O}{\overset{:O^-}{C}}-\underset{R}{CH}-CO_2C_2H_5 \xrightleftharpoons[\text{消去}]{-^-OC_2H_5} RCH_2-\overset{O}{\overset{\|}{C}}-\underset{R}{CH}-CO_2C_2H_5$$

图 5-32 羧酸及其衍生物之间相互转化的反应

当羧酸与三级醇进行酯化反应时，空间位阻的影响使该酯化反应并非按照正常的加成-消除历程进行，可以看作是 S_N1 历程，图 5-33 为叔丁醇与乙酸在酸性条件下的酯化反应及其历程，该反应的历程是 S_N1 单分子亲核历程，关键步骤是碳正离子的生成。

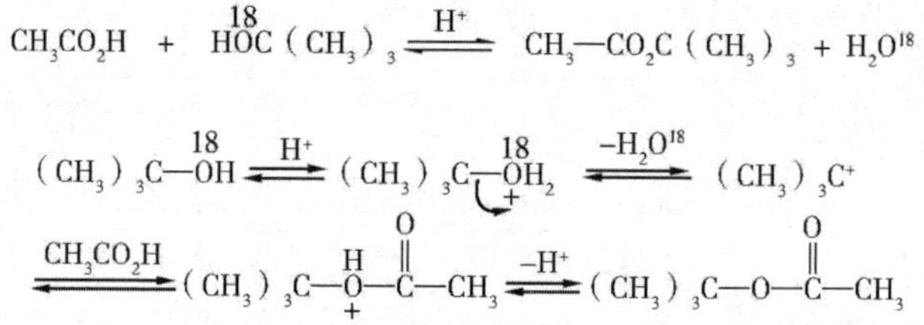

$$CH_3CO_2H + H\overset{18}{O}C(CH_3)_3 \xrightleftharpoons{H^+} CH_3-CO_2C(CH_3)_3 + H_2O^{18}$$

$$(CH_3)_3C-\overset{18}{O}H \xrightleftharpoons{H^+} (CH_3)_3C-\overset{18}{\overset{+}{O}}H_2 \xrightleftharpoons{-H_2O^{18}} (CH_3)_3C^+$$

$$\xrightleftharpoons{CH_3CO_2H} (CH_3)_3C-\overset{H}{\underset{+}{O}}-\overset{O}{\overset{\|}{C}}-CH_3 \xrightleftharpoons{-H^+} (CH_3)_3C-O-\overset{O}{\overset{\|}{C}}-CH_3$$

图 5-33 叔丁醇与乙酸在酸性条件下的酯化反应及其历程

5.4　消除反应

醇、卤代烃、季铵碱、酯和氧化胺等都能发生消除反应。大部分消除反应是 β—消除反应，如卤代烃脱卤化氢、醇分子内脱水、季铵碱受热消除、酯和氧化胺受热消除等。图 5－34 为卤代烷在强碱溶液（KOH 或者 NaOH）中受热，卤原子和 β—C 上的 H 原子脱去一分子卤化氢生成烯烃的反应就属于典型的 β—消除反应。

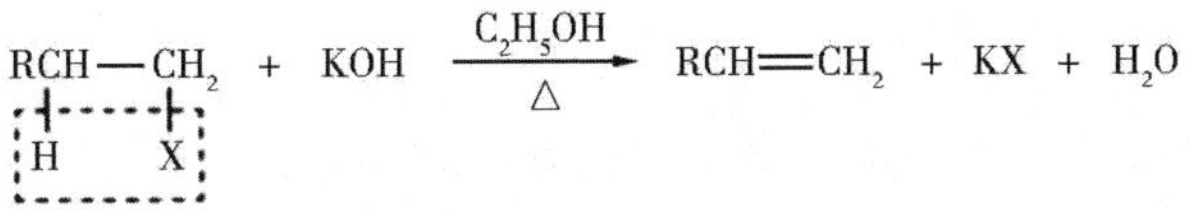

$$\underset{\underset{H\qquad X}{|\qquad|}}{RCH—CH_2} + KOH \xrightarrow[\triangle]{C_2H_5OH} RCH{=}CH_2 + KX + H_2O$$

图 5－34　卤代烷在强碱溶液的 β—消除反应

如果分子内有两个以上 β—C 原子时，按照不同的方式发生消除反应，生成不同的产物。一般来说，卤代烃和醇的 β—消除反应都遵循 Saytzeff 规则，即脱去含 H 原子较少的 β—C 原子上的 H，生成双键 C 原子上连有较多取代基的烯烃，如图 5－35 所示。

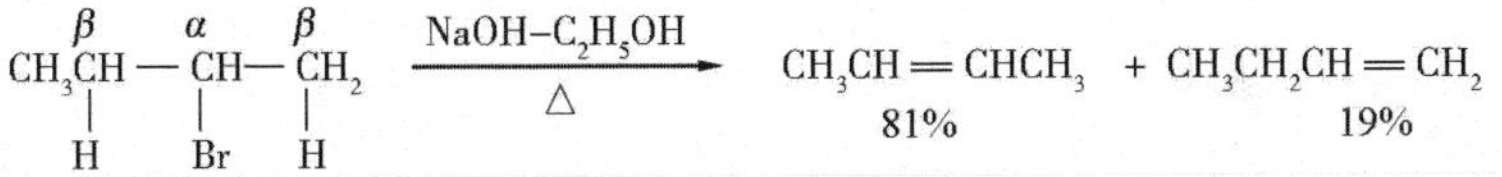

$$\underset{\underset{H\qquad\; Br\qquad\; H}{|\qquad\;\; |\qquad\;\; |}}{\overset{\beta\qquad\;\; \alpha\qquad\;\; \beta}{CH_3CH—CH—CH_2}} \xrightarrow[\triangle]{NaOH-C_2H_5OH} \underset{81\%}{CH_3CH{=}CHCH_3} + \underset{19\%}{CH_3CH_2CH{=}CH_2}$$

图 5－35　Saytzeff 规则反应

消除反应如图 5－36 所示，即单分子消除（E1）和双分子消除（E2）两种历程。和 S_N1 类似，E1 历程有两步基元反应，如图 5－36(a) 所示，生成碳正离子中间体的基元反应为慢反应，是消除反应的控速步骤，整个反应与碱的浓度无关，只与底物的浓度有关，因此被称为单分子消除历程 E1。E2 历程和 S_N2 历程类似，新化学键的生成和旧化学键的断裂在一步协同反应之内完成，反应的速率与底物的浓度和碱的浓度都有关系，因此被称为双分子消除历程 E2，如图 5－36(b) 所示。在立体化学特征上，两个被消除的基团处于反式共面的相对位置。

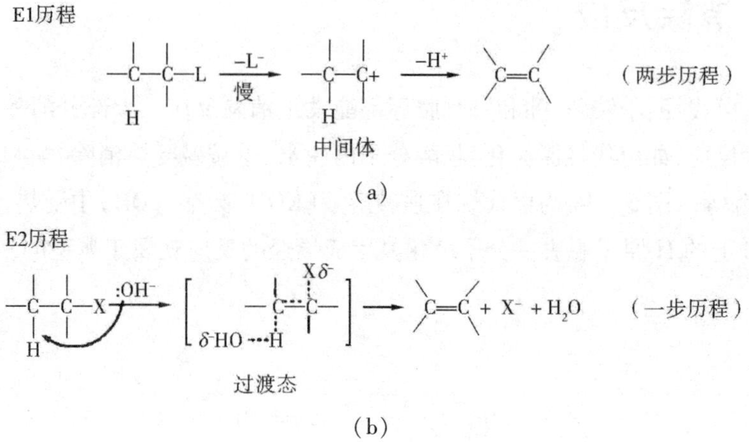

E1历程

（两步历程）

中间体

(a)

E2历程

（一步历程）

过渡态

(b)

图 5－36　消除反应的两种历程

图 5－37 为酯在受热条件下发生消除反应的特点，该反应是通过环状过渡态，顺式消除酸性大、空间位阻小的 β—C 上的 H 原子生成烯烃，产物不发生重排反应。

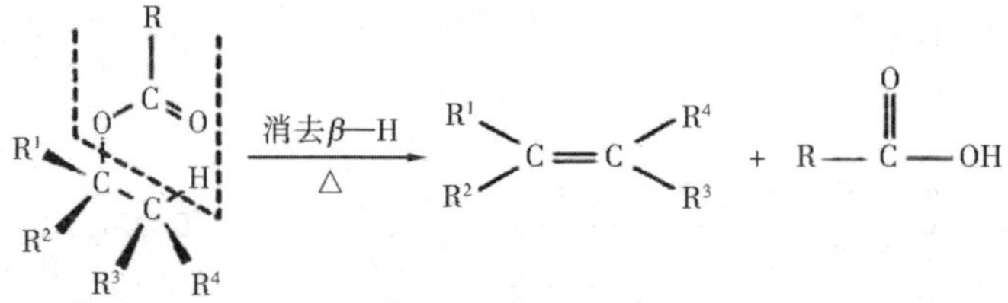

图 5－37　酯受热条件下的消除反应

季铵碱的热消除也叫 Hoffmann 消除，季铵碱在受热条件下消除酸性大、空间位阻小的 β—C 上的 H 原子，历程属于 E2 历程的反式消除，产物的倾向遵循 Hoffmann 规则，生成双键上取代基较少的烯烃，如图 5－38 所示。

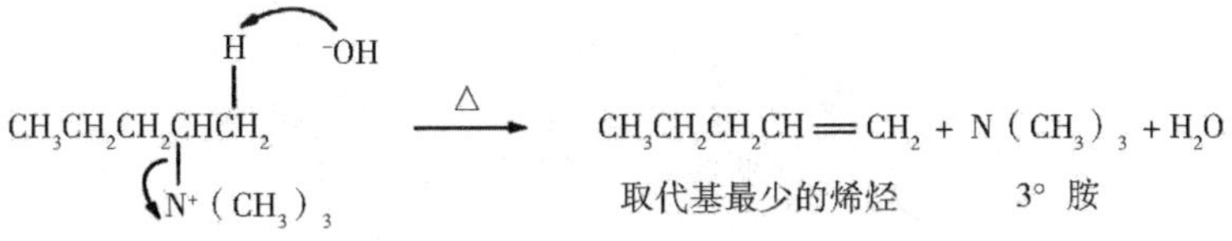

$$CH_3CH_2CH_2CH(N^+(CH_3)_3)CH_2\text{—}H \xrightarrow{\triangle} CH_3CH_2CH_2CH{=}CH_2 + N(CH_3)_3 + H_2O$$

取代基最少的烯烃　3° 胺

图 5－38　季铵碱的热消除

卤代烃和季铵碱的消除都是反式消除，酯和氧化胺的热消除都是顺式消除。图 5－39 为氧化胺受热条件下的消除，是通过一个环状过渡态的顺式消除历程，消除过程中除去 N 原子生成烯烃。

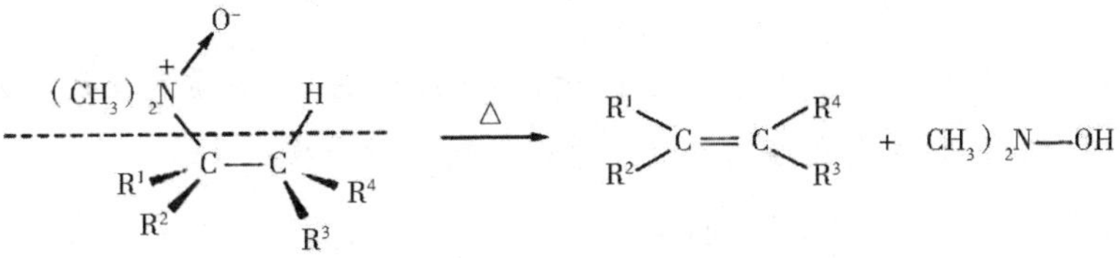

$$(CH_3)_2\overset{+}{N}(O^-)\text{—}CR^1R^2\text{—}CR^3R^4\text{—}H \xrightarrow{\triangle} R^1R^2C{=}CR^3R^4 + (CH_3)_2N\text{—}OH$$

图 5－39　氧化胺受热条件下的消除

环己甲醇在酸性条件下的消除反应有两种产物，如图 5－40 所示，反应历经碳正离子中间体重排过程，其中 1－甲基环己烯是主产物；若先把反应底物环己甲醇进行酯化得到乙酸环己甲酯，然后将乙酸环己甲酯在 500 ℃下加热，则生成的产物是（亚甲基环己烷，$C_6H_{10}{=}CH_2$），这是因为酯的热消除不会历经重排历程，直接发生顺式消除。在这里酯的热消除可以看成是醇的间接脱水反应，但是二者的历程不一样。

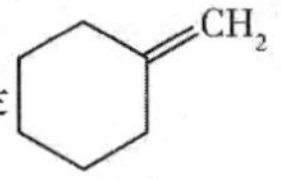

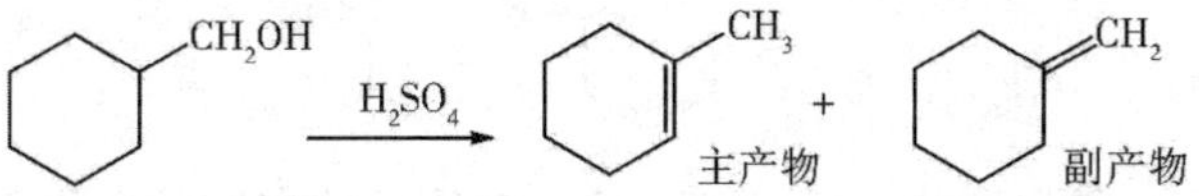

$$C_6H_{11}CH_2OH \xrightarrow{H_2SO_4} \text{1-甲基环己烯}(CH_3) + \text{亚甲基环己烷}(=CH_2)$$

主产物　副产物

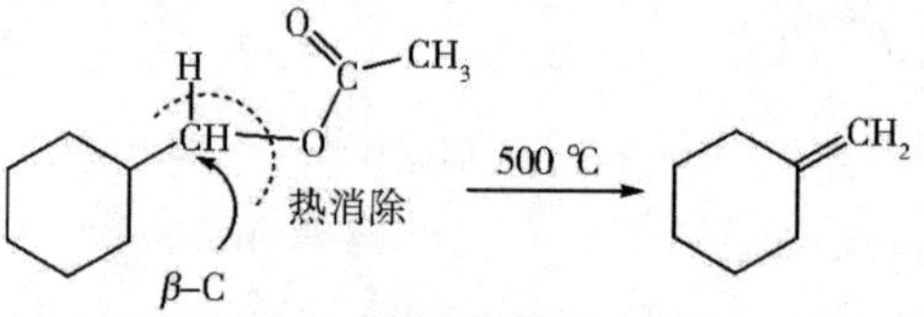

图 5-40 环己甲醇酸性条件下的消除反应

例题 5-6 请写出溴代环己烷、5-溴-1,3-环己二烯、3-溴环己烯发生消除反应脱溴化氢的产物，并解释这几种化合物发生消除反应的难易程度。

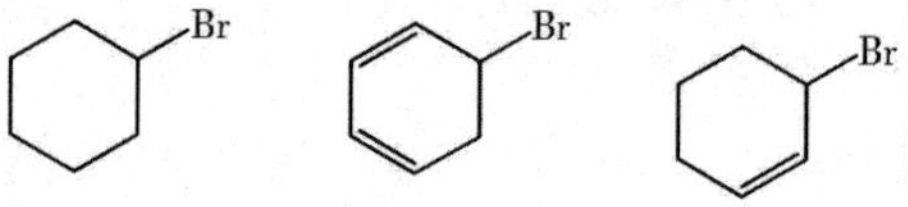

解析 卤代烃消除反应生成物遵循 Saytzeff 规则，其本质是生成稳定的烯烃。本题中的单取代卤代烃消除反应分别得到如下产物：

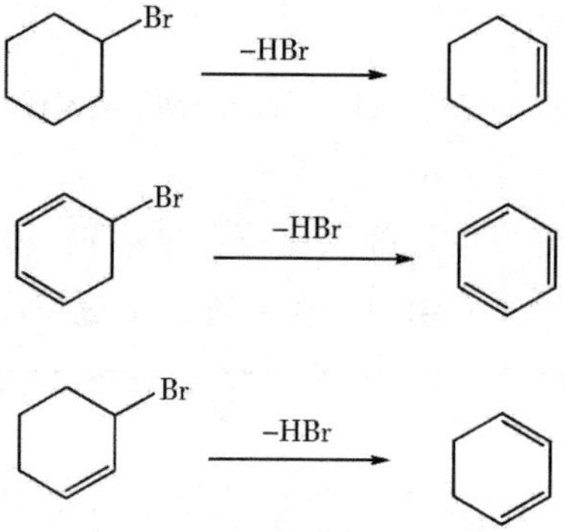

所得的三种产物分别含有 3 个双键、2 个双键和 1 个双键，产物分子中双键越多共轭效应越强越稳定，因此更容易生成，因此三种卤代烃发生消除反应的难易程度为：

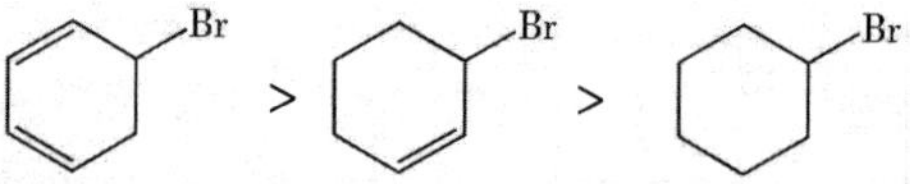

例题 5-7 请预测顺-1-乙基-2-氯环己烷在碱的作用下发生 E2 消除的优势构象式并写出反应产物。

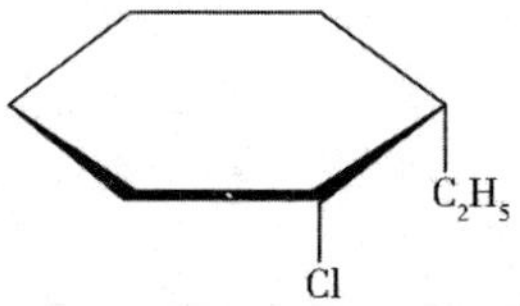

Cl　C_2H_5

解析　顺 −1 − 乙基 −2 − 氯环己烷有两种构象式：

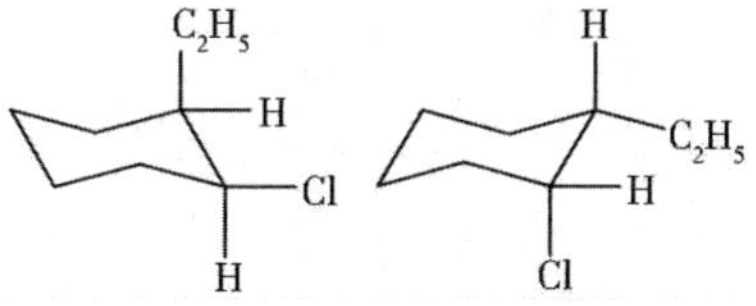

C_2H_5　H　Cl　H　　H　C_2H_5　H　Cl

Ⅰ　　Ⅱ

由于 E2 消除的立体化学过程是反式共面消除，因此构象Ⅱ是优势构象，发生消除的反应式和产物是：

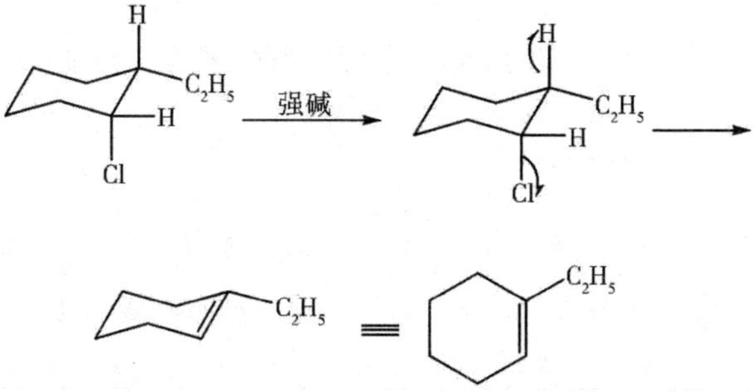

H　C_2H_5　H　Cl　强碱　H　C_2H_5　H　Cl

C_2H_5　≡　C_2H_5

例题 5−8　*S*−3 − 甲基 −3 溴己烷在水和丙酮中反应，其产物没有旋光性，试解释其原因。

解析　*S*−3 − 甲基 −3 溴己烷是三级卤代烃，水解历程为碳正离子中间体的 S_N1 历程：

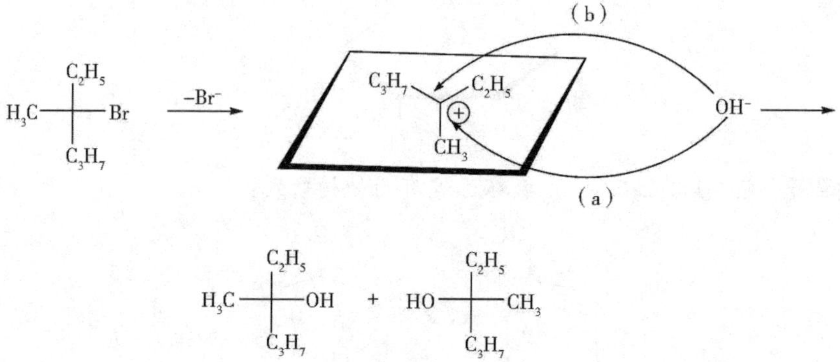
(b)
C_2H_5
H_3C
Br
C_3H_7
$-Br^-$
C_3H_7
C_2H_5
CH_3
OH^-
(a)
C_2H_5
H_3C
OH
C_3H_7
+
C_2H_5
HO
CH_3
C_3H_7

外消旋体

中间体碳正离子为平面构型，亲核基团 OH^- 从平面下方(a)路线和从平面上方(b)路线进攻中间体的概率相等，因此生成一对外消旋体，产物没有旋光性。

例题5-9 2-氯丁烷在强碱的作用下发生消除反应脱去氯化氢时，生成反-2-烯烃和顺-2-烯烃两种产物，二者的比例是6:1，请从反应历程角度解释其原因。

解析 2-氯丁烷与强碱作用发生消除反应是按照E2机理进行的，反应的立体化学要求是反应共面消除。2-氯丁烷存在四种构象异构：

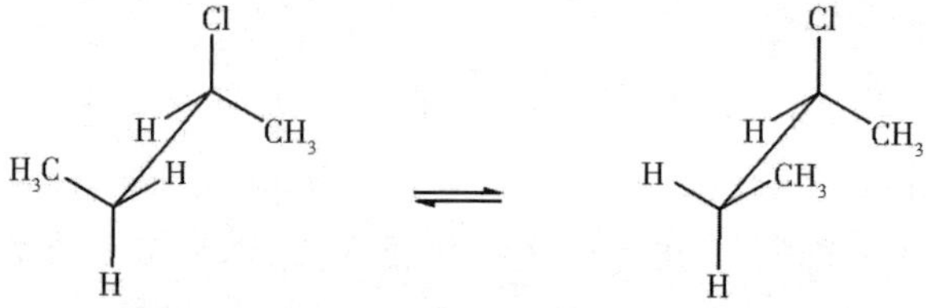
Cl
H
CH_3
H_3C
H
H
Cl
H
CH_3
H
CH_3
H

Ⅰ　　*S*-2-氯丁烷　　Ⅱ

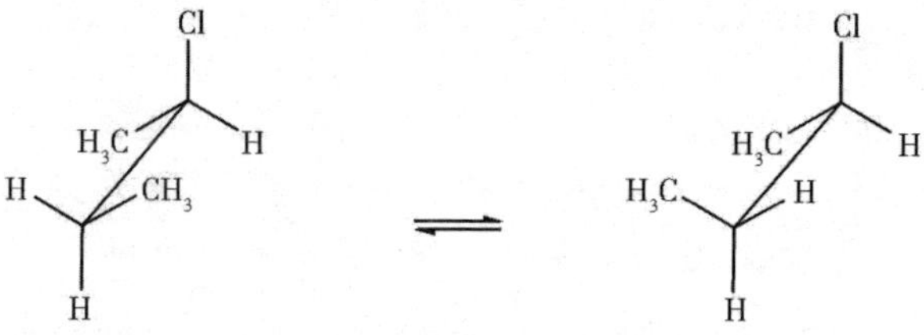
Cl
H_3C
H
H
CH_3
H
Cl
H_3C
H
H_3C
H
H

Ⅲ　　*R*-2-氯丁烷　　Ⅳ

2-氯丁烷有一个手性碳原子，因此有 *S*-2-氯丁烷和 *R*-2-氯丁烷一对对映体，每一个对映体都存在两个有利于消除的构象异构体。*S*-2-氯丁烷的构象异构体中Ⅰ是对位交叉式，较为稳定，在构象平衡中含量较多，Ⅰ消除得到反式烯烃：

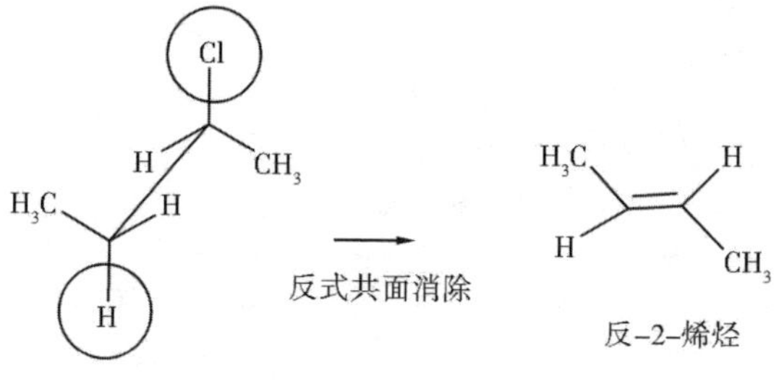

反式共面消除

反-2-烯烃

Ⅰ

R-2-氯丁烷的构象异构体中Ⅲ是对位交叉式，较为稳定，在构象平衡中含量较多，Ⅲ消除也得到反式烯烃：

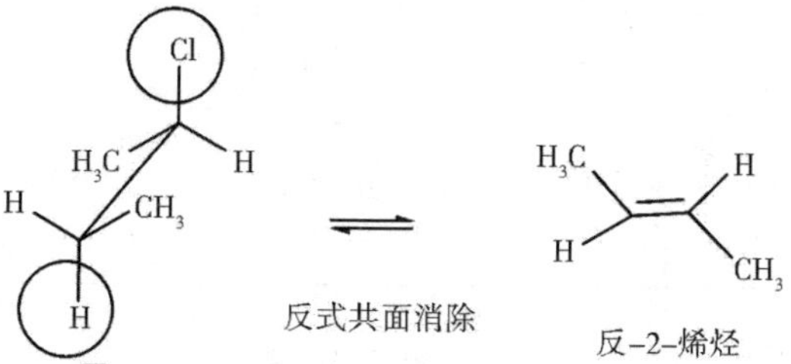

反式共面消除

反-2-烯烃

Ⅲ

此外，产物反-2-丁烯和顺-2-丁烯比较，反式结构热力学能低而较为稳定。综上分析，2-氯丁烷在强碱中消除反应的主要产物是反-2-丁烯。

本章练习题

1. 对以下物种进行分类，哪些是亲核试剂？哪些是亲电试剂？哪些既是亲核试剂又是亲电试剂？

   Cl^-、H_2O、H^+、$AlCl_3$、CH_3OH、Br^+、Fe^{3+}、$^+NO_2$、$H_2C=CH_2$、HCHO、CH_4、$CH_3C\equiv N$、$^+CH_3$、$^-CH_3$、$ZnCl_2$、Ag^+、BF_3

2. 请简单说明亲核试剂、亲电试剂和酸碱的关系。
3. 自由基试剂、亲电试剂和亲核试剂能与含有哪些官能团的化合物发生化学反应？
4. 比较下列各组亲核试剂亲核性的强弱。

   (1) CH_3OH、CH_3O^-　(2) NH_3、NH_2^-　(3) Cl^-、F^-、Br^-、I^-

   (4) F^-、OH^-、RCH_2^-、NH_2^-　(5) CH_3O^-、CH_3S^-　(6) HO^-、CH_3COO^-

(7) CH_3COO^-、CN^-

5. 下列亲核取代反应哪些可以发生？为什么？

(1) $CH_3CN + I^- \longrightarrow CH_3I + CN^-$

(2) $CH_3OSO_2OCH_3 + OH^- \longrightarrow CH_3OH + CH_3OSO_2O^-$

(3) $CH_3CH_2OH + F^- \longrightarrow CH_3CH_2F + OH^-$

6. 请比较下列化合物进行 S_N2 反应时速率的快慢。

(1) 溴苯（苯环—Br）和苄基溴（苯环—CH_2Br）　(2) CH_3CHCH_3（2-位连 I）和 $(CH_3)_2CHCl$

(3) 环己基—Br 和 1-溴-1-甲基环己烷（环己烷同一碳上连 Br、CH_3）　(4) $CH_3CH_2CH_2Br$ 和 CH_3CHCH_3（2-位连 Br）

7. 选择题

(1) 下列化合物进行 S_N1 反应活性最小的是 (　　)

A. 对位 CH_3 取代的苄氯（苯环上 CH_2Cl 与 CH_3 处于对位）　B. 对位 Cl 取代的苄氯（苯环上 CH_2Cl 与 Cl 处于对位）　C. 对位 OCH_3 取代的苄氯（苯环上 CH_2Cl 与 OCH_3 处于对位）　D. 苄氯（苯环—CH_2Cl）

(2) 下列化合物与硝酸银的醇溶液反应，活性最强的是 (　　)

A. 1－氯戊烷　B. 2－溴丁烷　C. 1－碘丙烷　D. 1－溴丁烷

(3) 按亲核取代反应的难易程度顺序排列是 (　　)

①$CH_3CH{=}CHCl$　②$CH_2{=}CHCH_2Cl$　③$CH_3CH_2CH_2Cl$

A. ①＞②＞③　B. ②＞③＞①　C. ①＞③＞②　D. ③＞②＞①

(4) 下面哪一个化合物进行 S_N2 反应最慢 (　　)

A. CH_3CH_2Br　B. $(CH_3)_2CHBr$　C. $(CH_3)_3CBr$　D. $(CH_3)_3CCH_2Br$

(5) 下列化合物与碱反应生成酚时，反应速率最慢的是 (　　)

A. 对硝基氯苯（苯环上 Cl 与 NO_2 处于对位）　B. 2,4-二硝基氯苯（苯环上 Cl，邻位与对位各一个 NO_2）　C. 2,4,6-三硝基氯苯（苯环上 Cl，两个邻位和对位各一个 NO_2）　D. 间硝基氯苯（苯环上 Cl 与 NO_2 处于间位）

(6) 下列负离子哪一个亲核性最强 (　　)

A. $CH_3C(=O)\bar{C}H_2$　B. $CH_3C(=O)\bar{C}HCOOC_2H_5$　C. $\bar{C}H(COOC_2H_5)_2$　D. $NC\bar{C}HCHO$

(7) 下列卤代烃发生消去反应生成烯烃速率最快的是　(　　)

A. 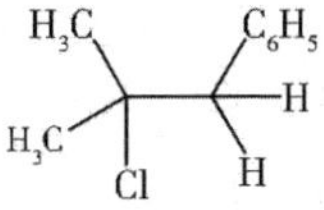 H_3C, C_6H_5, H_3C, H, H, Cl　　B. H, C_6H_5, H_3C, H, H, Cl

C. H_3C, CH_3, H_3C, H, H, Cl　　D. 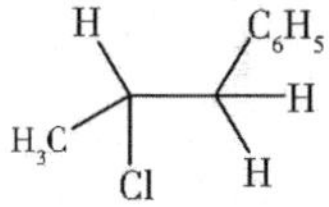 H, C_6H_5, H_3C, H, H, Cl

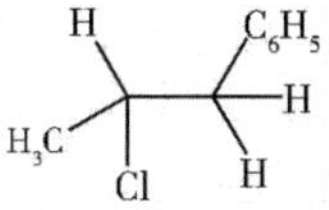

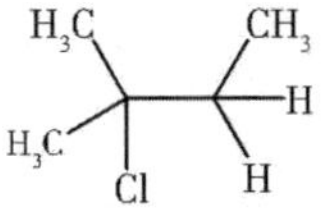

(8) 下列化合物中的哪一个进行 S_N1 或者 S_N2 反应时活性均最小　(　　)

A. 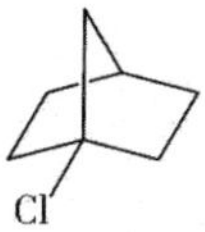 Cl　B. 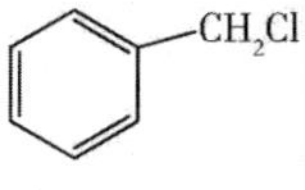 CH_2Cl　C. 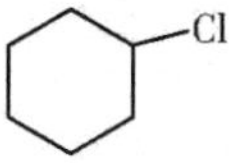 Cl　D. 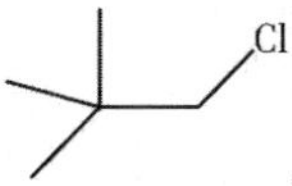 Cl

8. 分析下列反应能否发生，在机理上是否合理。如果能发生请写出产物，不能发生或不合理请说明理由。

(1) 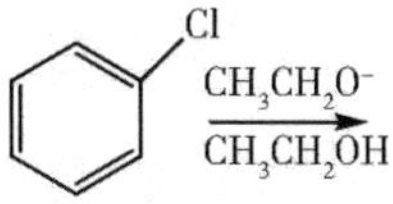 Cl $\xrightarrow[CH_3CH_2OH]{CH_3CH_2O^-}$　　(2) 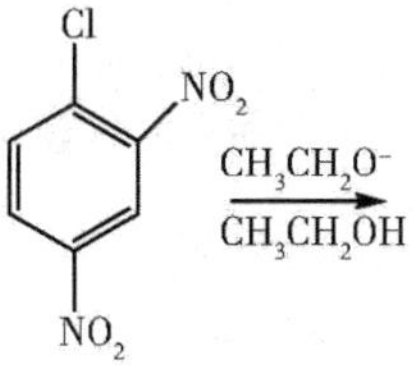 Cl, NO_2, NO_2 $\xrightarrow[CH_3CH_2OH]{CH_3CH_2O^-}$

(3) 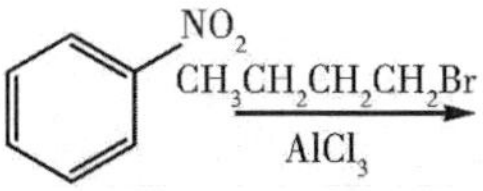 NO_2 $\xrightarrow[AlCl_3]{CH_3CH_2CH_2CH_2Br}$　　(4) 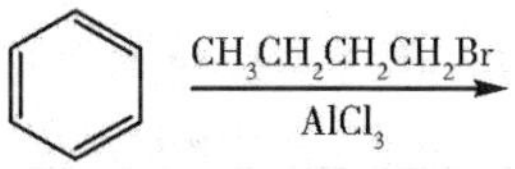 $\xrightarrow[AlCl_3]{CH_3CH_2CH_2CH_2Br}$

(5) 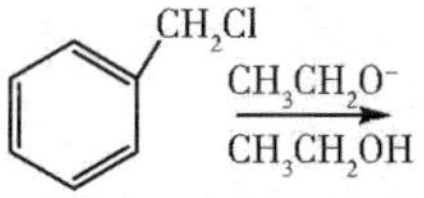 CH_2Cl $\xrightarrow[CH_3CH_2OH]{CH_3CH_2O^-}$　　(6) 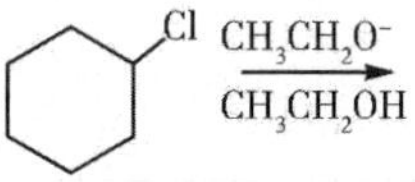 Cl $\xrightarrow[CH_3CH_2OH]{CH_3CH_2O^-}$

(7) 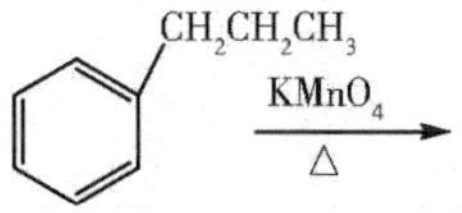 $CH_2CH_2CH_3$ $\xrightarrow[\triangle]{KMnO_4}$　　(8) 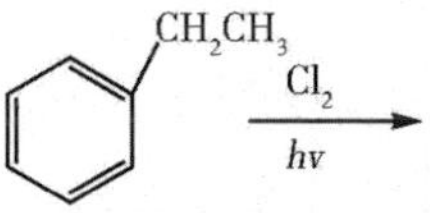 CH_2CH_3 $\xrightarrow[hv]{Cl_2}$

9. 完成下列反应：

(1) $(CH_3)_2C{=}CH_2 + (BH_3)_2 \xrightarrow{H_2O_2, OH^-}$

(2) $(CH_3)_2C{=}Cl_2 + H_2O \longrightarrow$

10. 有关反应的判断：

(1) 下列化合物发生硝化反应，请标注出主要产物的位置。

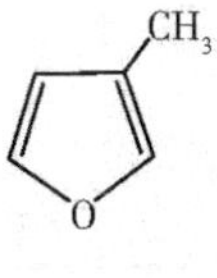

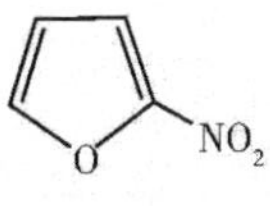

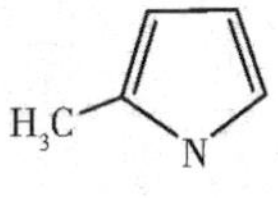

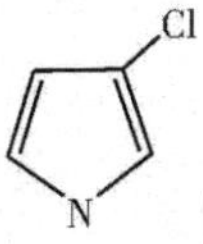

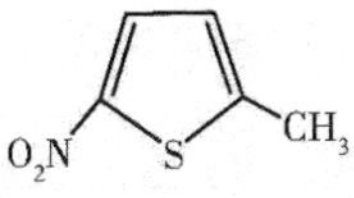

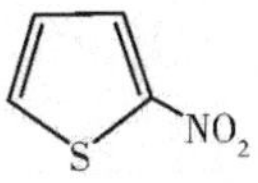

CH_3, O　　O, NO_2　　H_3C, N　　Cl, N　　O_2N, S, CH_3　　S, NO_2

(2) 下列化合物发生硝化反应的速率由快到慢的排序是什么？

$C_6H_5-NO_2$ $C_6H_5-OCH_3$ $C_6H_5-CH_3$ $C_6H_5-NHCOCH_3$

C_6H_5-Cl $C_6H_5-\overset{+}{N}(CH_3)_3Cl^-$ C_6H_6

11. 下列化合物一次硝化反应的主要产物是什么？

$C_6H_5-\underset{\underset{O}{\|}}{C}-CH_2-C_6H_5$

12. 完成下列转化

(1)1 - 戊炔⟶2 - 戊炔

(2)1 - 己炔⟶己醛

(3)反 -2 - 己烯⟶顺 -2 - 己烯

13. (1)写出下列反应的主要产物并分析其机理。

$$C_6H_6 + H_3C-\underset{CH_3}{\overset{CH_3}{C}}-CH_2Cl \xrightarrow{AlCl_3}$$

(2)乙炔和 HCN/CN⁻ 反应的产物和历程是什么？

(3)写出下列反应的产物并解释其原因。

(1-OH,1-H-2,2-二甲基环己烷) $\xrightarrow[\triangle]{H^+}$

(4)2 - 碘丁烷在乙醇钠/乙醇溶液中反应脱去 HI 时，得到 78% 的反 -2 - 丁烯，22% 的顺 -2 - 丁烯，请解释其原因。

14. 指出下列化合物进行 E2 消除反应所生成烯烃的结构。

(1) (环戊烷，CH_3，Br)　　(2) (椅式环己烷，Cl，CH_3)

(3) (Cl，CH_3)　　(4) (环己烷，Br，CH_2CH_3)

15. 某卤代烷与 NaOH 在水－乙醇溶液中进行反应，下列哪些条件符合 S_N2 历程？哪些符合 S_N1 历程？

(1) 重排反应。

(2) 产物发生构型的转化。

(3) 增加溶剂含水量反应速率明显加快。

(4) 反应只有一步。

(5) 3°卤代烃反应速率大于 1°卤代烃。

16. 解释下列反应的历程：

$$H_3C-C_6H_2(CH_3)_2-COOH + HOC_2H_5 \xrightleftharpoons{H^+} H_3C-C_6H_2(CH_3)_2-COOC_2H_5 + H_2O$$

练习题答案

1. 亲核试剂：Cl^-　$H_2C=CH_2$　$^-CH_3$

亲电试剂：H^+　$AlCl_3$　Br^+　Fe^{3+}　$^+NO_2$　$^+CH_3$　$ZnCl_2$　Ag^+　BF_3

既是亲核试剂又是亲电试剂：HCHO　$CH_3C\equiv N$　H_2O　CH_3OH

2. 亲核试剂、亲电试剂和酸碱属于不同的概念。亲核试剂和亲电试剂是以与有机化合物中的碳原子反应的方式进行定义的，它们的强弱是以与碳原子反应的能力来区别的。酸和碱的概念是按照化合物包括有机物的性质划分的。酸的强弱是由化合物在水中电离度的大小确定的，碱的强弱是按照与 H^+ 反应能力确定的。碱是亲核试剂，酸（包括 Lewis 酸）是亲电试剂。

3. (1) 自由基试剂容易与不饱和键发生反应，如烯烃、炔烃、芳烃。

(2) 亲电试剂容易与烯烃（$>C=C<$）、炔烃（$-C\equiv C-$）等不饱和键发生反应，与芳烃（　）的 C—H 的 σ 键发生反应。

(3) 亲核试剂与卤代烃（C—X）、醇（C—OH）、醚（C—O—C）、磺酸（$C-SO_3H$）的 σ 键、醛酮的羰基（$>C=O$）、亚胺（C＝NH）、腈（—CN）、硫羰（$>C=S$）、羧酸（$-\overset{O}{\overset{\|}{C}}-OH$）、酰卤（$-\overset{O}{\overset{\|}{C}}-X$）、酯（$-\overset{O}{\overset{\|}{C}}-OC_2H_5$）、酸酐（$-\overset{O}{\overset{\|}{C}}-O-\overset{O}{\overset{\|}{C}}-$）、酰胺（$-\overset{O}{\overset{\|}{C}}-NH-$）等发生反应。

4.(1)CH_3OH > CH_3O^-　　　(2) NH_2^- > NH_3

(3)I^- > Br^- > Cl^- > F^-　　　(4)RCH_2^- > NH_2^- > OH^- > F^-

(5) CH_3S^- > CH_3O^-　　　(6) HO^- > CH_3COO^-

(7)CN^- > CH_3COO^-

5.(1)不能发生。因为CN^-是强碱,不是好的离去基团。

(2)可以进行。$CH_3OSO_2O^-$是好的离去基团。

(3)不能发生。因为OH^-是强碱,不是好的离去基团。

6.请比较下列化合物进行S_N2反应时候速率的快慢。

(1) 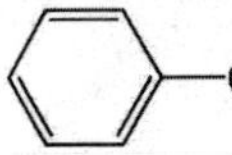 —CH_2Cr发生S_N2的速率快。

(2)$(CH_3)_2CHCl$发生S_N2的速率快。

(3) 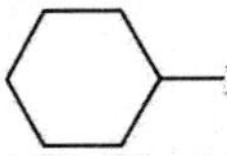 —Br发生S_N2的速率快。

(4)$CH_3CH_2CH_2Br$发生S_N2的速率快。

7.(1)B　(2)C　(3)B　(4)C　(5)D　(6)D　(7)A　(8)A

8.(1)不反应。因为直接与苯环相连的卤原子不活泼,很难发生亲核取代反应。

(2)反应。卤代苯卤原子的邻对位有强吸电子基,能够活化卤原子,使其接受亲核试剂的进攻。

(3)不反应。硝基使苯环钝化,不发生F—C烷基化反应。

(4)反应。该反应是F—C烷基化,正丁基会发生重排,产物是仲丁基取代苯。

(5)反应。因为苄基氯能发生亲核取代反应,Cl原子很活泼。

(6)反应。2°卤代烃与强碱发生S_N2反应。

(7)反应。苯环上带有H原子的烃基可以被酸性$KMnO_4$氧化成苯甲酸。

(8)反应。乙苯与氯气在光照下发生自由基取代,Cl原子取代烃基上的活性H原子。

9.完成下列反应:

(1)$(CH_3)_2C{=}CH_2 + (BH_3)_2 \xrightarrow{H_2O_2,OH^-} (CH_3)_2CHCH_2OH$

(2)$(CH_3)_2C{=}CH_2 + Cl_2 + H_2O \longrightarrow (CH_3)_2\underset{\substack{|\\Cl}}{C}-\underset{\substack{|\\OH}}{CH_2}$

10. 有关反应的判断：

(1)

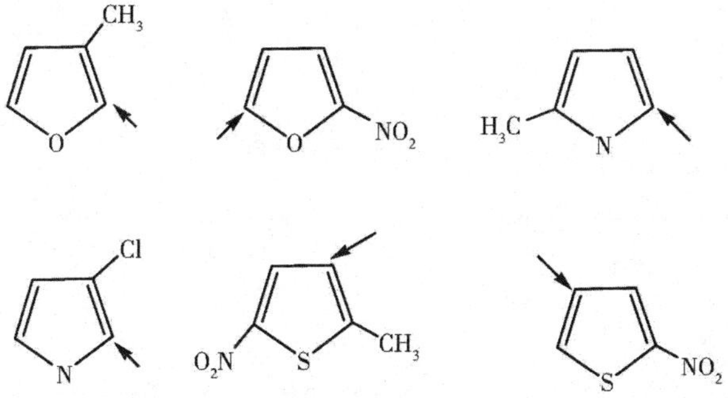

(2)

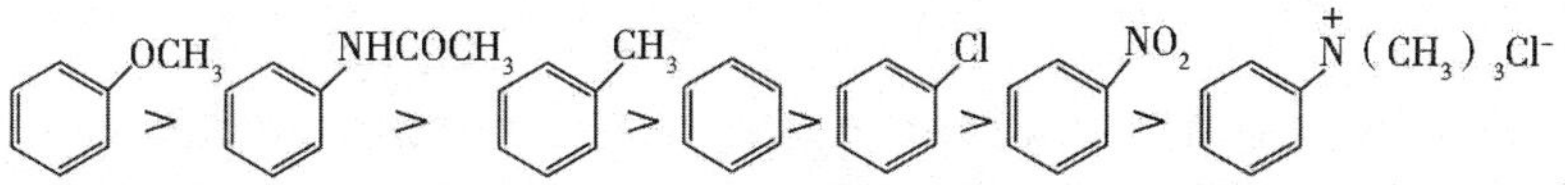

$$\text{C}_6\text{H}_5\text{OCH}_3 > \text{C}_6\text{H}_5\text{NHCOCH}_3 > \text{C}_6\text{H}_5\text{CH}_3 > \text{C}_6\text{H}_6 > \text{C}_6\text{H}_5\text{Cl} > \text{C}_6\text{H}_5\text{NO}_2 > \text{C}_6\text{H}_5\overset{+}{\text{N}}(\text{CH}_3)_3\text{Cl}^-$$

11. 该反应是苯环上的亲电取代反应，优先发生的位置是苯环上电子云密度较大的位置，即硝基应进入与亚甲基直接相连的苯环。受到超共轭效应的影响，硝基键合的位置是亚甲基的邻位和对位。

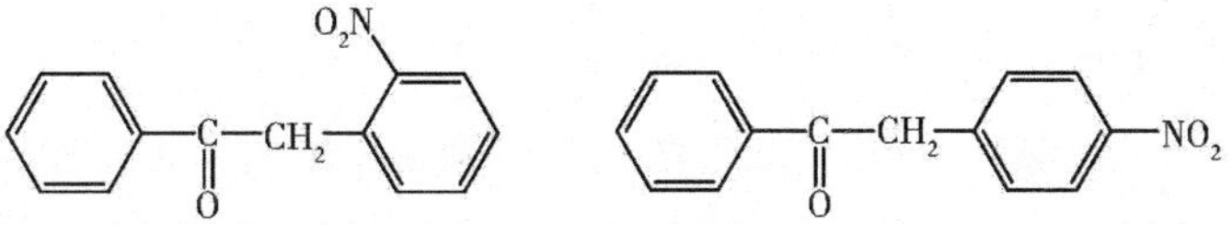

12.

(1) $CH{\equiv}CCH_2CH_2CH_3 \xrightarrow{2HBr} CH_3{-}CBr_2{-}CH_2CH_2CH_3 \xrightarrow{KOH,\ 200\ ℃} CH_3{-}C{\equiv}CCH_2CH_3$

(2) $CH{\equiv}CCH_2CH_2CH_2CH_3 \xrightarrow[②H_2O_2,\ OH^-]{①(BH_3)_2,\ THF} HC(=O){-}CH_2CH_2CH_2CH_2CH_3$

(3) $(H_3C)HC{=}CH(CH_2CH_2CH_3) \xrightarrow{Br_2} CH_3CHBrCHBrCH_2CH_2CH_3 \xrightarrow{KOH,\ 200\ ℃}$

$CH_3C{\equiv}CCH_2CH_2CH_3 \xrightarrow[喹啉]{H_2,Pd-CaCO_3}$ (顺式) $H_3C(H)C{=}C(H)CH_2CH_2CH_3$

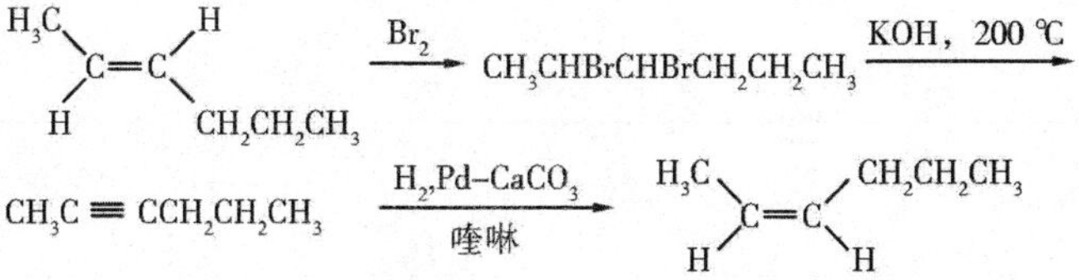

13. (1) 主要产物是：

$C_6H_5{-}C(CH_3)_2{-}CH_2CH_3$

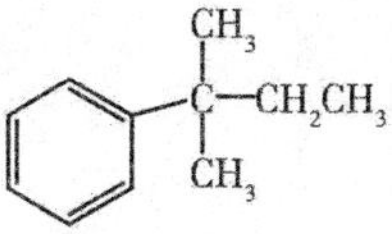

反应历程是：

$$(CH_3)_3C-CH_2Cl + AlCl_3 \longrightarrow (CH_3)_3C-\overset{+}{C}H_2 + AlCl_4^-$$

$$(CH_3)_3C-\overset{+}{C}H_2 \xrightarrow{重排} H_3C-\overset{+}{C}(CH_3)-CH_2CH_3$$

$$H_3C-\overset{+}{C}(CH_3)-CH_2CH_3 + C_6H_6 \longrightarrow [C_6H_6-C(CH_3)_2CH_2CH_3]^+$$

$$[C_6H_6-C(CH_3)_2CH_2CH_3]^+ + AlCl_4^- \longrightarrow C_6H_5-C(CH_3)_2-CH_2CH_3 + AlCl_3 + HCl$$

(2) HCN/CN^- 是亲核试剂，与乙炔发生亲核加成反应，反应历程和产物如下：

$$CH \equiv CH \xrightarrow{CN^-} CH = CHCN \xrightarrow{HCN} H_2C = CHCN + CN^-$$

(3)

$$\text{2,2-二甲基环己醇} \xrightarrow[\triangle]{H^+} \text{1,2-二甲基环己烯} + \text{环戊基}=C(CH_3)_2$$

本反应为书醇的消除反应，历经碳正离子中间体历程，立体过程是反式消除。可能的历程如下：

$$\text{环己醇（OH, H; }CH_3, CH_3\text{）} \xrightarrow[\triangle]{H^+} \text{（}\overset{+}{O}H_2\text{）} \xrightarrow[-CH_2迁移]{-H_2O}$$

$$\text{环戊基}-\overset{+}{C}H(CH_3)_2 \xrightarrow{-H^+} \text{环戊基}=C(CH_3)_2$$

$$\text{环己醇（OH, H; }CH_3, CH_3\text{）} \xrightarrow[\triangle]{H^+} \text{（}\overset{+}{O}H_2\text{, H; }CH_3, CH_3\text{）} \xrightarrow[-CH_3迁移]{-H_2O}$$

$$\text{碳正离子（H, }CH_3, CH_3\text{）} \xrightarrow{-H^+} \text{1,2-二甲基环己烯}$$

分析重排过程：H_2O 的离去和烃基负离子的迁移是同时进行的，与羟基处于反式共面的烃基发生迁移。因此当烃基处于平伏键时，发生缩环反应，而羟基处于直立键时，则是邻位的甲基发生迁移。这个反应是2°醇在酸催化下的分子内脱水反应，按照 E1 的历程进行。反应中生成的中间体(碳正离子)可以发生重排，由2°碳正离子重排成更为稳定的3°碳正离子。

(4)2－碘丁烷在乙醇钠/乙醇溶液中反应脱去 HI 的反应是 E2 消除，立体过程是反式消除。在2－碘丁烷构象的平衡体系中，以体积效应较小的对位交叉式构象为主：

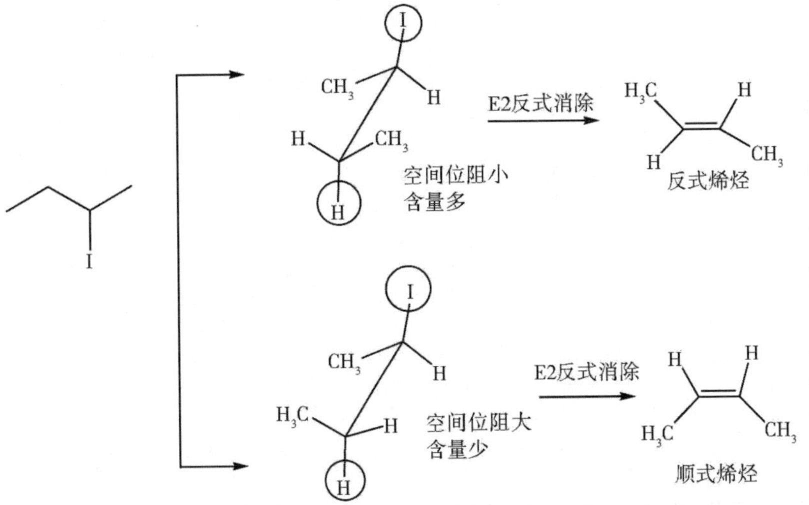

E2反式消除

空间位阻小
含量多

反式烯烃

E2反式消除

空间位阻大
含量少

顺式烯烃

14. (1) 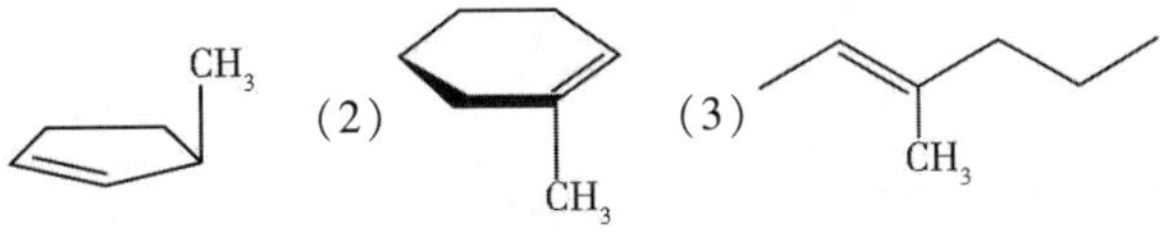　(2)　(3)

(4) 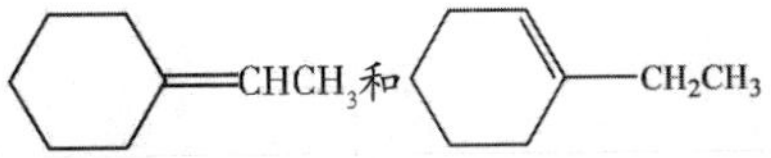 $=CHCH_3$ 和 $-CH_2CH_3$

15. (1)S_N1 历程 (2)S_N2 历程 (3)S_N1 历程 (4)S_N2 历程 (5)S_N1 历程

16.

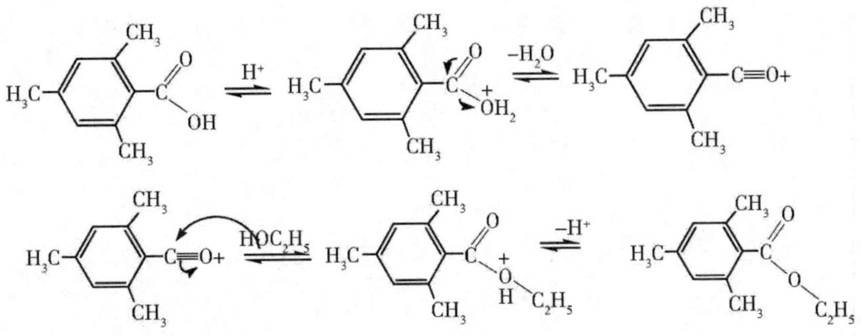

H^+　$-H_2O$　HOC_2H_5　$-H^+$

该反应是酯化反应,与一般的酯化反应不同的是,芳香族羧酸的邻对位有较多的取代基,体积效应较为明显,空间位阻使得反应按非常历程进行。在该反应中,酯化过程不是加成 - 消去历程,而是以类似 S_N1 历程进行的。

第6章　有机合成

有机合成,是指利用简单易得的原料,通过有机反应生成具有特定结构和功能的有机化合物。有机合成的发展目标是:实现包含天然产物、生物分子在内的,以及具有特定立体化学结构的有机化合物的合成,实现高选择性、原子经济型、环保型合成路线的设计,实现与生物多样性和生命过程有关研究的学科交叉新发展。在合成的研究设计中遵循原料廉价、每步产率高以及合成步骤少的原则进行。常见的有机合成问题有:分子骨架的构建、合成路线的设计、反应条件的选择等。

目前有机合成已经成为有机化学研究的主流之一,研究者根据物质结构与性质的关系可以实现天然产物的合成、确定天然产物的结构、设计合成一些适应国计民生的自然界中不存在的物质并验证其结构的合理性,设计合成更为新奇的、多功能的化合物。

6.1　有机合成路线设计

6.1.1　设计策略

一个复杂的有机分子合成路线的设计是有机化学研究中最困难的问题之一,依据什么去设计合成路线是合成工作的第一步。可以从三个方面进行合成路线的设计分析:由原料确定合成的路线、由化学反应确定合成的路线以及由目标分子确定合成的路线。这就要求对各种有机反应熟练掌握;对于相同的合成目的不同的合成反应的实用性的分析掌握、对每一个操作步骤和反应条件的分析,以及合成目标产品的纯化和结构检测分析能力等。

6.1.2 合成路线的种类

有机化合物分析由碳骨架和官能团两部分组成,合成方式或者合成路线可以根据分子骨架和官能团是否发生变化分成以下四类:骨架和官能团无变化、骨架不变而官能团变化、骨架改变官能团不变和骨架和官能团均改变。如图6-1为1,5-己二烯到2,4-己二烯的转变,就是从原料到合成目标分子骨架和官能团均无变化而达到合成目的的例子。

图6-1 1,5-己二烯到2,4-己二烯的转变

图6-2为3-丁烯酸到2-丁烯酸的转变,从原料到合成目标产物分子骨架和官能团都没发生变化,变的是双键的位置。

O OH O OH

图6-2 3-丁烯酸到2-丁烯酸的转变

图6-3所示的苯及其同系物骨架上发生的氧化转变、亲电取代等反应属于从原料到合成目标分子骨架不变,而官能团发生了转变的例子。

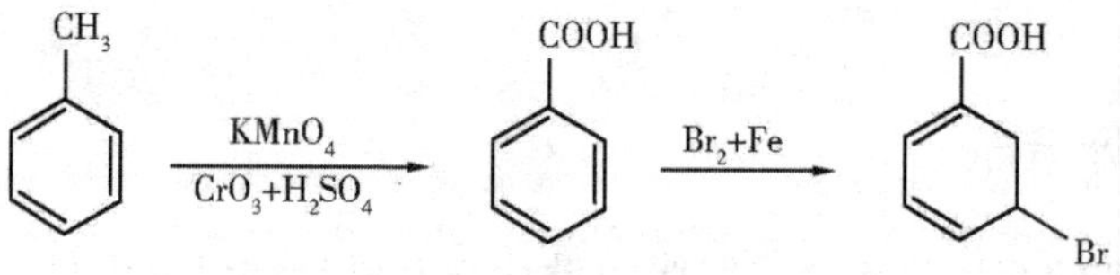

CH_3 $KMnO_4$ $CrO_3+H_2SO_4$ COOH Br_2+Fe COOH Br

图6-3 苯及其同系物骨架上的氧化转变

图6-4为由环己酮 O 扩环制备环辛酮 O 属于骨架改变而官

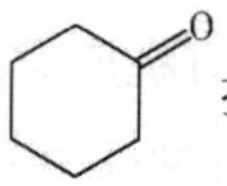

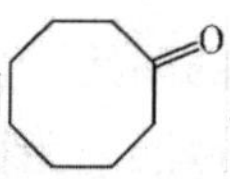

能团没有发生变化，其历程是利用重氮甲烷与羰基作用，生成碳正离子中间体后再进行扩环。

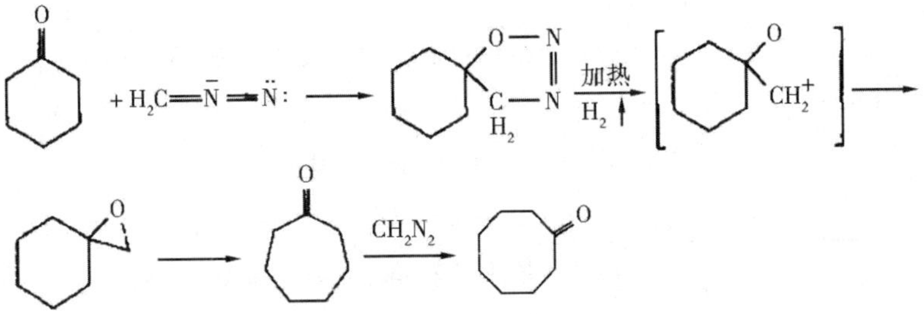

图6－4　由环己酮制备环辛酮

类似的合成还有如图6－5所示的由环己酮制备环戊酮，分子骨架改变了但是官能团没有发生变化。

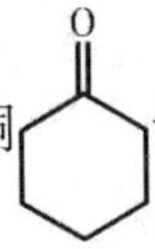

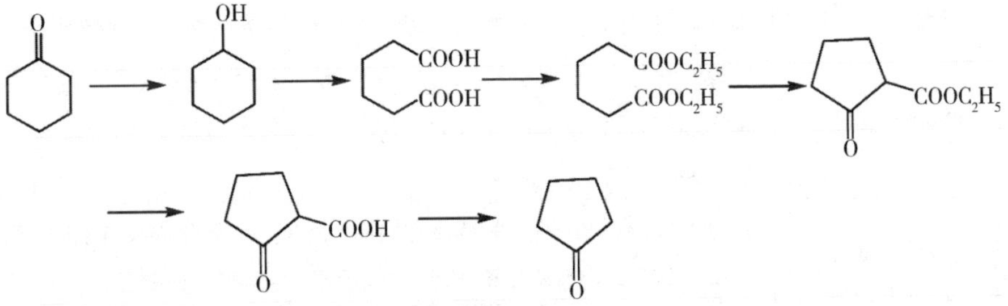

图6－5　由环己酮制备环戊酮

更多的更为复杂的合成例中，常常是分子骨架变化的同时官能团也会转变为目标分子的官能团，碳骨架的变化包括碳链增长、碳链缩短、直链型骨架转变为脂环等；官能团的转变则依赖于氧化、还原、取代、加成等各类反应来进行。表6－1综合了常见的碳骨架改变和官能团转化的各种反应。

表 6－1　化合物分子骨架构建和引入官能团方法总结

骨架构建	方法
C—C 键的增长	卤代烃与炔化物反应;HCN 与醛酮的亲核加成;格氏试剂的亲核加成/取代;有机锂试剂
C—C 键的减短	不饱和键的氧化;酸的脱羧;碘仿反应;Hofmann 降级反应
官能团的引入	方法
烷烃的合成	不饱和烃的催化加氢;Wurtz(武慈反应);Corey－House 合成;格氏试剂水/醇解制备;羰基的还原;羧酸盐的碱熔和电解
烯烃的合成	炔烃还原;卤代烷的消除;邻二卤代物脱卤;醇的脱水;霍夫曼消除;Wittig 反应
炔烃的合成	电石法;甲烷氧化法;末端炔烃的制备
卤代烃的合成	脂肪烃和环烷烃的卤代;活泼 H 的自由基取代;不饱和烃的亲电加成;芳烃的亲电取代、氯甲基化;醇的转化;卤代物的互换;桑德迈尔反应
醇的合成	由烯烃水合、氧化等方法制备; 卤代烃水解制备;格氏试剂制备;羰基化合物的还原
酚的制备	由苯制备;异丙苯氧化;卤苯水解
醚的制备	威廉姆逊合成法;醇的脱水;烯烃的氧化(制备环醚);卤代醇环化
醛酮的制备	烯烃的氧化;炔烃水化;芳烃的 F－C 酰基化反应;取代芳环的控制氧化;偏二卤代烃水解;醇的氧化脱氢;羧酸衍生物的还原;乙酰乙酸乙酯法制备
酸(羟基酸)的制备	氰的水解;取代芳环的侧链氧化;格氏试剂与二氧化碳反应;丙二酸二酯法制备;卤代酸水解;醛酮加成后水解;瑞福马斯基反应
酯、酰氯和酸酐的制备	羧酸与醇的反应;羧酸衍生物的醇解;羧酸与氯代试剂的反应;羧酸脱水制备酸酐; 二元酸分子内脱水制酸酐
酰胺、胺的制备 氨基酸的制备	羧酸及其衍生物的氨解; 硝基化合物的还原;腈和酰胺的还原;盖布瑞尔法;羰基化合物的还原胺化;酰胺的霍夫曼降级;由醛制备;α－溴代酸的氨解;卤代酸酯和邻苯二甲酰亚胺钾反应;丙二酸酯法结合 Gabriel 法
杂环化合物的合成	二羰基化合物和含有杂原子的亲核试剂成环反应

6.2　有机合成中需要注意的问题

有机合成中常常遇到目标分子含有多个官能团的合成问题，各个官能团的活性不一致而且具有不同的化学性质。如果官能团的活性相近，合成中使某一个官能团发生反应显然很困难，解决这一问题的办法是将在某一步骤不必要转化的官能团保护起来，让试剂与特定的官能团先反应，完成合成转化再除去保护试剂，对官能团起到一定保护作用的试剂称为保护基。保护基因保护的官能团不同而不同，氨基常用乙酰基保护，羰基常用二醇保护，羟基常用 2,3 - 二氢 -4H - 吡喃保护，双键常用卤素保护。理想的保护基需要满足三个条件：易在预定的部位导入，导入时反应条件温和且选择性和产率高；导入后具备一定的稳定性；除去保护基时反应条件温和，不发生重排和异构化等副反应。除此之外还要求引入和除去保护基时，分子中的其他部位不会受到影响。图 6 - 6 为在氨基酸的合成过程中，用苄氧甲酰氯来保护氨基的反应。

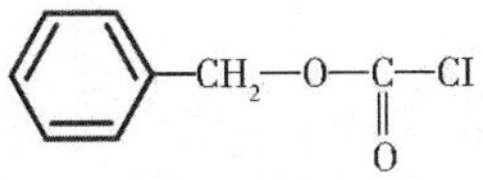

$$C_6H_5-CH_2-O-\overset{\overset{\displaystyle O}{\|}}{C}-Cl$$

苄氧甲酰氯

$$C_6H_5CH_2O\overset{\overset{\displaystyle O}{\|}}{C}Cl+H_2N\underset{\underset{\displaystyle R}{|}}{C}HCOO^- \xrightarrow[(\text{保护}-NH_2)]{OH^-}$$

$$C_6H_5CH_2O\overset{\overset{\displaystyle O}{\|}}{C}NH\underset{\underset{\displaystyle R}{|}}{C}HCOO^- \xrightarrow{H^+} C_6H_5CH_2O\overset{\overset{\displaystyle O}{\|}}{C}NH\underset{\underset{\displaystyle R}{|}}{C}HCOOH$$

$$\xrightarrow[(\text{脱保护})]{H_2/Pd} C_6H_5CH_3+CH_2+H_3\overset{+}{N}\underset{\underset{\displaystyle R}{|}}{C}HCOO^-$$

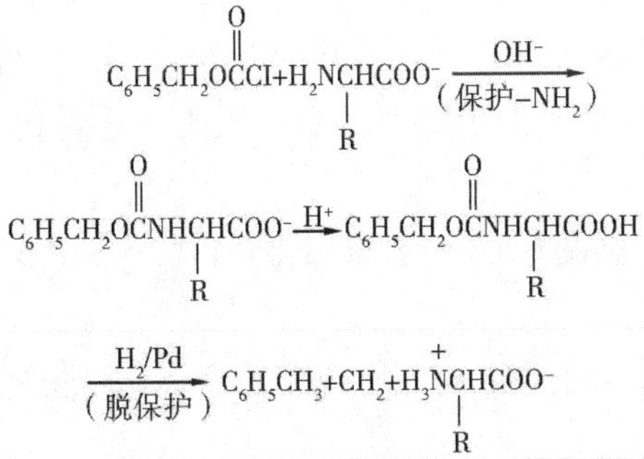

图 6 - 6　氨基酸的合成过程中苄氧甲酰氯保护氨基

如果分子结构中含有一个活性相对较低的官能团，这个官能团在适当的条件下可以转化为反应性较高的官能团，那么这个官能团就是该分子结构中潜在的官能团。合成最终所需要的官能团叫作目标官能团,潜在的官能团叫作前官能团,利用潜在的官能团策略可以使分子进行一些在目标官能团存在时通常反应条件下无法发生的反应转化。例如,在羰基所在的位置直接导入丙酮基是很困难的反应,图 6-7 为该反应如何在合成中用末端系统作为前官能团来进行转化降低合成的难度并顺利达到目的。潜在的官能团要具备以下几个条件:易得;反应活性比较低,对一般的试剂比较稳定;在温和的条件下能进行选择性或者专一性的反应。

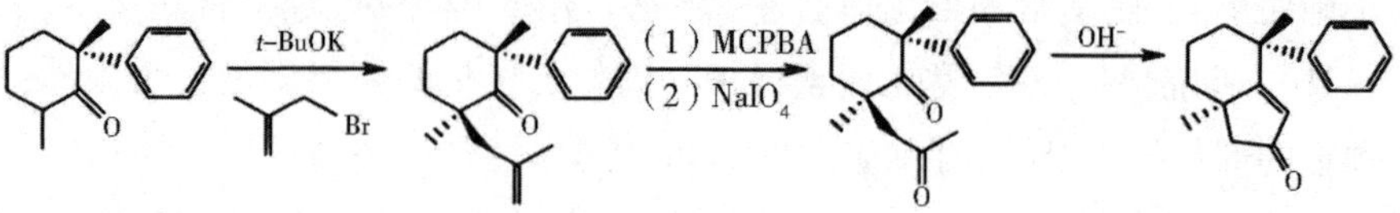

t-BuOK, Br; (1) MCPBA (2) $NaIO_4$; OH^-

图 6-7 导入丙酮基反应中用末端系统作为前官能团来进行转化

6.3 合成例题分析

有机合成路线的设计方法主要分为两大类:切断法和逆合成分析法。切断法是指将合成目标化合物的化学键在某处切断,分解为两个或者多个化合物,而切断后得到的多个化合物与原料分子是相关的,或者就是原料分子本身。对于一个确定的合成反应,目标产物的切断部位是否正确,对合成的成败有着决定性的影响,这就要求设计合成路线的研究人员对化合物的化学性质、相关的化学反应非常熟悉。如图 6-8 所示目标化合物的切断,需要设计人员非常熟悉 D-A 反应的原理和规则,确定将目标化合物在(a)和(b)处切开。

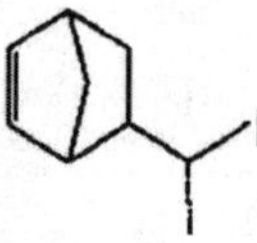

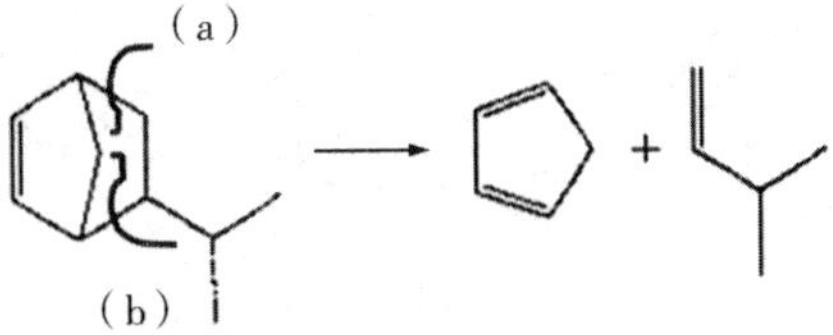

图 6－8　化合物分子的切开

逆合成分析法是指设计合成路线的时候从目标产物出发,逐步思考由哪些中间产物合成目标产物, 再思考由哪些原料生成中间体产物,简言之就是反向思维。一个复杂化合物的合成常常是切断法和逆合成分析法综合作用的结果。一个完整而有效的有机合成路线的设计,还需要满足以下要求:原料便宜、易得;每步产率高、步骤少;产品易纯化,副产物无毒无害。例如,二甲基环己基甲醇的合成路线设计,根据切断和逆合成分析,可以有两种切断的方法而分别设计出不同的合成路线。第一种路线设计如图 6－9(a)所示,在目标分子的 a 处切断;第二种设计路线如图 6－9(b)所示,在目标分子的 b 处切断。

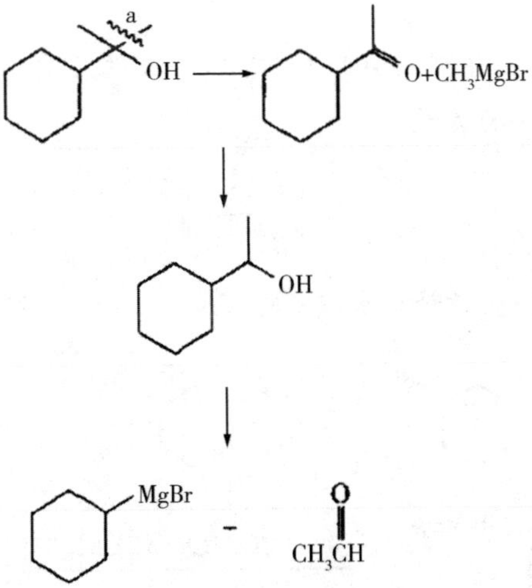

(a)

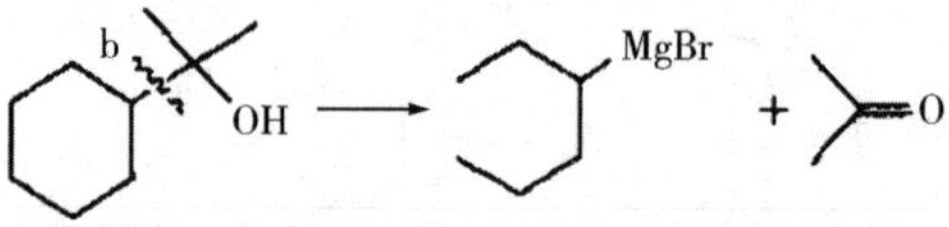
b
OH
MgBr
+
O

(b)

图 6-9　二甲基环己基甲醇合成路线设计

两种切断方式都符合合成的原理，但是第二种方式合成路线短，更为合理。本章基于切断法结合逆合成分析法，从格氏试剂的应用、以苯为原料的合成、乙酰乙酸乙酯的应用、丙二酸酯的应用、二元酸的反应、含杂原子化合物的合成等几个方面对常见的有机合成例题进行分析详解。

例题 6-1　用 1,3-丁二烯合成 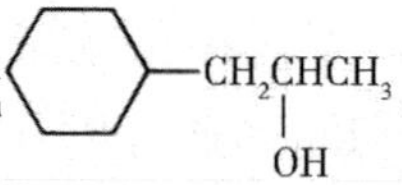。
CH2CHCH3
OH

解析　依题意我们首先对目标产物进行切断：

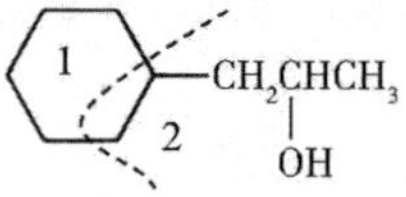
1
2
CH2CHCH3
OH

目标分子骨架 1 部分可以由 1,3-丁二烯提供，2 部分为亲双烯烯烃，依据逆合成分析，存在如下的关系：

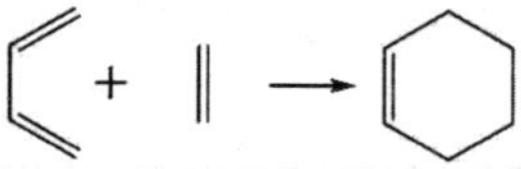
+

结合官能团的转变，设计合成路线如下：

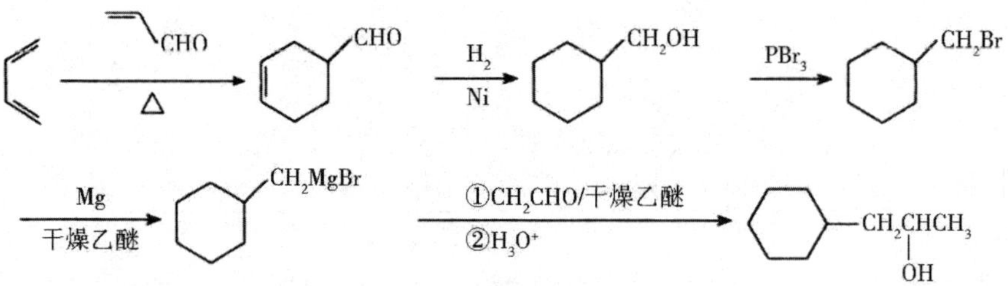
CHO
△
CHO
H2
Ni
CH2OH
PBr3
CH2Br
Mg
干燥乙醚
CH2MgBr
①CH3CHO/干燥乙醚
②H3O+
CH2CHCH3
OH

例题 6-2　用苯和必要的试剂合成 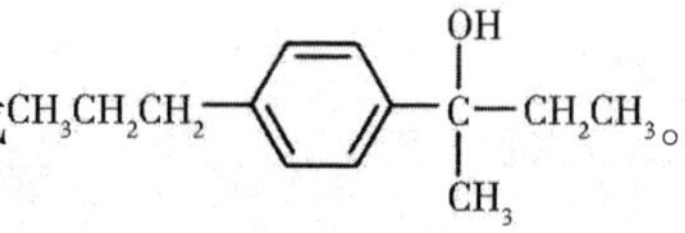。
OH
CH3CH2CH2
C
CH2CH3
CH3

解析　目标分子属于三级醇，可以考虑由格氏试剂合成；格氏试剂制备醇之前，通过 F－C 酰基化反应合成骨架分子，具体的合成路线如下：

$$C_6H_6 \xrightarrow[CH_3CH_2COCl]{AlCl_3} C_6H_5COCH_2CH_3 \xrightarrow{Zn-Hg/HCl} C_6H_5CH_2CH_2CH_3$$

$$\xrightarrow[CH_3COCl]{AlCl_3} H_3CCO-C_6H_4-CH_2CH_2CH_3 \xrightarrow{CH_3CH_2MgBr} H_3CH_2CCH_2-C_6H_4-C(OH)(CH_3)CH_2CH_3$$

先选择 F－C 酰基化之后再还原成烷基的路线，而不是直接 F－C 烷基化，是为了避免直接烷基化导致的重排反应。

例题 6－3　选择必要的试剂合成下列化合物。

$$H_3COOC-CH_2-CH(COOCH_3)-CH(COOCH_3)-CH_2-COOCH_3$$

解析　首先做逆合成分析：目标产物是酯，酯的前身可以由羧酸和相应的醇发生酯化反应得到，因此逆合成分析第一步得到四元酸 Ⅰ；直接合成带有四个羧基的化合物比较难实现，可以考虑其中两个羧基是其他官能团转化得到的。

$$H_3COOC-CH_2-CH(COOCH_3)-CH(COOCH_3)-CH_2-COOCH_3 \longrightarrow \underset{Ⅰ}{HOOC-CH_2-CH(COOH)-CH(COOH)-CH_2-COOH} \longrightarrow$$

$$\underset{Ⅱ}{\text{4-环己烯-1,2-二甲酸（断键 a、b）}} \longrightarrow \underset{Ⅲ}{CH_2=CH-CH=CH_2} + \underset{Ⅳ}{HOOC-CH=CH-COOH}$$

基于以上分析，设计出的合成路线如下：

路线一：

$$CH_2=CH-CH=CH_2 + CH_3OOC-CH=CH-COOCH_3 \xrightarrow{D\text{-}A反应} \text{4-环己烯-1,2-二甲酸二甲酯} \xrightarrow[H^+]{KMnO_4} \xrightarrow[H^+]{CH_3OH} CH_3OOC-CH_2-CH(COOCH_3)-CH(COOCH_3)-CH_2-COOCH_3$$

路线二：

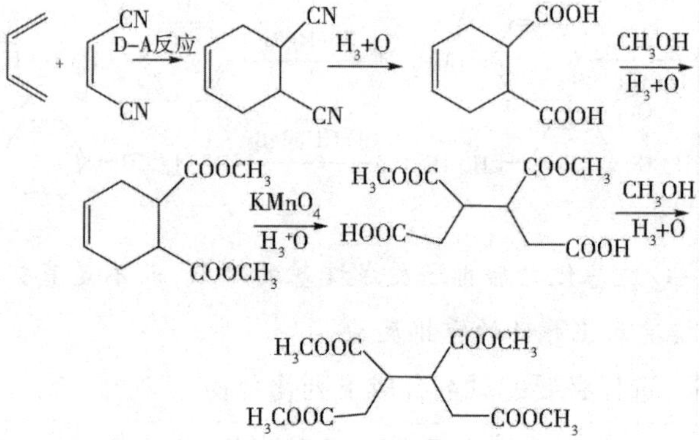

$$\text{CH}_2\text{=CH–CH=CH}_2 + \text{NC–CH=CH–CN} \xrightarrow{\text{D-A反应}} \text{4-环己烯-1,2-二甲腈} \xrightarrow{H_3+O} \text{4-环己烯-1,2-二甲酸} \xrightarrow[H_3+O]{CH_3OH}$$

$$\text{4-环己烯-1,2-二甲酸二甲酯} \xrightarrow[H_3^+O]{KMnO_4} (H_3COOC)(HOOC\text{–}CH_2)CH\text{–}CH(COOCH_3)(CH_2\text{–}COOH) \xrightarrow[H_3+O]{CH_3OH}$$

$$(H_3COOC)(H_3COOC\text{–}CH_2)CH\text{–}CH(COOCH_3)(CH_2\text{–}COOCH_3)$$

例题6－4 Clipinac的分子结构式如下所示，请选择必要的试剂进行合成。

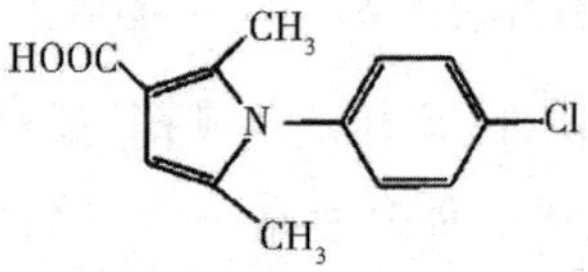

（Clipinac：1-(4-氯苯基)-2,5-二甲基吡咯-3-甲酸，结构式中标注 HOOC、CH_3、N、Cl、CH_3）

解析 首先分析目标产物Clipinac分子的结构特点：

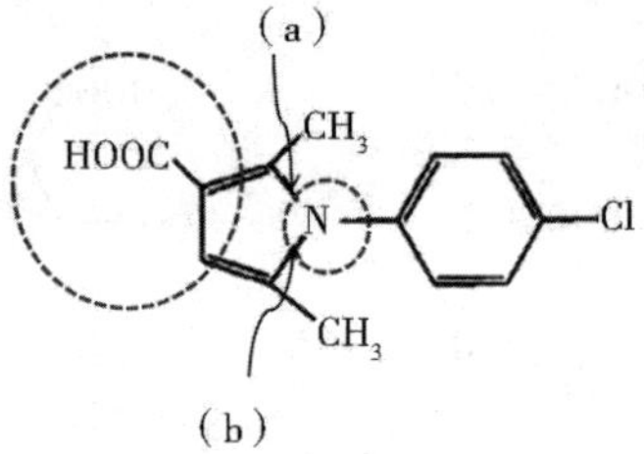

（结构式中标注 (a)、HOOC、CH_3、N、Cl、CH_3、(b)）

分子结构中两个官能团：三级胺和羧基，可以考虑利用乙酰乙酸乙酯来合成羧基结构，分别在(a)和(b)处将分子切断，得到两个中间产物：

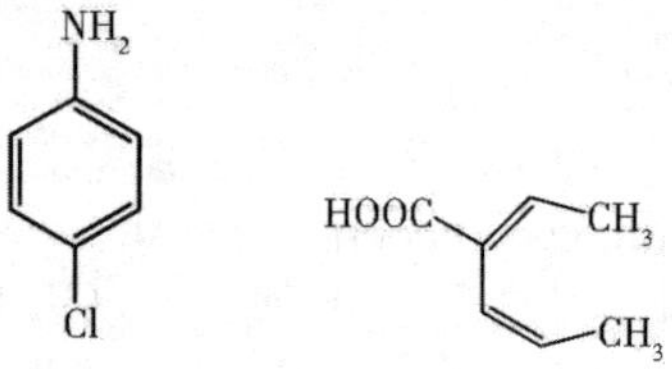

（Ⅰ：对氯苯胺，标注 NH_2、Cl；Ⅱ：标注 HOOC、CH_3、CH_3）

Ⅰ　　　　Ⅱ

中间产物Ⅱ可以考虑由乙酰乙酸乙酯得到，设计合成路线如下：

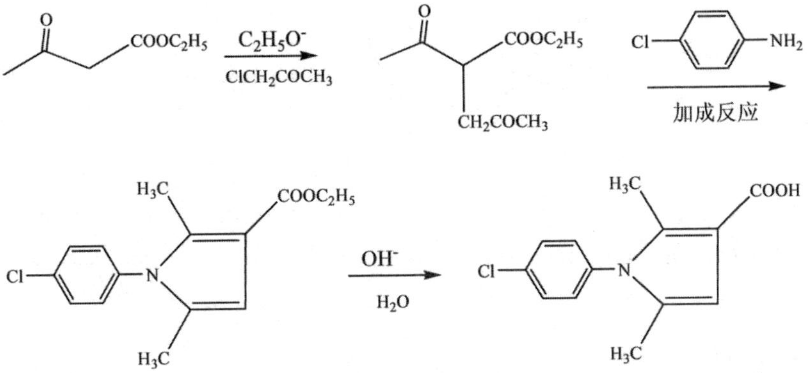

首先乙酰乙酸乙酯在醇钠的存在下进行烷基化，生成取代的乙酰乙酸乙酯，然后对氯苯胺作为亲核试剂与取代乙酰乙酸乙酯进行两次亲核加成反应得到目标产物。亲核加成反应的历程如下：

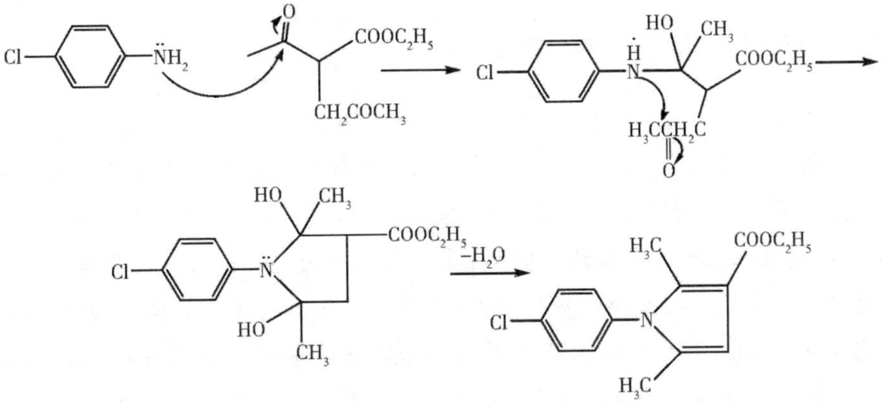

例题6－5 选择适当的原料合成 $O=$②$-C(=O)CH_3$①。

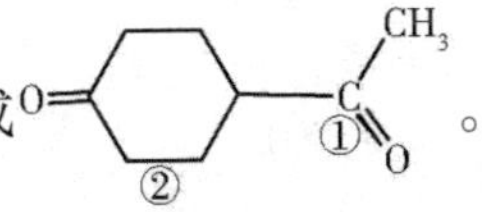

解析 分析本题中目标化合物的结构不难发现分子片段①的来源是乙酰乙酸乙酯，属于取代丙酮的结构，分子片段②可以利用二元酸的特殊反应制得。因此本题综合了乙酰乙酸乙酯和丙二酸酯两种有机化合物在有机合成中的应用来设计合成路线。

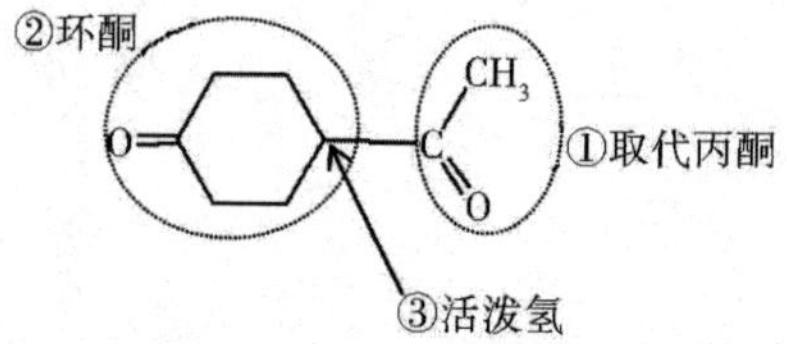

②环酮
①取代丙酮
③活泼氢

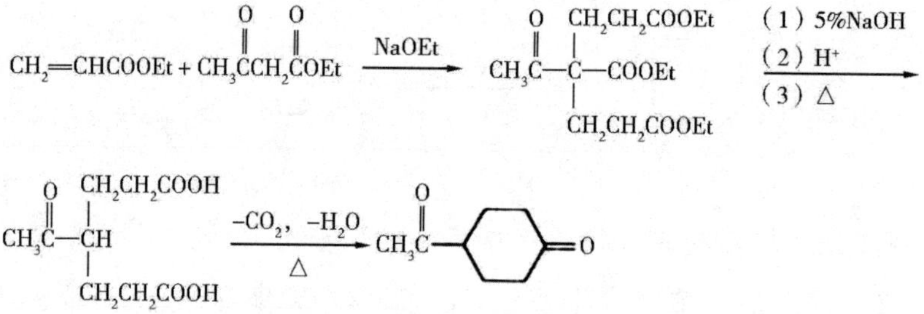

$$CH_2{=}CHCOOEt + CH_3\overset{O}{\overset{\|}{C}}CH_2\overset{O}{\overset{\|}{C}}OEt \xrightarrow{NaOEt} CH_3\overset{O}{\overset{\|}{C}}-C(CH_2CH_2COOEt)_2-COOEt \xrightarrow[(3)\ \triangle]{(1)\ 5\%NaOH,\ (2)\ H^+}$$

$$CH_3\overset{O}{\overset{\|}{C}}-CH(CH_2CH_2COOH)_2 \xrightarrow[\triangle]{-CO_2,\ -H_2O} CH_3\overset{O}{\overset{\|}{C}}-C_6H_{10}{=}O$$

例题6－6 以苯为原料合成除草剂（3,5-二溴-4-羟基苯甲腈：OH、Br、Br、CN）。

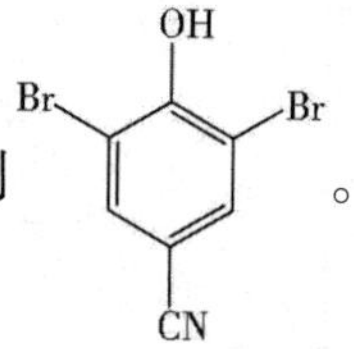

解析 本题属于比较典型的分子骨架没有改变官能团发生转换的反应类型。母体苯环上连有多种官能团，这些官能团通过不同类型和难度的反应与苯环相连，因此在设计合成路线的时候，需要考虑的问题是基团的优先顺序和基团的定位效应等。羟基和氰基(—CN)很难一步反应连接到苯环上，羟基可以考虑是磺酸基(—SO_3H)的水解，或者重氮盐与水亲核取代转化而成，氰基与苯环相连的反应优选是芳香族重氮盐的桑森迈尔反应。综合以上分析，合成路线如下：

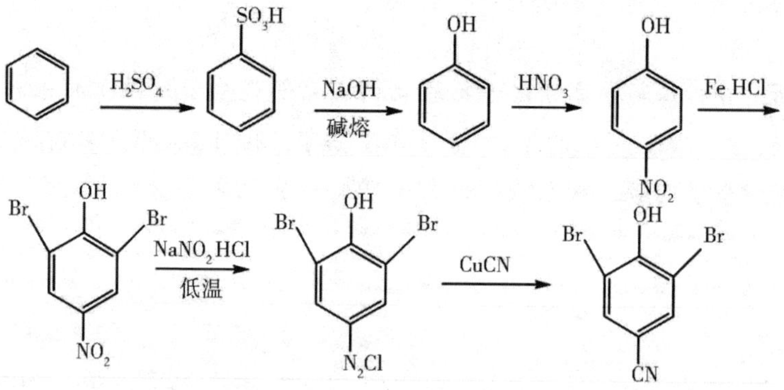

$$C_6H_6 \xrightarrow{H_2SO_4} C_6H_5SO_3H \xrightarrow[\text{碱熔}]{NaOH} C_6H_5OH \xrightarrow{HNO_3} p\text{-}HOC_6H_4NO_2 \xrightarrow{Fe\ HCl}$$

$$\text{2,6-}Br_2\text{-4-}NO_2C_6H_2OH \xrightarrow[\text{低温}]{NaNO_2,HCl} \text{2,6-}Br_2\text{-4-}(N_2Cl)C_6H_2OH \xrightarrow{CuCN} \text{2,6-}Br_2\text{-4-}(CN)C_6H_2OH$$

例题6－7 呋喃丙胺是一类抗寄生虫药，主要用于治疗血吸虫病、姜片虫病等。呋喃丙胺通过影响寄生虫的糖代谢过程，对幼虫的杀灭优于成虫，对其他寄生虫病也有作用。请设计合成呋喃丙胺分子。

解析　分析目标化合物的结构可知目标分子的母核是呋喃，在呋喃的 α 位有硝基，可以通过呋喃的硝化反应制得。因此可以从呋喃及其衍生物出发进行设计合成：

$$\text{(呋喃)}-CHO \xrightarrow[\text{稀NaOH},\ \triangle]{CH_3CHO} \text{(呋喃)}-CH{=}CHCHO \xrightarrow[\text{②酸性水解}]{\text{①银氨溶液氧化}} \text{(呋喃)}-CH{=}CHCOOH \xrightarrow[\text{乙酸酐}]{HNO_3}$$

$$O_2N-\text{(呋喃)}-CH{=}CHCOOH \xrightarrow{PCl_5} O_2N-\text{(呋喃)}-CH{=}CHCOCl \xrightarrow{(CH_3)_2CHNH_2}$$

$$O_2N-\text{(呋喃)}-CH{=}CH-CO-NH-CH(CH_3)_2$$

例题 6 - 8　以甲苯为原料合成 O_2N-①-C(=O)-②-CH_3（①为间位连有 O_2N 的苯环，②为对位连有 CH_3 的苯环）。

解析　分析本题中的目标产物可知，目标分子骨架中有两个苯环①和②，由于甲苯是唯一的原料，因此苯环①和②均由原料甲苯提供。苯环①上没有甲基，间位有硝基，苯环②带有甲基，对位有取代基。由此可以分析，苯环①的结构是由甲苯首先发生官能团的转变，再进行亲电取代等反应制备的，甲基转变的官能团具有间位定位效应，再通过硝化反应引入硝基。苯环①的骨架合成之后再通过其他的反应与甲苯键合得到目标产物。由目标产物分子骨架中的羰基可知，甲苯中的甲基转化为羧基。综上，设计合成路线如下：

$$\text{甲苯} \xrightarrow{KMnO_4} \text{苯甲酸} \xrightarrow[H_2SO_4]{HNO_3} \text{间硝基苯甲酸} \xrightarrow{PCl_5} \text{间硝基苯甲酰氯}$$

$$\xrightarrow[\text{甲苯}]{AlCl_3} \text{3-硝基-4'-甲基二苯甲酮}$$

例题 6-9 由 C_4 及 C_4 以下的化合物合成（3-羟基-4,4-二甲基-γ-丁内酯）。

解析 本题的综合性较强，既包含了碳骨架的生成设计，又包含了官能团的转变。在处理类似问题的时候，我们可以采取"逆向思维＋切断"的思路进行分析。目标分子是内酯化合物，这一类化合物一般是由羟基酸合成的，因此首先推测出中间产物羟基酸：

$HOCH_2C(CH_3)_2CHO$

$$\text{内酯} \Leftarrow HOCH_2C(CH_3)_2CH(OH)COOH \Leftarrow HOCH_2C(CH_3)_2CH(OH)CN \Leftarrow HOCH_2C(CH_3)_2CHO$$

中间产物可以由羟醛缩合反应制备，整体合成路线如下：

$$(CH_3)_2CHCHO + HCHO \xrightarrow{\text{稀}OH^-} HOCH_2C(CH_3)_2CHO \xrightarrow[\text{稀}OH^-]{HCN} HOCH_2C(CH_3)_2CH(OH)CN \xrightarrow{H_3^+O}$$

$$HOCH_2C(CH_3)_2CH(OH)COOH \xrightarrow[\triangle]{H_3^+O} \text{内酯}$$

例题 6－10　由环己酮出发合成 O。

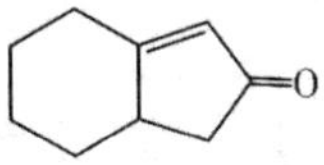

解析　环状化合物的合成一般采用的方法是 D－A 反应、芳环上的 F－C 反应、迪克曼酯缩合反应、二元酸的特殊反应、麦克尔加成、羟醛缩合等。分析目标产物的结构，该化合物可以由麦克尔加成或者羟醛缩合反应制得：

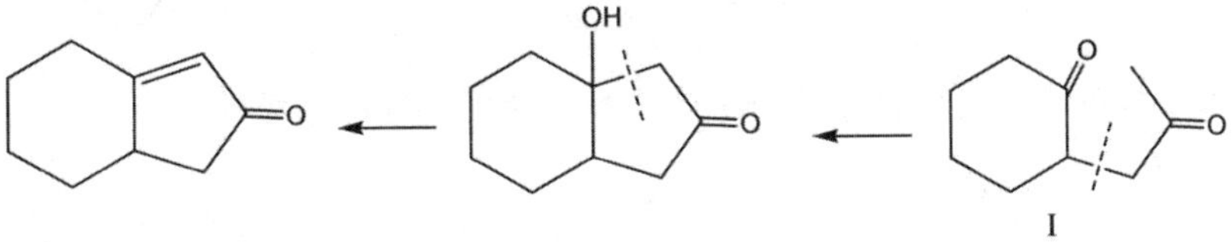

OH　O　I

设计合成路线如下：

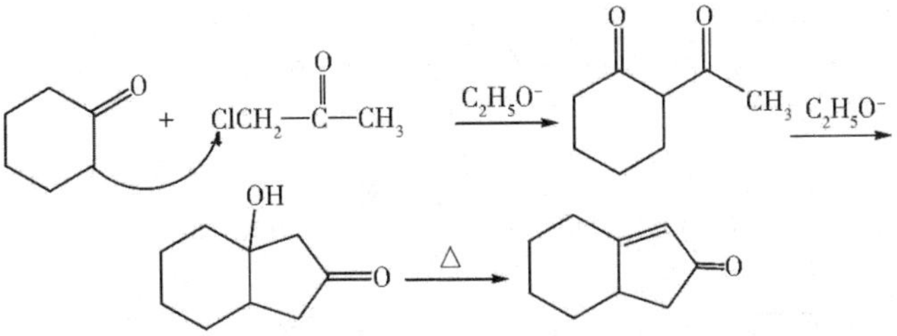

$ClCH_2—\overset{O}{\overset{\|}{C}}—CH_3$　$C_2H_5O^-$　CH_3　$C_2H_5O^-$　OH　△

例题 6－11　选择适当的原料合成 $—CH_2CH═CH—$ 和 $—CH═CH—CH_2—$ 。

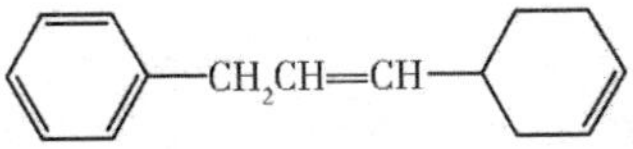

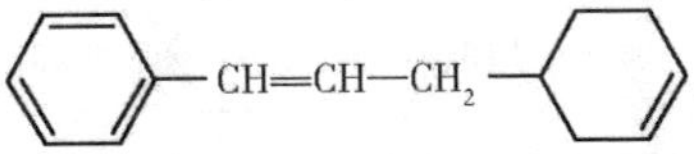

解析　目标分子的主要官能团是双键和苯环，一般来说双键可以通过醇脱水。但是在本题中不适合采用醇来进行，如果采用醇脱水的方法，依据反应原理，产物是共轭烯烃。观察目标产物中双键的位置，是环外双键，可以选择维悌希试剂和醛酮作用的原理在指定的位置合成碳碳双键。

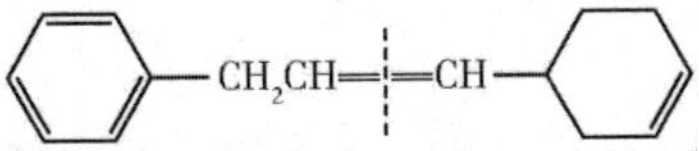

$CH_2CH═┆═CH$

由 Wittig 试剂制备目标产物的逆路线：

$$\text{C}_6\text{H}_5\text{-CH}_2\text{CH=CH-C}_6\text{H}_9 \rightarrow \text{C}_6\text{H}_5\text{-CH}_2\text{CHO} + \text{Ph}_3\text{P=CH-C}_6\text{H}_9$$

$$\text{C}_6\text{H}_5\text{-CH}_2\text{CH=CH-C}_6\text{H}_9 \rightarrow \text{C}_6\text{H}_5\text{-CH}_2\text{CH=PPh}_3 + \text{OHC-C}_6\text{H}_9$$

至此本题的关键转化为 Wittig 试剂和醛的制备可以选择的路线有：

$$\text{CH}_2\text{=CH-CH=CH}_2 + \text{CH}_2\text{=CH-CHO} \longrightarrow \text{C}_6\text{H}_9\text{-CHO}$$

$$\text{C}_6\text{H}_6 + \text{环氧乙烷} \xrightarrow{\text{AlCl}_3} \text{C}_6\text{H}_5\text{-CH}_2\text{CH}_2\text{CH}$$

$$\text{C}_6\text{H}_5\text{-CH}_2\text{CH}_2\text{OH} \xrightarrow{\text{PBr}_3} \text{C}_6\text{H}_5\text{-CH}_2\text{CH}_2\text{Br}$$

$$\text{C}_6\text{H}_5\text{-CH}_2\text{CH}_2\text{Br} + \text{Ph}_3\text{P} \longrightarrow \text{C}_6\text{H}_5\text{-CH}_2\text{CH=PPh}_3$$

$$\text{C}_6\text{H}_9\text{-CHO} + \text{C}_6\text{H}_5\text{-CH}_2\text{CH=PPh}_3 \longrightarrow \text{C}_6\text{H}_5\text{-CH}_2\text{CH=CH-C}_6\text{H}_9$$

例题 6－12 以苯和甲苯为原料合成三苯甲醇 $(\text{C}_6\text{H}_5)_3\text{C-OH}$。

解析 三苯甲醇的合成是一个使用格氏试剂合成三级醇的典型例子，合成路线如下：

$$\text{C}_6\text{H}_5\text{CH}_3 \xrightarrow[\text{H}^+]{\text{KMnO}_4} \text{C}_6\text{H}_5\text{COOH} \xrightarrow[\text{H}^+]{\text{C}_2\text{H}_5\text{OH}} \text{C}_6\text{H}_5\text{COOC}_2\text{H}_5$$

$$\text{C}_6\text{H}_6 \xrightarrow[\text{Fe}]{\text{Br}_2} \text{C}_6\text{H}_5\text{Br} \xrightarrow[\text{乙醚}]{\text{Mg}} \text{C}_6\text{H}_5\text{MgBr}$$

$$\text{C}_6\text{H}_5\text{MgBr} + \text{C}_6\text{H}_5\text{COOC}_2\text{H}_5 \longrightarrow \text{C}_6\text{H}_5\text{COC}_6\text{H}_5$$

$$\text{C}_6\text{H}_5\text{COC}_6\text{H}_5 + \text{C}_6\text{H}_5\text{MgBr} \longrightarrow (\text{C}_6\text{H}_5)_3\text{COH}$$

例题6-13　选择适当的原材料和方法合成 $H_3C—HC$（O—CH(CH_3)—CH_2—CH_2—O 环）。

解析　目标分子的成环原子有O原子，但是该目标化合物不能用常规合成脂环或者杂环化合物的方法进行。该化合物是缩醛/酮结构，由醛酮和羟基化合物酸性条件下生成，断键的位置如图所示：

（$H_3C—HC$ 与两个O之间的键断开，O—CH(CH_3)—CH_2—CH_2—O 环）

因此该化合物可以由乙醛和二元醇1,4-丁二醇合成：

$$2\text{CH}_3\text{CHO} \xrightarrow{\text{稀NaOH}} \text{CH}_3\text{CH(OH)CH}_2\text{CHO} \xrightarrow{\text{H}_2,\ \text{Pd}} \text{CH}_3\text{CH(OH)CH}_2\text{CH}_2\text{CH}$$

$$\text{CH}_3\text{CH(OH)CH}_2\text{OH}_2\text{OH} + \text{CH}_3\text{CHO} \xrightarrow{\text{干 HCl}} \text{H}_3\text{C—HC(O—CH(CH}_3\text{)—CH}_2\text{—CH}_2\text{—O)}$$

例题 6-14 以 C_2 以下的有机物为原料，合成 HOOC—(螺[3.3]庚烷)—COOH。

解析 合成两个四元环构成的螺环化合物通常选择的试剂是季戊四醇，羧基由丙二酸酯法制备。逆合成路线为：

季戊四醇

C_2H_5OOC $COOC_2H_5$

HOOC—(螺环)—COOH ⟵ C_2H_5OOC $COOC_2H_5$

丙二酸酯 丙二酸酯

$(C_2H_5OOC)_2CH_2$ $C(CH_2Cl)_4$ $H_2C(COOC_2H_5)_2$

↑

$C(CH_2OH)_4$

题干要求的原材料是 C_2 以下的有机物，因此季戊四醇和丙二酸酯都需要逐一合成，设计合成路线如下：

$$CH_3CHO + 3HCHO \xrightarrow{OH^-} HOH_2C-C(CH_2OH)_2-CHO \xrightarrow[\text{浓}OH^-]{HCHO} HOH_2C-C(CH_2OH)_2-CH_2OH \xrightarrow{PCl_3} ClH_2C-C(CH_2Cl)_2-CH_2Cl$$

$$CH_3COOH \xrightarrow[P]{Cl_2} \underset{Cl}{CH_2}COOH \xrightarrow{CN^-} \underset{CN}{CH_2}COOH \xrightarrow{H_3^+O} \underset{COOH}{CH_2}COOH \xrightarrow[H_3^+O]{C_2H_5OH} CH_2(COOC_2H_5)_2$$

$$ClH_2C-C(CH_2Cl)_2-CH_2Cl + 2CH_2(COOC_2H_5)_2 \xrightarrow{C_2H_5O^-} (C_2H_5OOC)_2(\text{螺环})(COOC_2H_5)_2 \xrightarrow[\triangle]{H_3^+O}$$

HOOC—(螺环)—COOH

例题 6－15 用噻吩和其他必要的试剂合成 2-噻吩基-$C(CH_3)_2-OH$。

解析 噻吩的 α 位引入基团一般采用亲电加成，本反应可以通过 F－C 反应在噻吩的 α 位引入基团并转化为目标产物。

$$\text{噻吩} + (CH_3CO)_2O \xrightarrow{H_3PO_4} \text{2-噻吩基}-\overset{O}{\overset{\|}{C}}-CH_3 \xrightarrow[H_3^+O]{CH_3MgBr} \text{2-噻吩基}-C(OH)(CH_3)-CH_3$$

例题 6－16 由邻苯二甲酰亚胺和丙二酸酯为主要的原料合成天冬氨酸。

解析 天冬氨酸的分子结构：

$$HOOC-CH_2-CH(\overset{+}{N}H_3)-COO^-$$

可以采用丙二酸酯法结合 Gabriel 法来进行合成，设计路线如下：

$$CH_2(COOC_2H_5)_2 \xrightarrow[CCl_4]{Br_2} \underset{\displaystyle Br}{CH}(COOC_2H_5)_2$$

$$\text{邻苯二甲酰亚胺(NH)} \xrightarrow{KOH} \text{邻苯二甲酰亚胺钾(NK)} \xrightarrow{CH(COOC_2H_5)_2Br} \text{邻苯二甲酰亚胺基}-NCH(COOC_2H_5)_2$$

$$\xrightarrow[ClCH_2COOC_2H_5]{C_2H_5O^-} \text{邻苯二甲酰亚胺基}-N-C(COOC_2H_5)_2(CH_2COOC_2H_5) \xrightarrow[\text{②碱}]{\text{①}H_2O,H^+} HOOC-CH_2-CH(\overset{+}{N}H_3)-COO^-$$

本章练习题

1. 用丙烯合成丙二酸。

2. 完成下列转化。

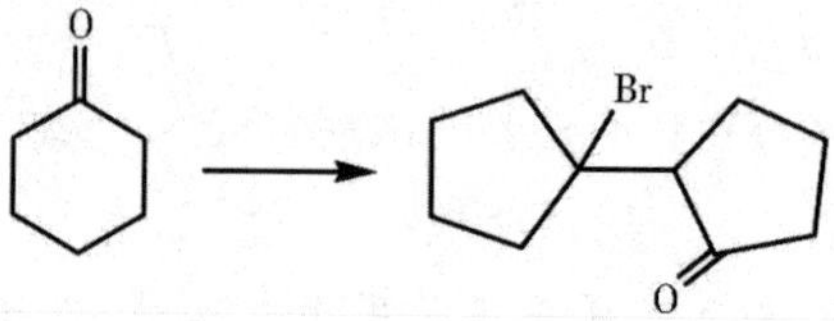

3. 用甲苯合成 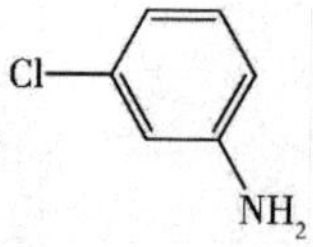 。

4. 由环己醇出发合成 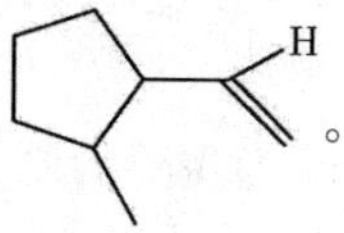 。

5. 以乙醇为原料合成 $CH_3CH_2\overset{O}{\overset{\|}{C}}\underset{CH_3}{\underset{|}{C}H}CH_2OOC_2H_5$。

6. 用常见的原料合成下列多取代化合物。

(1) 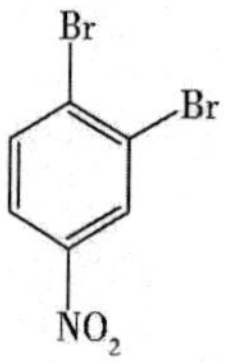 (2) 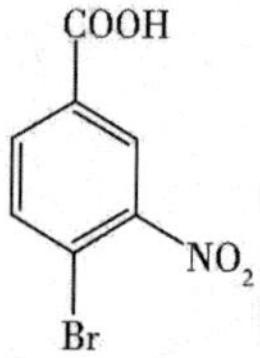 (3)

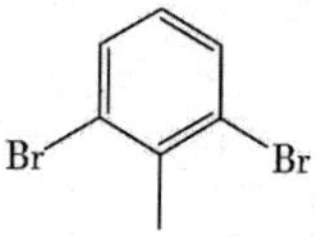

7. 以苯及其他必要的有机和无机试剂合成： 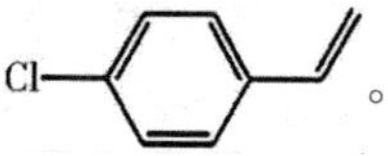 。

8. 以苯为主要原料(其他试剂任选)合成 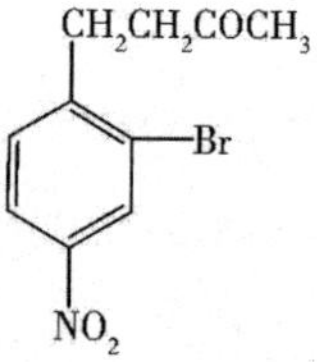 。

9. 以乙醇为原料合成下列化合物。

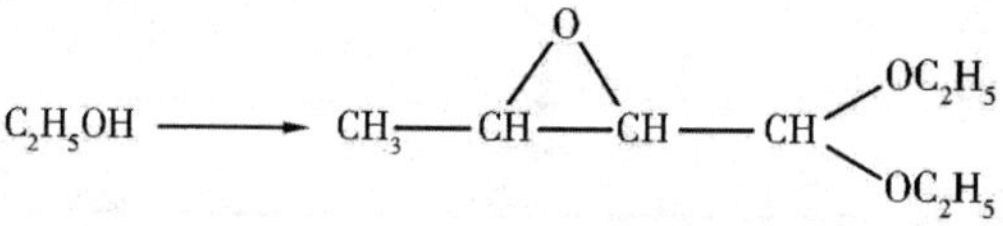

10. 以 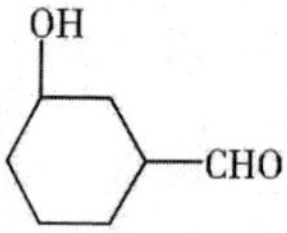 为原料合成 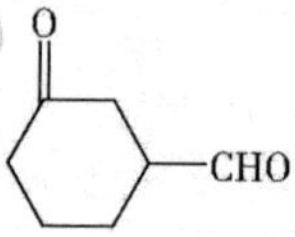 ，其他试剂任选。

11. 以苯和 C_3 以下的有机物为原料，无机试剂任选，合成 2 - 甲基 - 4 - 苯基 - 2 - 丁烯 $(CH_3)_2C=CHCH_2C_6H_5$。

12. 以苯甲醛、丙酮和丙二酸二乙酯为原料合成 [structure: 4-oxo-2,6-diphenylcyclohexanecarboxylic acid]。

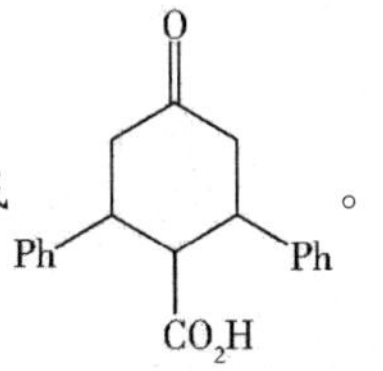

13. 由乙酰乙酸乙酯合成 2 - 甲基戊酸。

14. 以 [structure: 1-methylcyclohexene] 为原料，其他试剂任选合成 [structure: 2-methylcyclohexanone]。

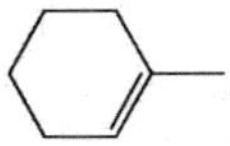

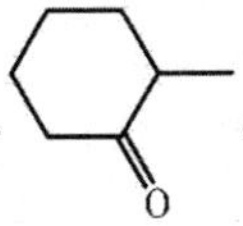

15. 完成如下的转化。

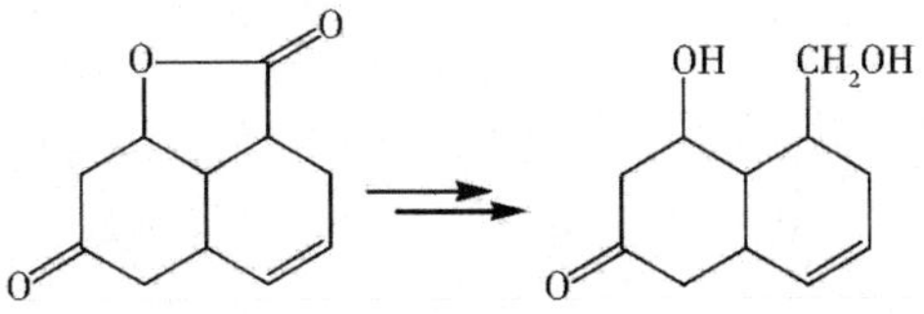

16. 以苯为原料合成 [structure: 2-phenylpropanoic acid, COOH]，其他试剂任选。

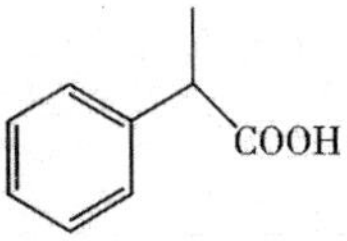

17. 完成下列转化。

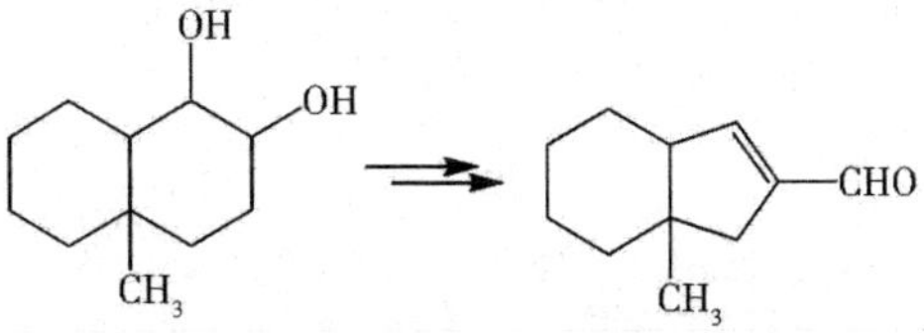

18. 完成下列转化。

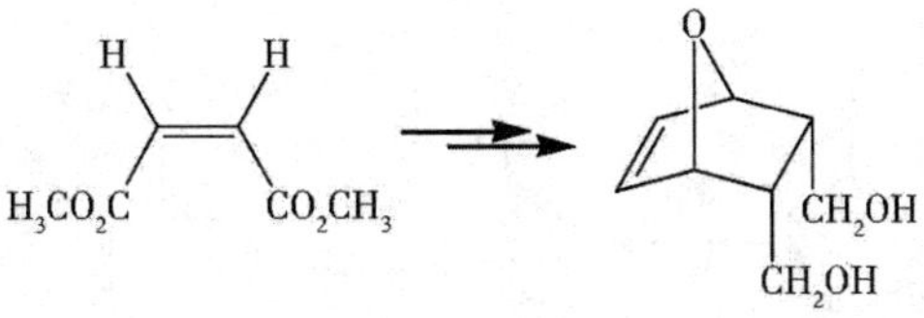

19. 由甲苯及必要的原料合成下列化合物：[structure: 2-methylnaphthalene, H_3C]

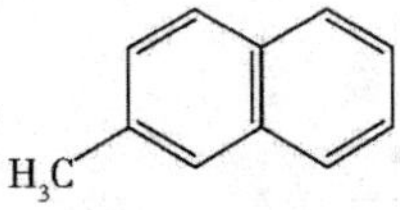

练习题答案

1. $CH_3CH{=}CH_2 \xrightarrow[H^+]{KMnO_4} CH_3COOH \xrightarrow[\text{少量红磷}]{Br_2(\text{适量})} BrCH_2COOH \xrightarrow[OH^-]{NaCN} NCCH_2COO^- \xrightarrow{H_3O^+}$

$HOOCCH_2COOH$

2. $C_6H_5CH_3 \xrightarrow[H^+,\triangle]{KMnO_4} C_6H_5COOH \xrightarrow[Fe,\triangle]{Cl_2}$ Cl—(间)—COOH $\xrightarrow{SOCl_2}$

3. Cl—(间)—COCl $\xrightarrow{NH_3}$ Cl—(间)—$CONH_2$ $\xrightarrow[OH^-]{Br_2}$ Cl—(间)—NH_2

4. 环己醇 $\xrightarrow[H_3O^+]{KMnO_4}$ HOOC(CH₂)₄COOH $\xrightarrow{\text{缺条件}}$ OHC(CH₂)₄CHO $\xrightarrow{C_2H_5O^-}$

2-羟基环戊烷甲醛（OH, CHO） $\xrightarrow{\triangle}$ 环戊烯甲醛（CHO） $\xrightarrow[1,4\text{加成}]{CH_3MgBr}$ $\xrightarrow{H_3O^+}$ 产物（H）

5. $CH_3CH_2COOC_2H_5 \xrightarrow{C_2H_5ONa/C_2H_5OH} CH_3CH_2\overset{O}{\overset{\|}{C}}—\underset{CH_3}{\underset{|}{\overset{H}{C}}}—\overset{O}{\overset{\|}{C}}—OC_2H_5$

6. (1) 苯 $\xrightarrow[Fe]{Br_2}$ 溴苯（Br） $\xrightarrow[\text{浓}H_2SO_4]{\text{浓}HNO_3}$ 对硝基溴苯（Br, NO_2） $\xrightarrow[Fe]{Br_2}$ （Br, Br, NO_2）

(2) 甲苯 $\xrightarrow[Fe]{Br_2}$ 对溴甲苯（Br, CH_3） $\xrightarrow[H^+]{KMnO_4}$ 对溴苯甲酸（COOH, Br） $\xrightarrow[\text{浓}H_2SO_4]{\text{浓}HNO_3}$ （COOH, NO_2, Br）

（3）

$$\text{甲苯} \xrightarrow[H_2SO_4]{SO_3} \text{对甲苯磺酸} \xrightarrow[Fe]{Br_2} \text{3,5-二溴-4-甲基苯磺酸} \xrightarrow{H_3O^+} \text{2,6-二溴甲苯}$$

7.

$$C_6H_6 \xrightarrow[AlCl_3]{C_2H_5Cl} C_6H_5C_2H_5 \xrightarrow{Cl_2,Fe} p\text{-}ClC_6H_4C_2H_5 \xrightarrow[hv]{Cl_2}$$

$$p\text{-}ClC_6H_4C_2H_5 \xrightarrow{NaOH} p\text{-}ClC_6H_4CH{=}CH_2$$

8.

$$C_6H_6 + CH_3CH_2Cl \xrightarrow{AlCl_3} C_6H_5CH_2CH_3 \xrightarrow[hv]{Cl_2} C_6H_5CHClCH_3 \xrightarrow{KOH/\text{乙醇}} C_6H_5HC{=}CH_2 \xrightarrow[\text{过氧化氢}]{HBr}$$

$$C_6H_5CH_2CH_2Br \xrightarrow{HC{\equiv}CNa} C_6H_5CH_2CH_2C{\equiv}CH \xrightarrow[H_2O]{HgSO_4,H_2SO_4} C_6H_5CH_2CH_2COCH_3 \xrightarrow[\triangle]{HNO_3+H_2SO_4} p\text{-}O_2NC_6H_4CH_2CH_2COCH_3$$

$$\xrightarrow{Br_2,FeCl_3} \text{2-Br-4-}NO_2\text{-}C_6H_3CH_2CH_2COCH_3$$

9.

$$C_2H_5OH \underset{\triangle}{\overset{Cu}{\rightleftharpoons}} CH_3CHO \xrightarrow[\triangle]{\text{稀}OH^-} CH_3CH{=}CHCHO \xrightarrow[\text{干}NH_3]{2C_2H_5OH}$$

$$CH_3CH{=}CHCH(OC_2H_5)_2 \xrightarrow{CH_3\overset{O}{\overset{\|}{C}}OOH} CH_3{-}\overset{O}{\widehat{CH{-}CH}}{-}CH(OC_2H_5)_2$$

10. OH CHO + HO CH_2 CH_2 HO $\xrightarrow[\text{保护}]{H^+}$ OH O O $\xrightarrow{CrO_3/H^+}$

O O O $\xrightarrow[\text{脱保护}]{H_3O^+}$ O CHO

11. $\xrightarrow[AlCl_3]{ClCH_2CH_2Cl}$ CH_2CH_2Cl $\xrightarrow{\text{Mg/醚}}$ CH_2CH_2MgCl $\xrightarrow[\text{②}H_3O^+]{\text{①}CH_3COCH_3}$

$CH_2CH_2—C(CH_3)_2—OH$ $\xrightarrow[\triangle]{H^+}$ $CH_2CH{=}C(CH_3)_2$

12. O Ph Ph + $CH_2(CO_2Et)_2$ $\xrightarrow{NaOC_2H_5}$ O Ph Ph EtO_2C CO_2Et $\xrightarrow{NaOC_2H_5}$

O Ph Ph EtO_2C OC_2Et $\xrightarrow{NaOH}$ $\xrightarrow{H^+}$ $\xrightarrow[\triangle]{-CO_2}$ O Ph Ph CO_2H

13. $CH_3—\overset{O}{\overset{\|}{C}}—CH_2—\overset{O}{\overset{\|}{C}}—OC_2H_5$ $\xrightarrow[\text{②}CH_3CHCH_2Br]{\text{①}C_2H_5ONa}$ $CH_3—\overset{O}{\overset{\|}{C}}—\underset{CH_2CH_2CH_3}{CH}—\overset{O}{\overset{\|}{C}}—OC_2H_5$

$\xrightarrow[\text{②}CH_3Br]{\text{①}C_2H_5ONa}$ $CH_3—\overset{O}{\overset{\|}{C}}—\underset{CH_2CH_2CH_3}{\overset{CH_3}{C}}—\overset{O}{\overset{\|}{C}}—OC_2H_5$ $\xrightarrow[\text{②}H^+,\triangle]{\text{①}40\%NaOH}$ $CH_3CH_2CH_2\underset{CH_3}{CH}COOH$

14. ①BH_3 ②H_2O_2/OH^- OH [O] O

15. O O HO OH 干HCl O O O O $LiAlH_4$ H_3O^+ △ OH CH_2OH O

16. CH_3CH_2Cl $AlCl_3$ Br_2 $h\nu$ Br NaCN CN H_3O^+ COOH

17. OH OH HIO_4 CH_3 CHO CHO CH_3 OH^- CHO CH_3

18. O + H H H_3CO_2C CO_2CH_3 O CH_2CH_3 CH_2CH_3 $LiAlH_4$ O CH_2OH CH_2OH

CH_3 + O O O $AlCl_3$ O CH_3 HOOC Zn–Hg HCl,△ CH_3 HOOC HF

CH_3 O Zn–Hg HCl,△ CH_3 Pd,△ $-2H_2$，芳构化 H_3C

第7章　官能团鉴别和结构推导

7.1　官能团的鉴别

7.1.1　化学方法鉴别

官能团与有机化合物的化学性质密切相关，可以采用适当的试剂与有机化合物反应，依据产生的实验现象、颜色的变化、分析产物结构等来鉴别有机物中官能团的种类。要求如下：反应简单，优选为一步反应；反应速率适中，能够出现明显的现象，如气体的放出、显著的气味、颜色的变化、体系的浑浊或者状态的改变等。同时要求反应要有较强的专属性，所选的试剂只能选择性地对某一种结构反应，且在相同的反应条件下，不同化合物与同一试剂作用会产生明显的反应速率差别或者是视觉上的差异。表7－1为烃类化合物、卤代烃、醇（糖类化合物）、酚醚、醛酮、酸、含氮化合物等常见的鉴别方法。

表7－1　常见有机化合物的鉴别方法

化合物	试剂	现象	应用和原理
烷烃	Br/CCl_4，浓氨水	将蘸有浓氨水的玻璃棒移近试管口，有白雾生成	烷烃与溴单质发生自由基取代生成溴化氢，溴化氢与浓氨水作用产生白雾

续表

化合物	试剂	现象	应用和原理
环烷烃（三四元环）	Br/CCl_4	使 Br/CCl_4 溶液红棕色褪去	三四元环的性质类似烯烃，可以与溴单质进行加成反应。五元环及大环不与 Br/CCl_4 反应
烯烃	酸性 $KMnO_4$	酸性 $KMnO_4$ 溶液紫色褪去	C ═C 双键被酸性 $KMnO_4$ 氧化
	Br/CCl_4	使 Br/CCl_4 溶液红棕色褪去	C ═C 双键与溴单质进行亲电加成反应
炔烃	酸性 $KMnO_4$	酸性 $KMnO_4$ 溶液紫色褪去	炔键被酸性 $KMnO_4$ 氧化，氧化产物不同于烯烃
	Br/CCl_4	使 Br/CCl_4 溶液红棕色褪去	炔键双键与溴单质进行亲电加成反应
	$[Ag(NH_3)_2]^+$	产生白色沉淀	可鉴别端位炔烃与其他的炔烃
	$[Cu(NH_3)_2]^+$	产生砖红色沉淀	可鉴别端位炔烃与其他的炔烃
芳烃	浓硫酸	加热条件下溶解	生成磺酸而溶解
	HCHO/浓硫酸	苯、甲苯、二甲苯和异丙苯显红色 三乙苯显橙色 联苯显蓝绿色 稠环芳烃显绿色	可用于苯及其同系物的鉴别
卤代烃	$AgNO_3$ 的乙醇溶液	产生卤化银沉淀	可以鉴别不同类型的氯代烃

续表

化合物	试剂	现象	应用和原理
醇	金属钠	产生气体(H_2)	醇有酸性,可以与金属钠反应
	K_2CrO_7/H_2SO_4	K_2CrO_7/H_2SO_4溶液颜色由橙色转变为绿色	伯醇和仲醇被K_2CrO_7/H_2SO_4氧化而产生颜色的变化,三级醇不发生反应
	$ZnCl_2/HCl$(卢卡斯试剂)	三级醇迅速反应产生浑浊现象,仲醇会在几分钟之内产生浑浊	可用于区分醇的种类
	$I_2/NaOH$(碘仿反应)	产生黄色沉淀	可用于区别2-仲醇结构(中心C原子上必须有H原子)
酚	$FeCl_3$溶液	产生紫色	用于烯醇结构的鉴定
	溴水	生成白色沉淀	生成三溴苯酚白色沉淀,该反应特别灵敏
醚	浓H_2SO_4	溶解	生成鉾盐
醛酮	$NaHSO_3$ 胺及其衍生物 $I_2/NaOH$ (碘仿反应) $[Ag(NH_3)_2]^+$ Cu^{2+}/OH^- 品红溶液	产生白色沉淀 产生具有不同 熔点晶型的结晶 产生黄色沉淀 银镜现象 砖红色沉淀 显紫色	鉴别醛和位阻小的酮 鉴别不同种类的羰基 鉴别甲基酮结构 鉴别醛,酮不反应
羧酸	与苯酚钠作用 Na_2CO_3、 $NaHCO_3$作用 $[Ag(NH_3)_2]^+$ 酸性$KMnO_4$	产生沉淀 产生气体CO_2 银镜现象 紫色褪去	鉴别羧基 鉴别甲酸 鉴别甲酸、草酸和α—羟基酸

续表

化合物	试剂	现象	应用和原理
糖	α—萘酚/C_2H_5OH，浓硫酸（莫力许反应）	紫色环	鉴别糖类和其他化合物
	苯肼	生成不同晶型的糖脎	可鉴别不同类的单糖
	$[Ag(NH_3)_2]^+$	银镜反应	可鉴别还原性糖和非还原性糖
	Cu^{2+}/NaOH	产生砖红色沉淀	可鉴别还原性糖和非还原性糖
	溴水	红棕色褪去	可鉴别醛糖与酮糖（酮糖不反应）
	I_2单质	产生紫色	可鉴别淀粉
硝基化合物	HNO_2	$RCH_2NO_2 + HNO_2 \xrightarrow{NaOH}$ 红色溶液 $R_2CHNO_2 + HNO_2 \xrightarrow{NaOH}$ 蓝色溶液 $R_3CNO_2 + HNO_2 \longrightarrow$ 不反应	可鉴别三种硝基化合物
胺	苯磺酰氯或对甲苯磺酰氯（兴斯堡实验）	伯胺溶解，仲胺生成沉淀，叔胺不反应	区别三种类型的胺
	HNO_2（重氮化反应）	伯胺放出 N_2 仲胺生成黄色油状物 脂肪族叔胺溶解 芳香族叔胺生成绿色固体	区别不同种类的胺类
蛋白质/氨基酸	茚三酮	产生紫色	可鉴别氨基酸、多肽和蛋白质
	$CuSO_4$/NaOH	产生蓝紫色	可鉴别蛋白质和三肽及以上多肽

例题 7－1 请用化学方法鉴别邻甲苯胺和苯甲醚。

解析 待鉴别的两种物质属于不同种类的化合物，分别属于芳胺和醚类化合物，官能团不同因此具有不同的化学性质，可以依据二者典型的化学性质将其进行鉴别。邻甲苯胺属于芳香胺，显碱性，与酸生成盐；苯甲醚与硫酸锌生成盐，与盐酸没有作用，因此可以选择盐酸将其区分开；邻甲苯胺与盐酸生成盐溶解，苯甲醚遇盐酸无明显变化。

例题 7－2 鉴别2，5－二甲基苯酚、苯甲酸苯酯、邻甲基苯胺、间甲基苯甲酸四种物质。

解析 待鉴别的四种物质属于不同类型的化合物，可以依据各自的化学性质进行鉴别。四种化合物的种类分别为酚、酯、胺和酸，可以先通过有机酸和碳酸强度区别出有机酸，通过 $FeCl_3$ 鉴别出酚，余下的酯和苯胺可以用稀盐酸鉴别。在这四种待鉴别物质中酯的化学性质相对稳定，可最后鉴别出。详细鉴别过程和主要现象见下表：

	$NaHCO_3$	$FeCl_3$	稀盐酸
间甲基苯甲酸	放出气体 CO_2	—	—
2,5－二甲基苯酚	—	显紫色	—
邻甲基苯胺	—	—	溶解
苯甲酸苯酯	—	—	—

例题 7－3 请鉴别下列三种化合物：甲酸（HCOOH）、乙酸（CH_3COOH）和

乙二酸(HOOC—COOH)。

解析　待鉴别的三种化合物都属于羧酸类，显然不能用羧酸的酸性来进行鉴别。三种化合物的分子结构不同，甲酸和乙二酸均有还原性，区别于乙酸，可以通过氧化还原反应将二者与乙酸区别开。甲酸具有 $\overset{\overset{\displaystyle O}{\|}}{—C—H}$ 结构，可以与银氨溶液等弱氧化剂反应。鉴别流程如下：

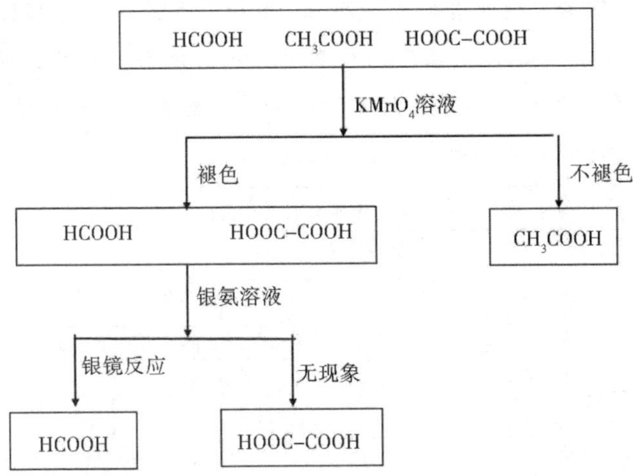

例题 7－4　区别以下几种糖类化合物及其衍生物：葡萄糖、果糖、蔗糖、淀粉、葡萄糖酸。

解析　待鉴别的五种化合物可以分为两大类：糖类和糖酸。糖酸可以依据有机酸的酸性第一步区别出。余下的四种糖类化合物再次分为多糖、双糖、醛糖和酮糖，每种类型的糖类有各自的特征反应，见下表：

	I_2单质	银氨溶液	溴水
淀粉	显蓝色	—	—
蔗糖	—	—	—
葡萄糖	—	银镜现象	溴水褪色
果糖	—	银镜现象	—

例题 7－5　利用简易可行的方法鉴别下列五种化合物：苯甲酸、邻羟基苯甲酸、苯乙醛、苯乙酮、苯甲醇。

解析　五种化合物的结构如下：

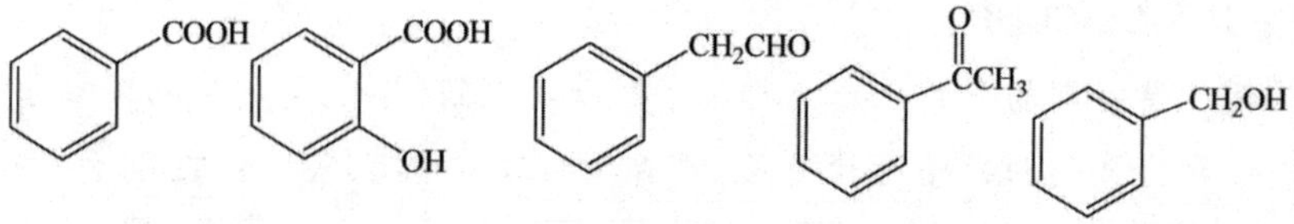

五种化合物属于三大类有机化合物，首先根据羧酸、醛酮和醇各自的化学特性将其分成单个组合，每个组合再依据化合物的结构特点进行鉴别。首先选择碳酸盐将芳香酸和其他化合物区分开来，两种芳香酸一种含有酚羟基，可与$FeCl_3$发生显色反应。苯乙酸、苯乙酮和苯甲醇依据分子中的甲基酮结构，可以用碘仿反应将苯乙酮鉴别出，余下的苯甲醇和苯乙醛则可通过卢卡斯试剂鉴别出。详细的鉴别过程和主要现象见下流程图：

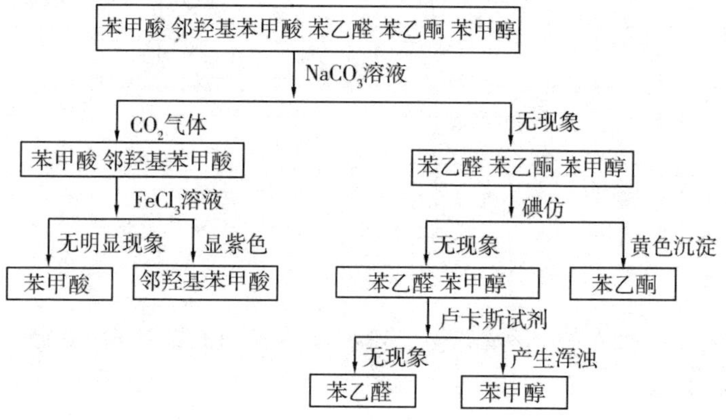

例题 7 - 6 鉴别下列七种化合物：

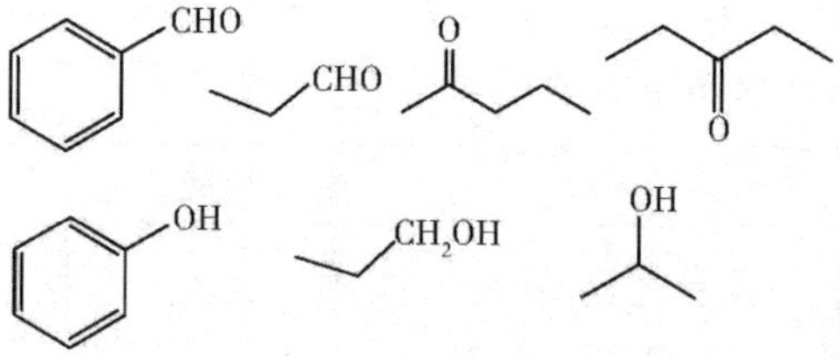

解析 待鉴别的七种化合物分别属于醛、酮、醇和酚四类。首选的方法是将其按照类别进行区分。可用 2,4 - 二硝基苯肼区别出醛酮化合物，用碘仿反应鉴别出具有甲基酮结构的化合物，用三氯化铁显色反应鉴别出酚类。本题涉及的化合物种类和分步的反应较多，用鉴别流程图表示较为清晰：

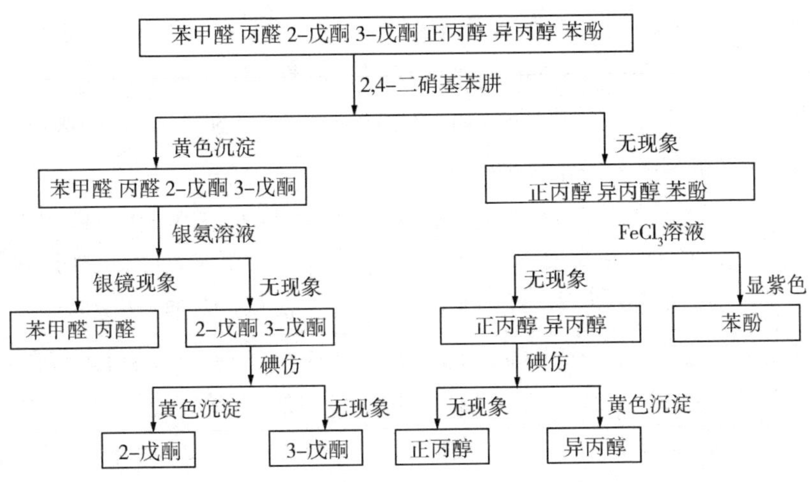

7.1.2　光谱法鉴别官能团

通常在有机化合物结构分析鉴定中，紫外 – 可见吸收光谱(UV)用来分析分子中含有不饱和键的结构，分子中的骨架信息和官能团则可以通过红外吸收光谱(IR)进行分析，不同种类的 H 原子可以由核磁共振(NMR)信息分析。表 7 – 2 为不同分析方法对应分析化合物的结构和类型。

表 7 – 2　不同分析方法对应分析化合物的结构和类型

分析方法	特征结构	化合物类型	能级跃迁种类	光谱波长范围
紫外 – 可见吸收光谱	共轭双键	苯、1,3 – 丁二烯、芳香族化合物	电子能级跃迁	100 ~ 800 nm
	不饱和羰基化合物	醛、酮、酸、酯		
红外吸收光谱	分子中的官能团或者分子骨架	大部分有机化合物	分子振动能级跃迁	2.5×10^{3} ~ 3.5×10^{5} μm
核磁共振波谱	不限	大部分有机化合物	磁场中原子核自旋能级跃迁	3.3×10^{7} ~ 1×10^{10} m

UV 产生的信号比较平坦，信号数目不多。不同的化合物产生的信号之间

悬殊比较大，很容易区分，单烯烃和饱和化合物在 200 ~ 400 nm 之间无 UV 信号，醛酮化合物在 270 ~ 350 nm 之间有 UV 信号，芳香化合物在 250 ~ 300 nm 之间有中等强度的信号，不饱和醛酮和共轭烯烃在 200 ~ 250 nm产生强吸收信号。但是 UV 信号很难区分出化合物的立体构型。

IR 给出的信号是分子振动能级间跃迁的反映，能够给出分子骨架和主要官能团的信息，相比 UV 分析具有应用范围广的优点。3700 ~ 2500 cm^{-1}之间的谱带归属于 C—H、O—H 和 N—H 的吸收带，3000 cm^{-1}以上归属为 C—H 不饱和键的伸缩振动吸收带，3000 cm^{-1}以下为 C—H 键的饱和吸收谱带；2055 ~ 2000 cm^{-1}之间的谱带归属为 C≡N、C≡C、C═C═O 等官能团的 C—H 伸缩振动信号；2000 ~ 1300 cm^{-1}之间的谱带是 C═O、C═C、C═N 和 N═O 等双键的伸缩振动，C═O 在此谱带内 1700 nm^{-1}附近有一处强的吸收信号，常常用于醛酮、酸酐、酰卤、酰胺等化合物的标志 IR 谱图信号；1650 ~ 1550 cm^{-1}是 N—H 的弯曲振动信号；1300 ~ 1000 cm^{-1}之间的谱带归属为 C—C、C—O、C—N 和 C—F 等单键的伸缩振动和 C═S、S═O 和 P═O 等双键的伸缩振动，这部分的信号能够反映出化合物结构中微小的差别；1000 ~ 670 cm^{-1}之间的吸收谱带包括 C—H 的弯曲振动信息，可以鉴别 C═C 的取代类型、顺反异构和苯环的多取代信息等，但是在 1000 ~ 670 cm^{-1}之间，信号非常多而杂乱，很多信号不易于识别，此部分谱带被称为“指纹区”。烃类的 C—H 弯曲振动和苯环上的取代信号如表 7 – 3 所示，一些常见官能团的信号如表 7 – 4 所示。

表 7 – 3 烃类的 C—H 弯曲振动和苯环上的取代信号

烯烃	波数/cm^{-1}	苯基	波数/cm^{-1}
R—CH═CH_2	1000 ~ 960 和 940 ~ 900	一取代	775 ~ 730 和 710 ~ 690
R^2CH═CH_2	915 ~ 870	1,2 – 二取代	765 ~ 730
反—RCH═CHR	990 ~ 940	1,3 – 二取代	800 ~ 750 和 710 ~ 690
顺—RCH═CHR	790 ~ 650	1,4 – 二取代	840 ~ 800
R_2C═CHR	850 ~ 790	1,2,3 – 三取代	800 ~ 760 和 740 ~ 780
		1,2,4 – 三取代	880 ~ 860 和 820 ~ 800

表 7－4　常见官能团的伸缩振动信号

波数/cm^{-1}	强度*	结构
3650～3600	s	O—H(游离)
3600～3200	s～m	O—H(醇、酚的氢键中)
3500～3300	m	N—H(胺和酰胺中)
3300	s～m	C≡C—H(炔氢)
3100～3000	s～m	Ar—H(芳环中)
3080～3020	m	C═C—H(烯碳上)
3000～2800	s～m	C—H(饱和碳上)
3000～2500	m～w	O—H(COO—H 中)
2800～2700	m～w	C—H(CHO)
2260～2210	m	C≡N
2260～2210	w	C≡C
1820～1770	s	C═O(酰氯中,COCl)
1750～1690	s	C═O(醛、酮、酯中)
1725～1700	s	C═O(羧酸中,COOH)
1690～1630	s	C═O(酰胺中,$CONH_2$)
1680～1620	s～m	C═C
1600～1420	s	苯环(通常几个峰)
1400～1050	s	C—O(醇、醚、酯中)

注:s——强;m——中等;w——弱。

解析未知物 IR 谱图时,首先要识别较易辨认的基团并确认是否存在,如羰基、羟基、氨基、硝基、氰基和烯键等,从而初步判断化合物的类型。3500～1400 cm^{-1}之间的谱带被称为官能团区,化合物的主要官能团的特征吸收信号位于此部分谱带区间。例如,在 1380 cm^{-1}附近出现两个相等的信号,则表示分子中有 $(H_3C)(CH_3)C<$ 的结构,若在 1050 cm^{-1}附近有较宽的信号,则表明分子中含有—CH_2OH 等基团。

核磁谱图给出的信号是待分析化合物的 H 原子或者 C 原子的化学位移,在外磁场的作用下,相邻质子的自旋产生不同的磁场,吸收信号会列分成若干个谱带,称为化学位移,也叫作峰。H 原子核的核磁共振谱图是最常见的核磁谱图,因为几乎所有的有机化合物都含有 H 原子。峰裂分的数目和裂分的化学距离与相邻质子的数目和化合物的立体构型都有关系。核磁信号经过仪器的电子积分得到的吸收峰的面积与待测物质中产生此信号的质子数目呈正比关系。在^{1}H NMR 信号中可以看到质子与相邻 C 原子上的 H 原子的偶合裂分信号。如果中心碳原子相邻碳原子上有 m 个 H 原子,则中心碳原子上的信号就会裂分成 $m+1$ 个峰。也就是说我们在核磁谱图^{1}H NMR 中可以得到三个有效的信息:氢原子的种类、中心碳上氢原子的个数和相邻碳原子上氢原子的个数。分析化合物的核磁氢谱^{1}H NMR 数据,结合样品的来源、已有的 IR 和 UV 等数据,可以得到待测化合物详细的分子骨架和结构信息。

例题 7－7 化合物 $CH_3CH=CH_2$ 和 $CH_3CH=CH—OCH_3$,哪一个能吸收波长较长的紫外光线?

解析 只考虑 $\pi—\pi^*$ 跃迁,化合物 $CH_3CH=CH—OCH_3$ 能吸收较长波长的紫外光,因为分子链上有助色基团。

例题 7－8 化合物反二苯基乙烯和顺二苯基乙烯的紫外光谱数据如下,请解释其原因。

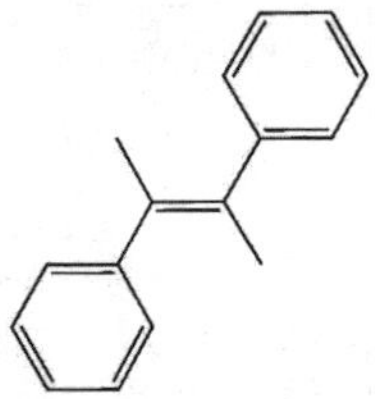

$\lambda_{max}=295.5nm$, $\varepsilon=29000$

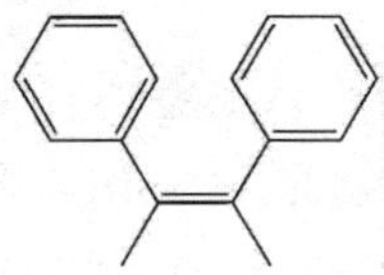

$\lambda_{max}=280$ nm, $\varepsilon=10500$

解析 两种化合物属于同分异构体,紫外吸收波长之所以不同是因为反式结构的二苯基乙烯空间距离较远,相互的影响作用较小,双键与苯环更容易产生共轭。

例题 7－9 某化合物的紫外－可见光谱提供了以下信息,请分析该化合物可能的结构。在 200 ~ 400 nm 之间无吸收峰;在 270 ~ 350 nm 之间有弱吸收($\varepsilon=10\sim100$),200 nm 以上无其他吸收信号;在 210 ~ 300 之间有强吸收,$\varepsilon>$

10000；在 250 nm 以上，$\varepsilon = 1000 \sim 10000$ 时，有一定的精细结构；和另外一个化合物的紫外－可见光谱极其相似；化合物本身有颜色。

解析　该化合物在 200～400 nm 之间无吸收峰，说明分子结构上无共轭双键，或者该化合物是饱和有机化合物；在 270～350 nm 之间有弱吸收（$\varepsilon = 10 \sim 100$），则说明该化合物含有带孤对电子的共轭发色基团，例如羰基 $\rangle C{=}\ddot{\underset{..}{O}}$、烯醇 $\rangle C{=}C{-}\ddot{\underset{..}{O}}$、或者亚胺 $\rangle C{=}C{-}\ddot{N}\langle$ 等，谱图中的弱的信号是 n—π^* 跃迁信号；在 210～300 之间有强吸收，$\varepsilon > 10000$ 说明分子含有 α,β 不饱和酮及共轭结构；在 250 nm 以上，$\varepsilon = 1000 \sim 10000$ 时，有一定的精细结构说明分子有芳香骨架结构；另外一个化合物的紫外－可见光谱极其相似则说明该分子和另一个化合物的发色基团是相同的，其他分子片段的结构可以不同；而化合物有颜色则说明该化合物分子中的共轭单元总数大于 5。

例题 7－10　化合物 A 的化学式是 C_4H_5N，测得红外谱图如下。请根据红外谱图信息推测化合物 A 的结构。

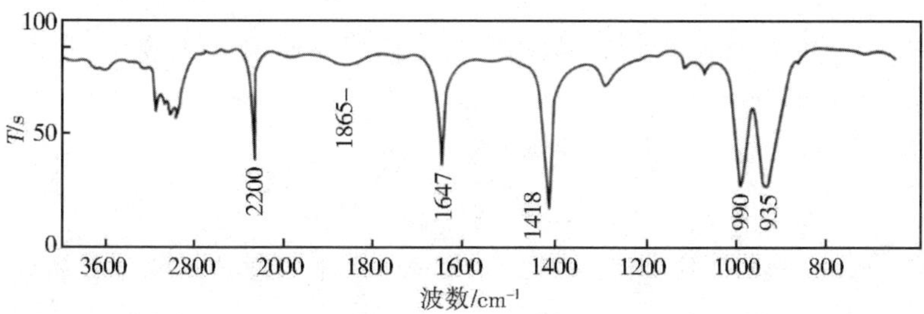

解析　$CH_2CH{=}CH_2CN$。

例题 7－11　某化合物分子式为 C_8H_6，红外谱图如下所示，请分析其谱图给出化合物可能的结构。

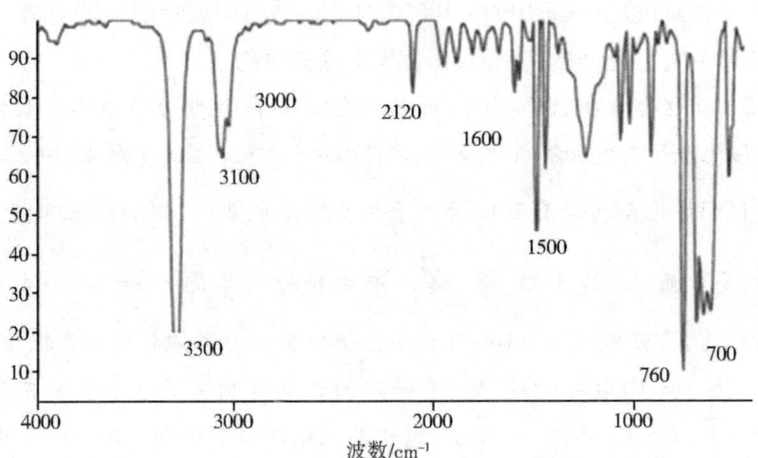

解析 苯乙炔。3300 cm^{-1}和 2120 cm^{-1}两处的吸收信号说明是炔烃，1500 cm^{-1}、1600 cm^{-1}、3100 cm^{-1}三处的吸收信号说明化合物含有苯环，700 cm^{-1}和760 cm^{-1}两处的吸收信号说明苯环上的取代基是一取代，因此该化合物是苯乙炔。

例题 7－12 给出下列化合物中 H 原子在核磁谱图中出现的信号位置和裂分情况。

C_6H_5—$CH(CH_3)_2$

解析 该化合物的^{1}H NMR 产生三种信号，每种 H 质子核磁信号的化学位移和裂分情况是：^{a}H δ7.2 5H 多重峰，^{b}H δ2.5 1H 多重峰，^{c}H δ1.25 6H 两重峰。

a a a a a — b c CH(CH_3)$_2$

例题 7－13 A、B、C 三种化合物的化学式都是 $C_4H_8O_2$，^{1}H NMR 谱图的信号如下：

A：δ 1.0 3H 三重峰，δ 1.7 2H 多重峰，δ 4.2 2H 三重峰，δ 8.1 1H 单峰。

B：δ 1.2 3H 三重峰，δ 2.3 2H 四重峰，δ 3.8 3H 单峰。

C：δ 1.3 3H 三重峰，δ 2.0 3H 单峰，δ 4.1 2H 四重峰。

试写出 A、B 和 C 的结构式并标明各个峰的归属。

解析

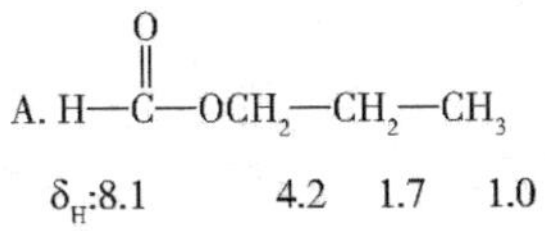

A. $H—\overset{\overset{O}{\|}}{C}—OCH_2—CH_2—CH_3$

δ_H:8.1　4.2　1.7　1.0

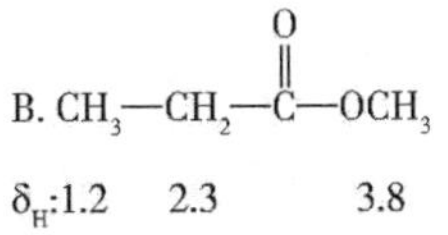

B. $CH_3—CH_2—\overset{\overset{O}{\|}}{C}—OCH_3$

δ_H:1.2　2.3　3.8

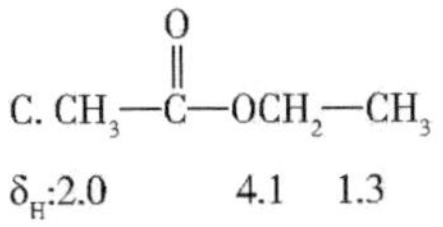

C. $CH_3—\overset{\overset{O}{\|}}{C}—OCH_2—CH_3$

δ_H:2.0　4.1　1.3

7.2　有机化合物的结构推测

推测有机化合物的结构涉及目标化合物的物理性质、化学性质、立体化学特征和光谱数据等,这部分是对学生和研究人员综合能力的考验。做好有机化合物结构的推断,首先要全面分析所提供的信息,充分捕获每一个信息,同时要找突破口,也就是"题眼",由题眼开始结合化学性质信息、波谱数据等逐一推断,获得化合物结构的全部信息。在得到未知物分子式信息之后,首先进行不饱和度的计算,$U = n_4 + 1 + 0.5(n_3 - n_1)$。

经验规则表明,当 $U=1$ 时,化合物结构中含有一个单环或者一个双键;当 $U=2$ 时则表明两个双键,或一个双键一个单环;当 $U \geq 4$ 时,分子中可能有芳环。依据这些信息再结合其他的已知条件,对未知物的结构进行综合推断。

例题 7-14　某化合物 A 含 C、H、O 三种元素,经实验测得 C、H、O 三种元素的含量分别为 68.18%、13.63% 和 18.18%,相对分子质量为 88。A 与硫酸共热生成分子式为 C_5H_{10} 的化合物 B,B 与 O_3/H_2O_2 体系作用后水解产物中有丙酮。A 还能发生碘仿反应,A 被 $KMnO_4$ 氧化得到 $C_5H_{10}O$ 的化合物 C,C 与苯肼反应生成苯腙。根据已知的信息,推测 A、B 和 C 的结构式。

解析　(1) 依题意求出 A 的分子式,C、H、O 三个原子的相对数目可以由元素的百分含量求出:

$$C = \frac{68.18}{12.01},H = \frac{13.63}{1.008} = 13.52,O = \frac{18.18}{16.00} = 1.13$$

A 分子中 C、H、O 原子的最小整数比是 C∶H∶O = 5.67/1.13∶13.52/1.13∶1.13/1.13 = 5∶12∶1,A 的分子式是 $(C_5H_{12}O)_n$;

$$n=\frac{88}{C_5H_{12}O}=\frac{88}{12\times5+12\times1+16}=1$$

所以 A 的化学式是 $C_5H_{12}O$。

(2)依题意,B 与 O_3/H_2O_2 体系作用后水解产物中有丙酮,B 有可能含有双键。A 与硫酸共热生成双键,A 可能是醇。因此通过逆向思维进行推导:

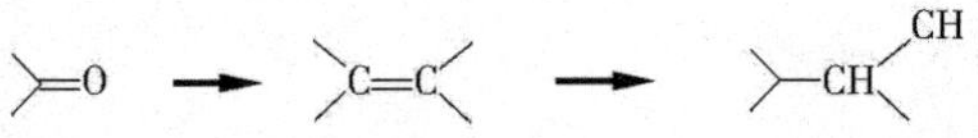

丙酮 → B的分子片段 → A的分子片段

(3)A 可以发生碘仿反应,则 A 的结构是 2-仲醇的结构,可能的结构是:

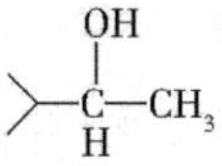

A 是醇,可以被 $KMnO_4$ 氧化生成酮,酮与苯肼反应生成苯腙,C 可能的结构是:

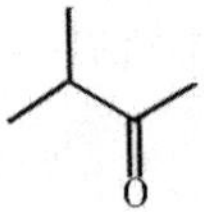

综合(1)(2)(3)的分析,化合物 A、B、C 的结构分别为:

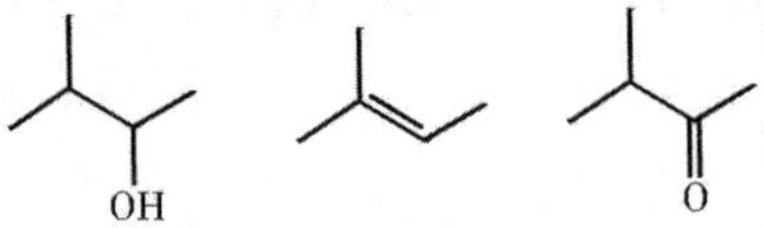

A　　B　　C

例题 7-15　化合物 M 的分子式是 $C_6H_{12}O_3$,红外光谱在 1710 cm^{-1}处有强的吸收信号;M 能发生碘仿反应生成黄色沉淀,与银氨溶液$[Ag(NH_3)]OH$作用没有明显现象,而与稀硫酸作用之后,产物与银氨溶液发生银镜现象。R 的 ^1H NMR 数据如下:δ 2.1 3H 单峰,δ 2.6 2H 两重峰,δ 3.2 6H 单峰,δ 4.7 1H 三重峰。写出 M 的结构式和相关的反应。

解析　首先计算化合物 M 的不饱和度 $U=2$,红外光谱在 1710 cm^{-1}处有强的吸收信号,推测 M 的分子结构中含有羰基;M 可以发生碘仿反应生成黄色沉淀,则 M 的结构片段可能是:

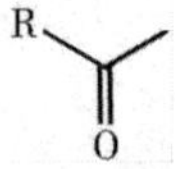

M 与稀硫酸发生酸性水解之后能够发生银镜反应，产物有可能是醛，逆向思维推导出 M 可能的结构是：

结合化合物 M 的 ^1H NMR 数据，可以确定 M 是结构如下：

相关的反应方程式是：

例题 7-16　化合物 A 的分子式是 $C_6H_{15}N$，与亚硝酸作用放出 N_2 并得到化合物 B。B 与卢卡斯试剂反应需要数分钟才能观察到浑浊现象。B 与浓硫酸共热得到化合物 C（C_6H_{12}），C 经 O_3 氧化还原并水解得到化合物 D 和 E，D 能发生银镜反应，不能发生碘仿反应，而 E 能发生碘仿反应不能发生银镜反应。请根据以上的信息推断 A、B、C、D、E 可能的结构式，并写出各步的转化反应。

解析　本题属于典型的根据化学反应的现象和结果推断产物的结构。烯烃经酸性 $KMnO_4$ 氧化，双键断裂生成酮或者羧酸，经 O_3 氧化还原水解之后得到醛或者酮，这两个反应通常用作推断烯烃分子结构和判断双键位置的重要方法，可以通过断链的产物重组的办法还原烯烃的双键位置，恢复分子骨架。根据题中给出的分子式，计算化合物 A 的不饱和度为 0，与亚硝酸作用发生重氮化反应放出 N_2，则 A 是伯胺 R—NH_2。A 与亚硝酸反应后得到的 B 能与卢卡斯试剂作用，则说明 B 是醇，而实验现象“数分钟之后才能观察到浑浊”则说明 B 是仲醇的结构 >CH—OH。根据 C 的分子式计算不饱和度为 2，则 C 可能是 B 在浓硫酸作用下消除得到的烯烃。那么接下来可以有C被氧化得到的产物信息,推断化合物C分子中双键的位置,进而得出B分子中羟基的位置。C经O_3氧化还原水解得到D和E,则说明D、E属于醛和酮,醛可以发生银镜反应,所以D是醛,E是酮;再依据题意,E能发生碘仿反应,则为甲基酮,C不可能是直链结构,如果是直链结构不能生成甲基酮,产物都是醛:

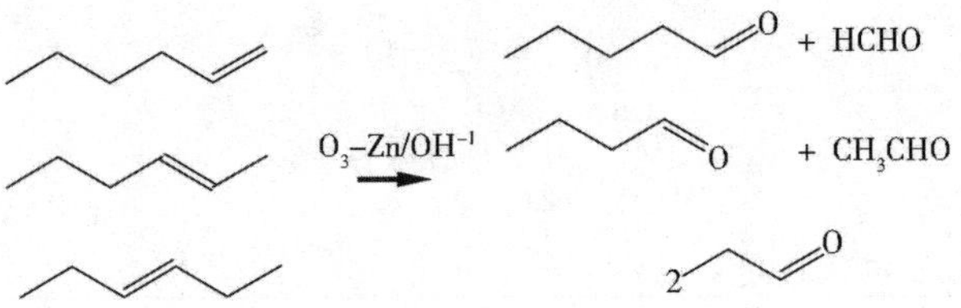

O_3-Zn/OH^{-1} →　+ HCHO　+ CH_3CHO　2

所以C有侧支链,而且侧支链连在双键上:

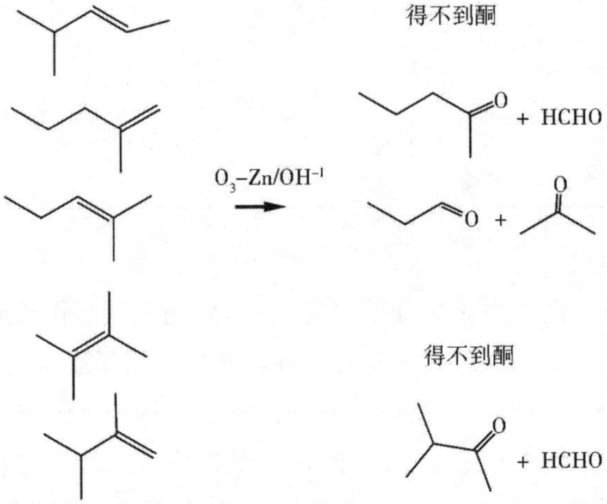

得不到酮

O_3-Zn/OH^{-1} →　+ HCHO　+

得不到酮

+ HCHO

排除C不可能的结构,则C可能是:

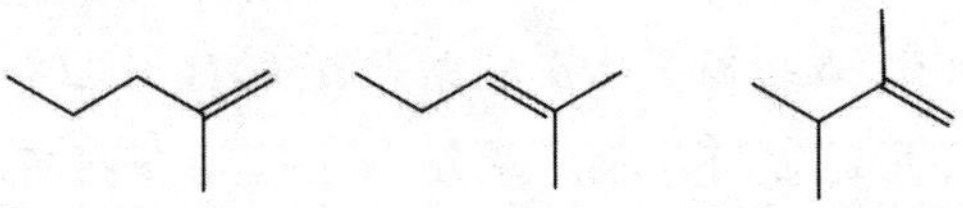

(a)　(b)　(c)

由于C是仲醇结构的B和浓硫酸共热消除得到的,消除反应遵循Zayetsev规则,生成物C双键上所连的取代基数目较多,则排除上述的(a)和(c),C的结构应该是:

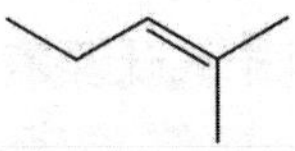

因此D和E分别是：O和 O，那么根据题意，A和B的结构推导如下：

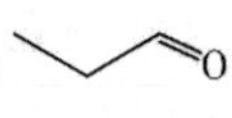

A. 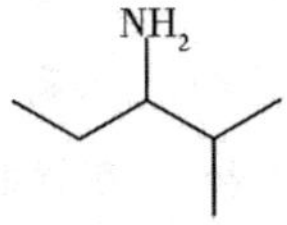 NH_2　B. 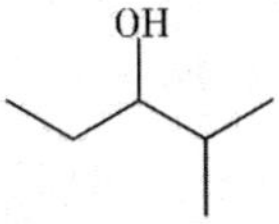 OH

例题7-17　有两个手性碳原子的化合物$X(C_4H_{11}YO)$，室温下与亚硝酸反应生成N_2和$Y(C_4H_{10}O_2)$，Y与浓硫酸共热生成$Z(C_4H_6)$，Z被O_3氧化后还原水解生成乙二醛和甲醛。写出X、Y和Z的结构式。

解析　本题也是根据反应现象和产物来对未知化合物的结构进行判断。本题中未知物Z被O_3氧化后还原水解生成乙二醛和甲醛，可知Z为烯烃，由乙二醛和甲醛的结构反推，得出Z的结构：

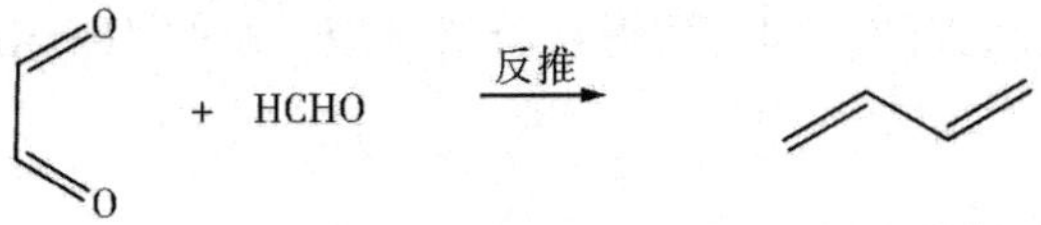

O O + HCHO 反推→

Z的结构

比较Z和Y的分子式，Y与浓硫酸共热生成Z，则Y可能是二元醇：

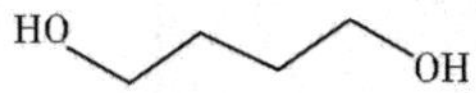

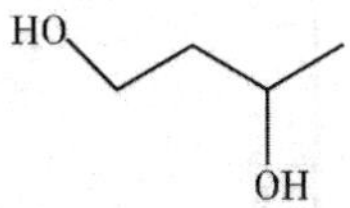

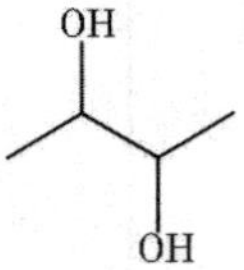

HO OH　HO OH　OH OH

由于X在室温下和亚硝酸反应生成N_2和Y，考虑X分子中有N原子，X可能是一级胺，室温下与亚硝酸反应生成不稳定的脂肪族重氮盐，释放出N_2，而且X分子中有两个手性碳原子，结合上述条件，由Y可能的结构反推X的结构可能是：OH NH_2 OH，则Y的结构就是：OH OH。

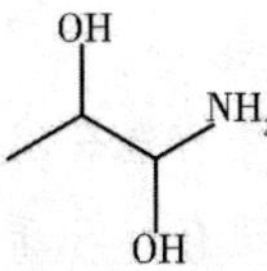

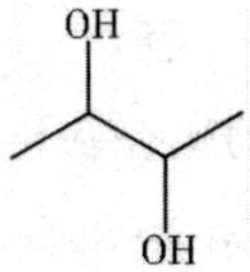

例题7-18　化合物A的分子式是C_9H_8，与$AgNO_3$溶液反应生成白色沉淀。A与2 mol H_2加成生成B，B被酸性$KMnO_4$氧化得到$C(C_8H_6O_4)$。C与1 mol Cl_2在单质铁的催化下反应得到的一氯代物且只有一种产物。请推测A、B和C的结构式。

解析　首先计算化合物A的不饱和度为6，结构中存在含有苯环或其他多个不饱和键的可能；A 能与 $AgNO_3$ 溶液反应生成白色沉淀，说明分子中有碳碳三键，而且是三键位于端位。依据 B 与酸性 $KMnO_4$ 氧化得到 C 的信息，可以推测出 B 可能的结构是苯环上连有两个烃基。再依据最后一条信息，C 与 1 mol Cl_2 在单质铁的催化下反应得到的一氯代物且只有一种产物，可以判断出苯环上的取代基处于对位的位置。因此，A、B 和 C 可能的结构如下：

A	B	C
$CH_3-C_6H_4-C\equiv CH$	$CH_3-C_6H_4-CH_2CH_3$	$HOOC-C_6H_4-COOH$

例题 7-19 某化合物 A 分子式为 $C_{15}H_{17}N$，与对甲苯磺酰氯和 KOH 溶液作用后无明显变化，混酸处理之后得到澄清溶液。A 的 ^1H NMR 谱图信息如下，请推测 A 的结构。

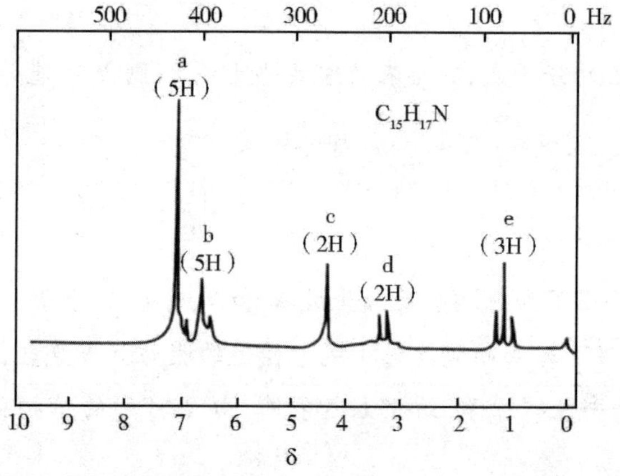

解析 首先计算待推测结构化合物的不饱和度为 8，结构中可能含有苯环。与甲苯磺酰氯和 KOH 溶液作用后无明显变化，说明 N 原子上没有 H 原子，且该化合物是三级胺。混酸处理主要反应发生在苯环上，得到澄清溶液则说明生成了磺酸盐。结合 ^1H NMR 谱图信息，a、b 处 5H 的信号归属于苯环的单取代，但是裂分不同，c 处 2H 归属为—CH_2—，d 处 2H 归属为—CH_2—，e 处 3H 信号归属为—CH_3，综合整理以上分析，得出化合物 A 的结构和各个 H 原子的 NMR 信号归属为：

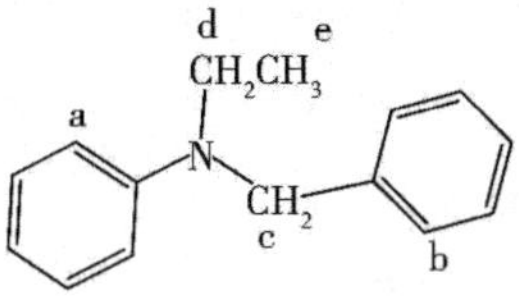

d e
CH_2CH_3
a N
CH_2
c b

例题7-20 分子式为$C_5H_8O_2$的化合物A，与I_2/NaOH、$NaHCO_3$、CrO_3、溴水、2,4-二硝基苯肼和银氨溶液均不发生反应。把A在酸性溶液中水解得到化合物B，分子式为$C_5H_{10}O_3$，B与I_2/NaOH、溴水、2,4-二硝基苯肼和银氨溶液也不发生反应，但能与$NaHCO_3$作用放出气体。B被CrO_3氧化生成C（$C_5H_8O_4$），B在酸性条件下失水则生成A。根据以上信息推测A、B和C可能的结构。

解析 首先计算各个未知物的不饱和度：$U_A=2$，$U_B=1$，$U_C=1$。A不与溴水发生反应，则说明A分子中没有碳碳双键，可能含有碳氧双键或者是碳环。B能与$NaHCO_3$作用释放出气体，B可能是羧酸；进一步推测出A水解生成羧酸，则A可能是酯或者是酸酐。结合A的化学式信息，排除A是酸酐的可能，则A可能是具有环形结构的内酯。A、B和C可能存在的合理结构如下：

A （结构式）或（结构式）或（结构式）

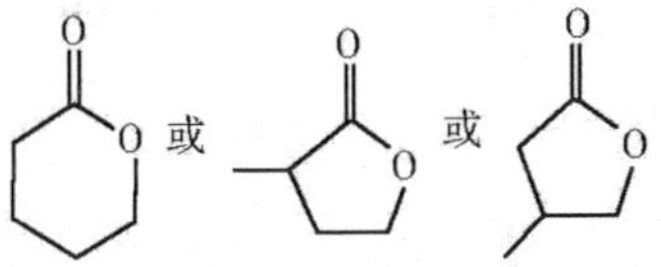

B $HOCH_2CH_2CH_2CH_2COOH$或$HOCH_2CH(CH_3)CH_2COOH$或$HOCH_2CH_2CH(CH_3)COOOH$

C $HO—C(=O)CH_2CH_2CH_2COOH$或$HO—C(=O)CH(CH_3)CH_2COOH$

例题7-21 一不饱和化合物A，分子式为$C_{16}H_{16}$。A与OsO_4作用后再用$NaSO_3$处理得到B($C_{16}H_{18}0_2$)。B用$Pb(OAC)_4$处理只得到一种化合物C(C_8H_8O)。C经Na-Hg/浓盐酸还原得到具有芳香性的化合物D(C_8H_{10})。将D进行消化只能得到一种硝基化合物。B用无机强酸处理得到重排产物E($C_{16}H_{16}O$)，E能被弱的氧化剂氧化得到F($C_{10}H_{16}O_2$)。试推测化合物A~F的结构。

解析 首先计算各个化合物的不饱和度：

$U_A=9$，$U_B=8$，$U_C=5$，$U_D=4$，$U_E=9$，$U_F=9$。化合物A的不饱和度为9，分子内可能含有两个苯环。OsO_4是一种作用于烯烃双键且能够把烯烃双键氧化成顺式邻二醇结构的氧化剂，因此判断出B可能含有邻二醇结构，而A分子内除了苯环,可能还有碳碳双键。试剂 $Pb(OAC)_4$ 可以与邻二醇发生氧化使得连有两个羟基的碳原子之间的共价键发生断裂形成两个羰基化合物。依据以上的分析,化合物 A 可能的结构是:

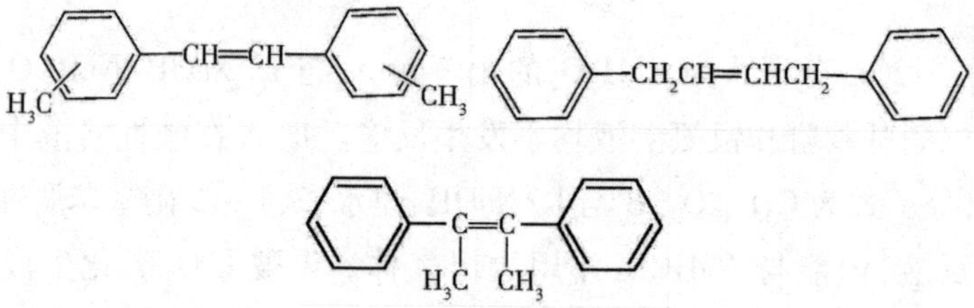

则 B 可能的结构是:

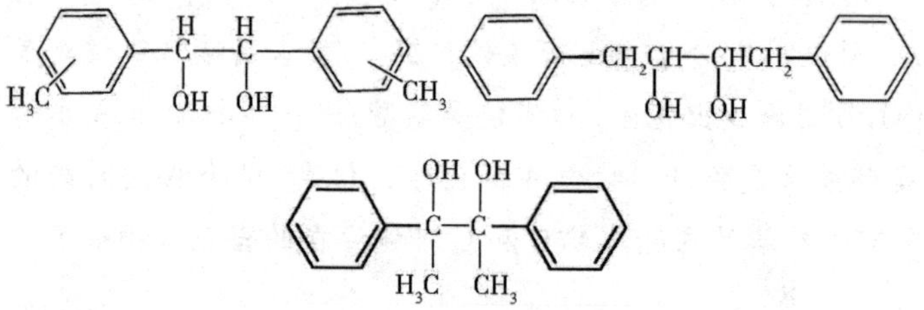

C 可能的结构是:

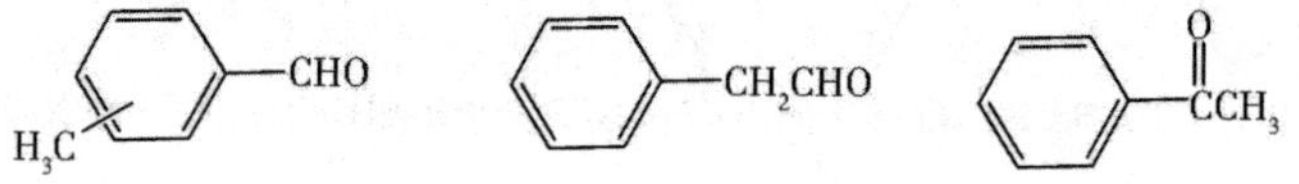

Na－Hg/浓盐酸能将羰基还原得到亚甲基,因此 D 可能的结构是:

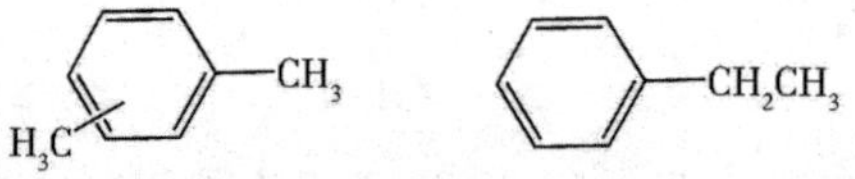

由于 D 的硝化产物只有一种,可以排除 D2 结构并确定 D 的结构是对位取代:

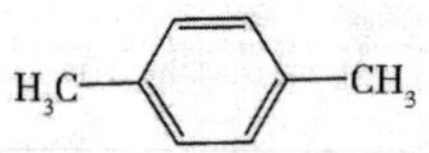

由此可以确定化合物 A、B 和 C 的结构分别是:

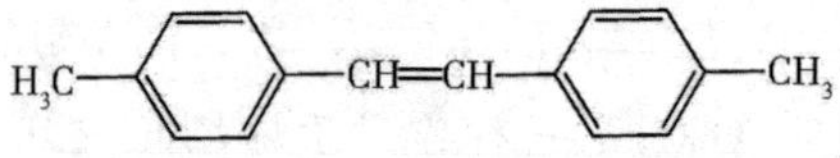

A

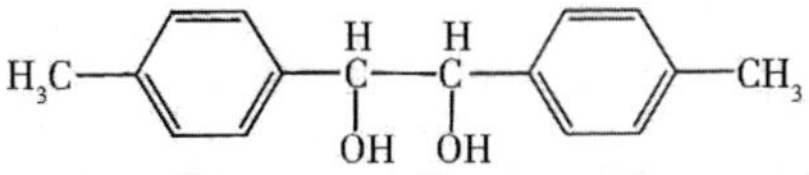

B 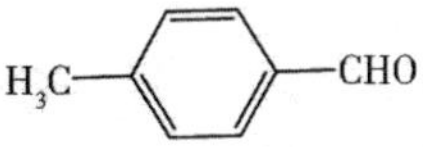　　　　C

B 是邻二醇,无机强酸处理发生片哪醇重排,因此 E 的结构是:

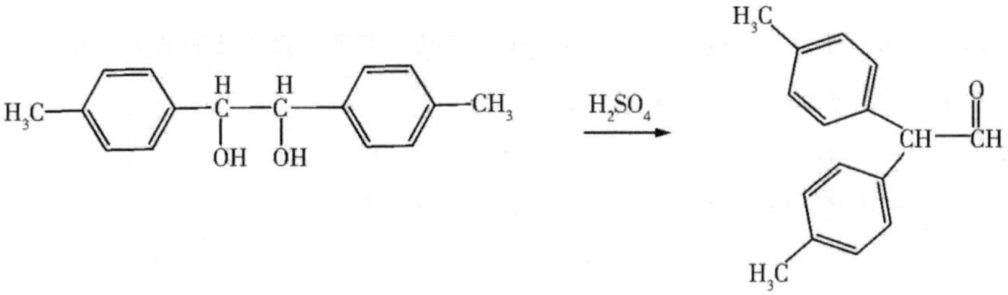

H_2SO_4

E 是醛,被弱的氧化剂氧化得到羧酸,因此 F 是羧酸:

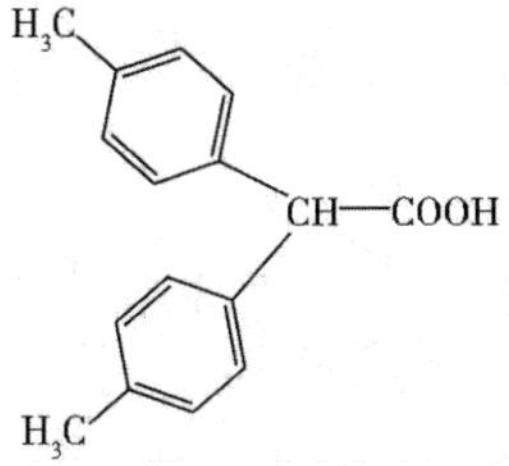

本章练习题

1. 用简单的方法鉴别下列化合物组合:

(1) 1－丁烯和甲基环丙烷　　(2) 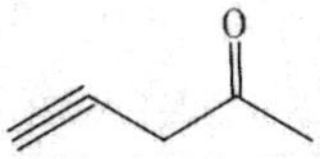 和

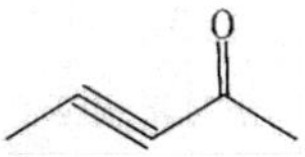

(3)烯丙基氯和丙烯基氯　　(4) 苯与二甲苯

(5) 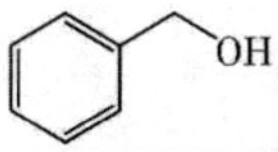 和 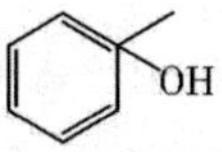　　(6)  和

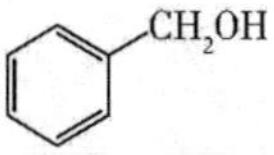

(7)2－甲基－2 丙醇、2－丁醇和 2－甲基－1－丙醇

(8)草酸、丁二酸和丁烯二酸　　(9)苯甲酸、水杨酸和苯酚

（10）4-甲基苯酚、苯甲醚（$C_6H_5-O-CH_3$）和苯甲醇（$C_6H_5CH_2OH$）

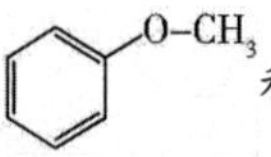

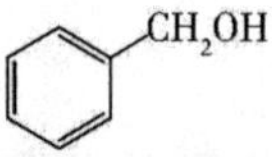

2. 用两种化学方法鉴别下列化合物：葡萄糖、果糖、蔗糖、淀粉和葡糖糖酸。

3. 下列化合物在紫外光下是否有吸收信号？如果有请按照紫外吸收波长的大小顺序排序。

（1）乙烯、1,3-丁二烯和1,3,5-己三烯

（2）$CH_3C(CH_3){=}CH-C(=O)-CH_3$ 和 $H_2C{=}C(CH_3)-CH_2C(=O)CH_3$

（3）（两种环己烯酮结构，取代基为 H_3C、HO、O、$CH(CH_3)_2$）和（取代基为 H_3C、O、$CH(CH_3)_2$）

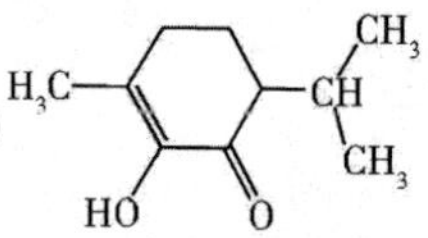

（4）（三种八氢萘酮结构，含 CH_3 与 O）、 和

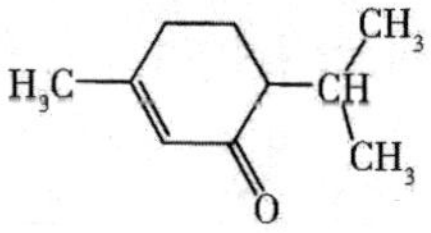

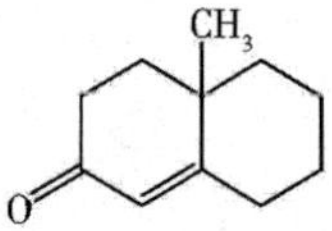

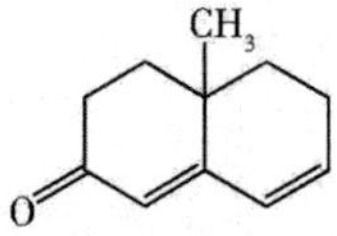

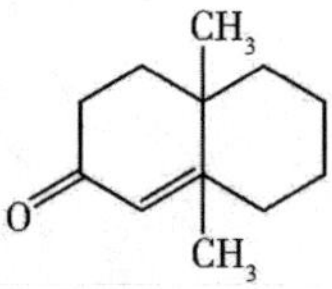

4. （1）下列化合物，哪个吸收光波最长？哪个吸收光波最短？为什么？

A.（4-甲基环己-2-烯酮） B.（4-甲基环己-3-烯酮） C.（4-亚甲基环己-2-烯酮）

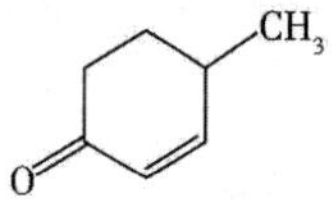

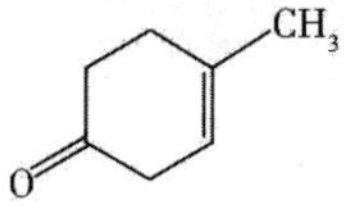

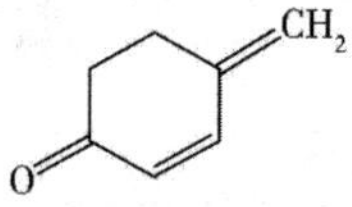

（2）A. $CH_2{=}CH-CH{=}CH_2$，B. $CH_3-CH{=}CH-CH{=}CH_2$

5. 分别指出下列化合物在^{1}H NMR 谱图中有几种 H 的信号并加以标注。

（1）$CH_3CH_2CH_2CH_3$

（2）CH_3CH_2OH

（3）（双环[2.2.2]辛三烯）

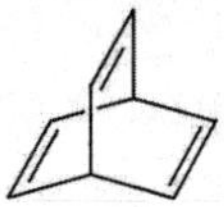

（4）（反-2-丁烯：CH_3、H / H、CH_3）

（5）$CH_3CH_2CH_2CH{=}CH_2$（H、H、H）

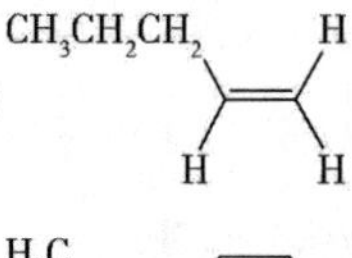

（6）$(CH_3)_3C-C(CH_3)_3$

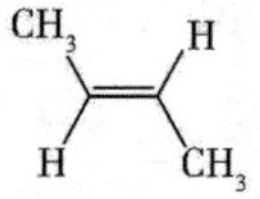

（7）$(H_3C)_2CH-C_6H_4-CH(CH_3)_2$

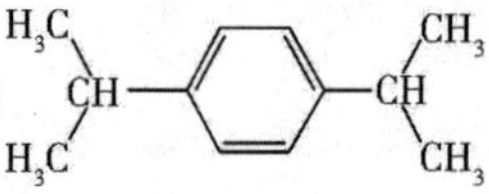

6. 给出化合物  在 IR 和 ^{1}H NMR 谱图中的主要信号。

7. 化合物 A 的分子式是 $C_6H_{12}O$，催化加氢生成化合物 B，B 在硫酸的作用下加热得到 C，C 经 O_3 氧化后还原得到丙酮和 D，D 能发生碘仿反应。推测 A、B、C 和 D 的结构简式并写出相关的化学反应方程式。A 的 IR 光谱在 1712 cm^{-1} 有强的吸收峰，A 的 ^{1}H NMR 谱图中的主要信号有 δ 1.0 3H 五重峰，δ 1.13 6H 双峰，δ 2.23 2H 四重峰，δ 2.42 H 多重峰。推测 A、B、C 和 D 的结构。

8. 化合物 A 的分子式为 $C_7H_6O_3$。A 能溶于氢氧化钠和碳酸钠溶液，亦可与三氯化铁起显色反应；A 与乙酸酐反应生成分子式为 $C_9H_8O_4$ 的化合物 B；A 与氢氧化钠反应的生成物与碘甲烷作用，然后酸化，生成分子式为 $C_8H_8O_3$ 的化合物 C。C 经硝化后只得到一种一元硝化物 D，试写出化合物 A、B、C 和 D 的结构式。

9. 三种化合物 A、B、C 分子式均为 $C_4H_6O_4$。A 和 B 可溶于碳酸氢钠溶液，A 加热生成 $C_4H_4O_3$，B 加热生成 $C_3H_6O_2$；C 用稀酸处理得到化合物 D 和 E，D 和 E 均能被酸性高锰酸钾氧化生成二氧化碳。试写出化合物 A、B 和 C 的构造式。

10. 从柠檬油中分离出某一分子式为 $C_{10}H_{18}O$ 的链萜类化合物：与溴的 CCl_4 溶液作用可得 $C_{10}H_{18}Br_2O$；催化加氢可得 $C_{10}H_{22}O$；弱氧化剂氧化生成 $C_{10}H_{18}O_2$；强氧化剂氧化生成丙酮和 3 - 甲基己二酸。试写出它的构造式。

11. 有 A、B、C 和 D 四种化合物，分子式均为 C_6H_{12}。经 O_3 氧化还原水解，A 得到化合物 E 和 F，而 B 只得到 E 一种产物。C 和 D 不发生 O_3 氧化和催化加氢反应。E 能被托伦试剂氧化，但不发生碘仿反应；F 能发生碘仿反应，但不能被托伦试剂氧化。IR 光谱显示 E 和 F 在 1700 cm^{-1} 附近均有强吸收峰；^{1}H NMR 测定 E：$\delta = 1.13$(3H，三重峰)，$\delta = 2.46$(2H，八重峰)，$\delta = 9.81$(1H，三重峰)；F：$\delta = 2.05$(6H，单峰)；化合物 C 的 ^{1}H NMR 谱图上只呈现一个吸收峰；D 有 $CH_3—CH<$ ，另外还有两组质子。试推测化合物 A、B、C、D、E 和 F 的结构，并写出简要的推导过程。

12. 两种 D 型糖 A 和 B，分子式均为 $C_5H_{10}O_5$，它们与间苯二酚盐酸溶液反应时，B 很快生成红色，而 A 反应较慢。A 和 B 可生成相同的糖脎。A 用硝酸氧化得内消旋化合物，B 的 C_3 构型为 *R*。试写出化合物 A 和 B 的结构式。

13. 化合物 A($C_5H_{12}O$)具有旋光性，A 在高锰酸钾溶液中加热氧化为 B($C_5H_{10}O$)，B 没有旋光性。B 与丙基溴化镁反应后水解得到化合物 C($C_8H_{18}O$)，C 能被拆分为一对对映异构体，试推测化合物 A、B、C 的可能结构。

14. 化合物 A(C_7H_{12})用 $KMnO_4$ 氧化得到 B,B 能与苯肼反应,B 也能与 Br_2 - NaOH 反应生成 C,核磁共振谱:$\delta=1.3$(三重峰,4H),$\delta=2,4$(三重峰,4H),$\delta=13$(单峰,2H),将 C 与碱石灰加热生成环戊酮。写出 A、B、C 的结构式,并对 C 的 NMR 吸收峰进行归属。

练习题答案

1. (1)

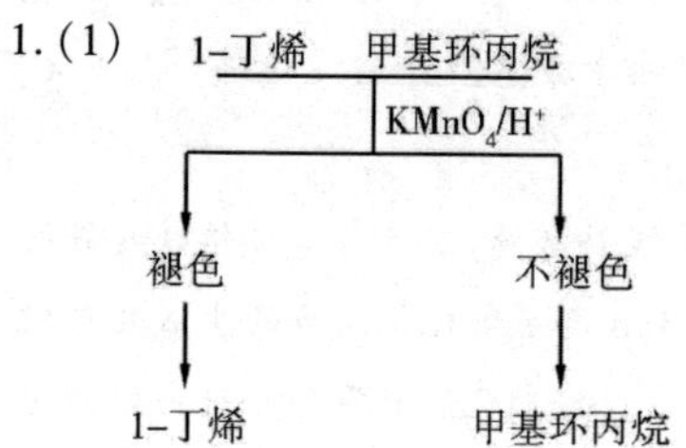

(2)

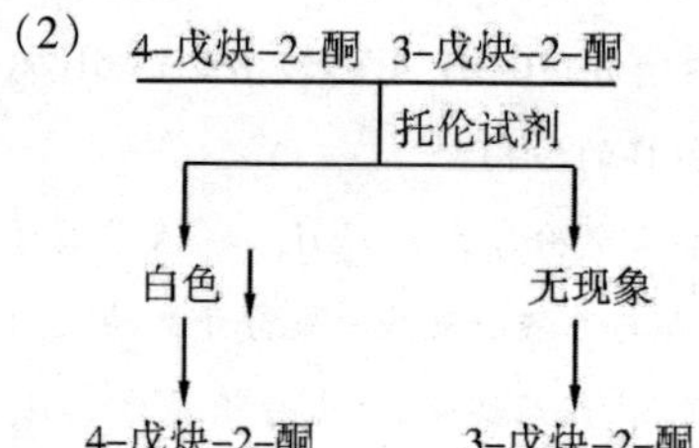

(3)

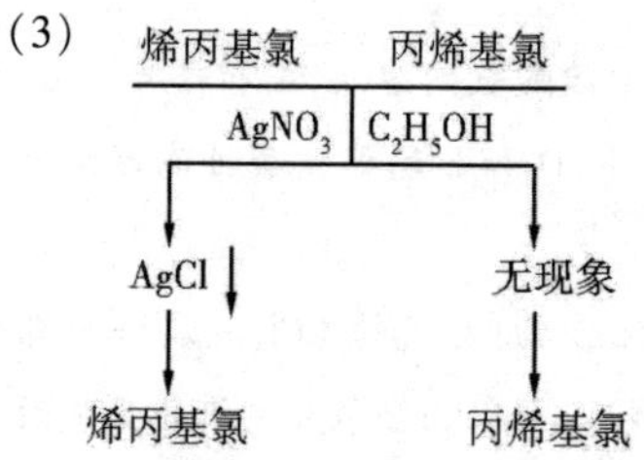

(4)

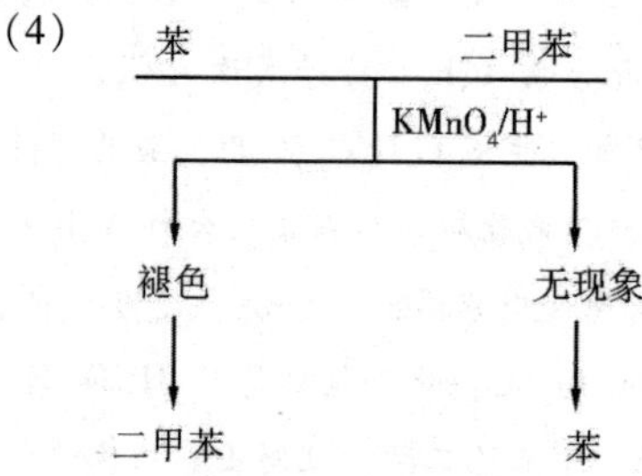

(5)

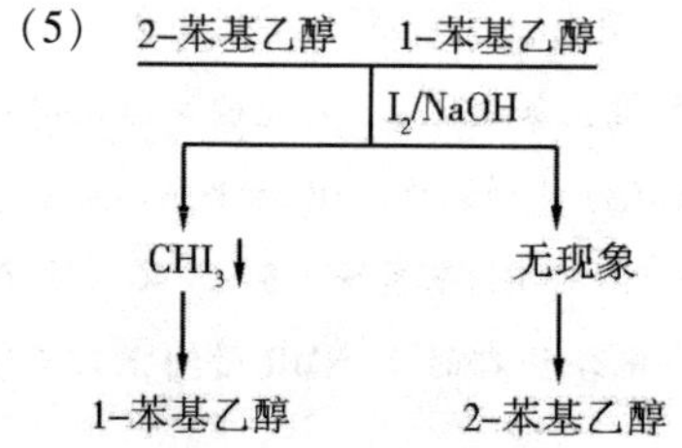

(6)

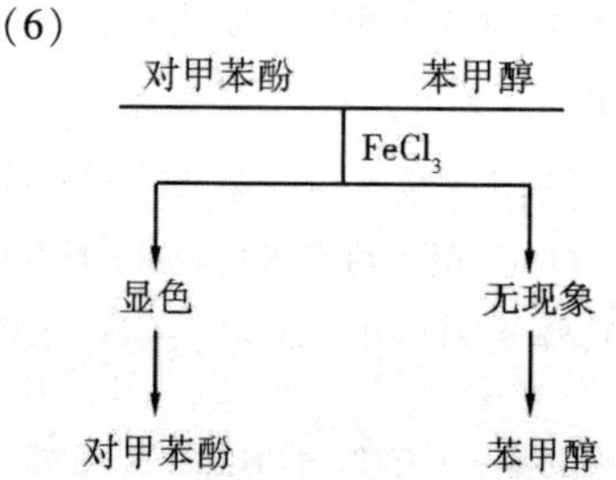

（7）
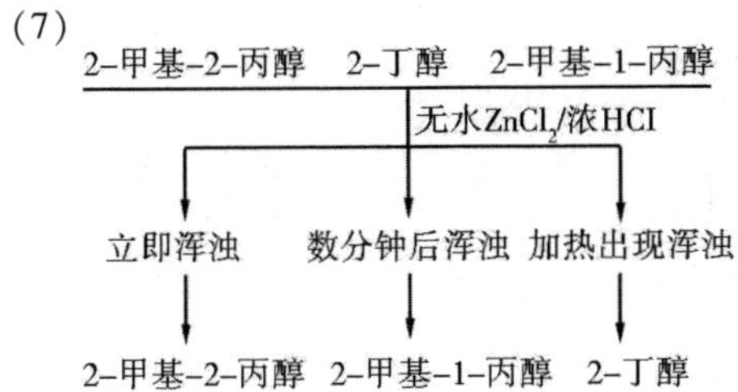
2-甲基-2-丙醇　2-丁醇　2-甲基-1-丙醇
无水$ZnCl_2$/浓HCI
立即浑浊
数分钟后浑浊
加热出现浑浊
2-甲基-2-丙醇
2-甲基-1-丙醇
2-丁醇

（8）
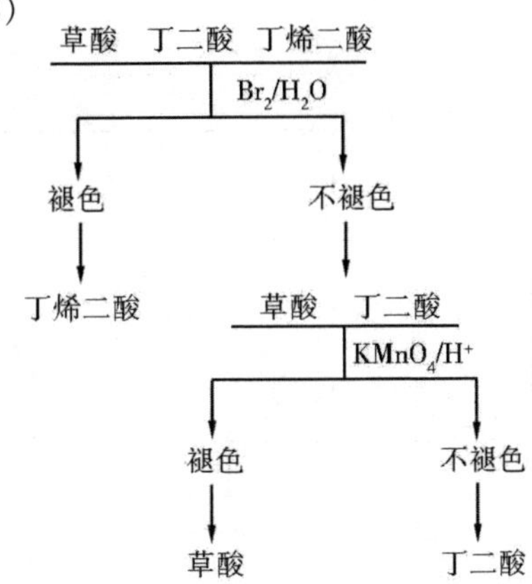
草酸　丁二酸　丁烯二酸
Br_2/H_2O
褪色
不褪色
丁烯二酸
草酸　丁二酸
$KMnO_4/H^+$
褪色
不褪色
草酸
丁二酸

（9）
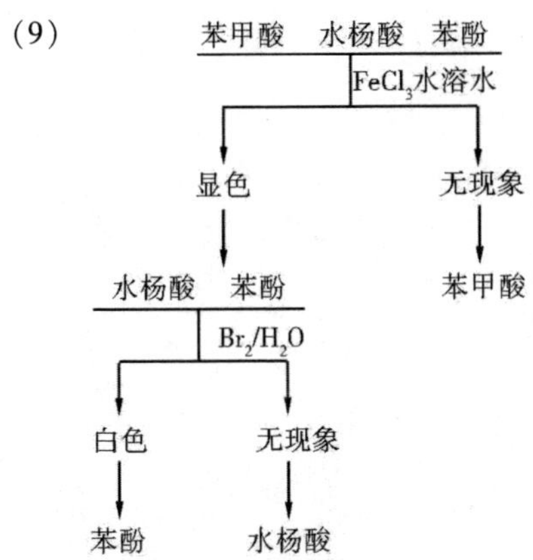
苯甲酸　水杨酸　苯酚
$FeCl_3$水溶水
显色
无现象
苯甲酸
水杨酸　苯酚
Br_2/H_2O
白色
无现象
苯酚
水杨酸

（10）
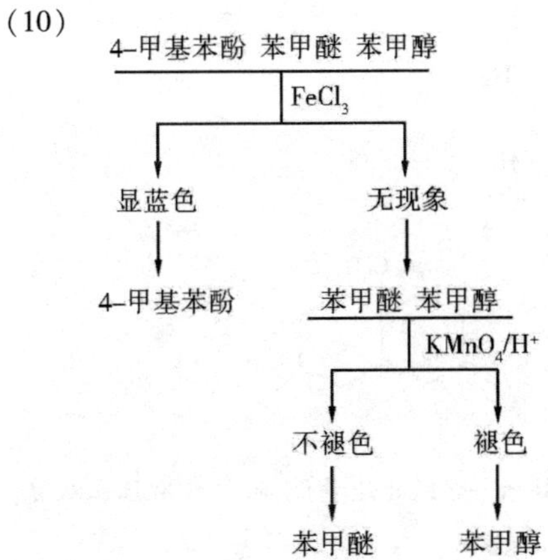
4-甲基苯酚 苯甲醚 苯甲醇
$FeCl_3$
显蓝色
无现象
4-甲基苯酚
苯甲醚 苯甲醇
$KMnO_4/H^+$
不褪色
褪色
苯甲醚
苯甲醇

2.

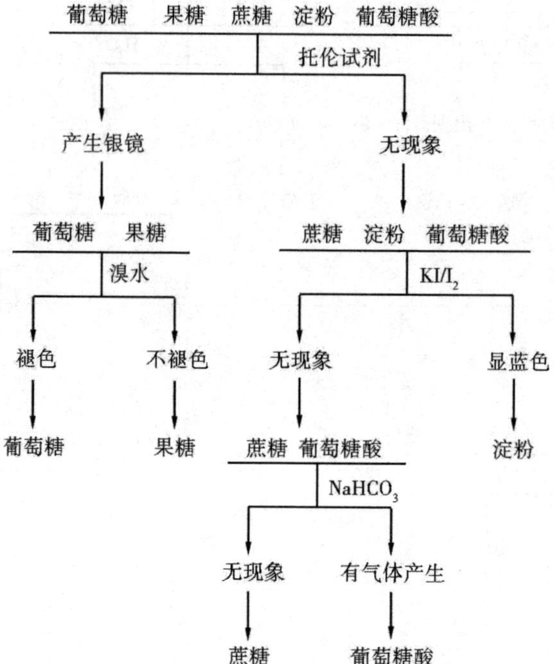

3. (1)1,3,5 - 己三烯 >1,3 - 丁二烯 > 乙烯

(2) $CH_3C(CH_3){=}CH{-}C({=}O){-}CH_3$ > $H_2C{=}C(CH_3){-}CH_2C({=}O)CH_3$

(3) H_3C, HO, O, CH_3, CH, CH_3 > H_3C, O, CH_3, CH, CH_3

(4) CH_3, O > CH_3, O, CH_3 > CH_3, O

4. (1)B 最短,C 最长。因为 C 的共轭体系最大,故 π—π 跃迁能量低,而 B 仅有孤立双键。

(2)B 较长。

5. (1) $C\overset{a}{H_3}C\overset{b}{H_2}C\overset{b}{H_2}C\overset{a}{H_3}$ (2) $C\overset{a}{H_3}C\overset{b}{H_2}O\overset{c}{H_2}$ (3) 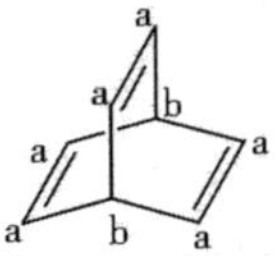 (4)

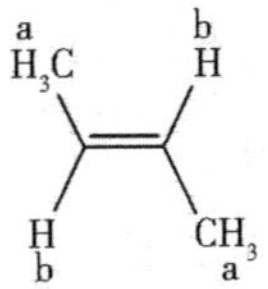

(5) 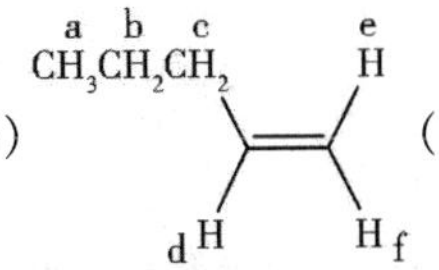 (6) $(C\overset{a}{H_3})C—C(C\overset{a}{H_3})_3$

(7)

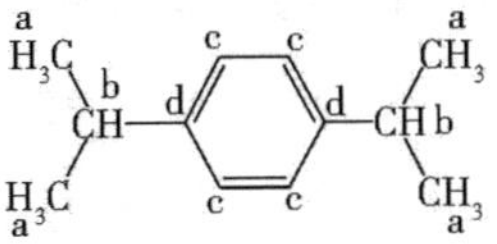

6. 化合物 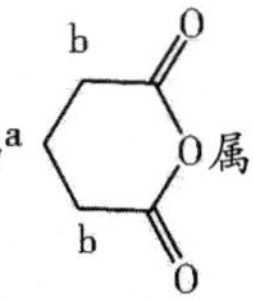 属于酸酐，在 IR 谱图中主要的信号是：1750 cm^{-1} 归属为酸酐中的羰基的伸缩振动，1820 cm^{-1} 酸酐中的羰基的反对称伸缩振动；^1H NMR 谱图中的主要信号有 δ 2.0 Ha 五重峰，δ 2.8 Hb 三重峰。

7. 已知化合物 A 的分子式为 $C_6H_{12}O$，它可以进行如下反应：

$$A \xrightarrow{H_2/Ni} B \xrightarrow[\triangle]{H_2SO_4} C(\text{主要产物}) \xrightarrow[\text{②}Zn/H_2O]{\text{①}O_3} D + E \quad D \xrightarrow{NaOH-I_2} CHI_3\downarrow$$

A 的 IR 光谱在 1712 cm^{-1} 有强的吸收峰。A 的 ^1H NMR 表明：δ1.0(3H，三重峰)，δ1.13(6H，双重峰)，δ2.13(2H，四重峰)，δ2.42(1H，多重峰)，推出 A、B、C、D、E 的结构。

A $CH_3CH(CH_3)C(=O)CH_2CH_3$ B $CH_3CH(CH_3)CH(OH)CH_2CH_3$ C $(H_3C)_2C=CHCH_2CH_3$

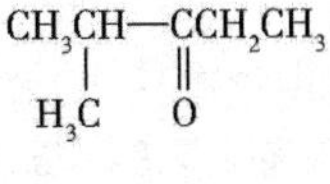

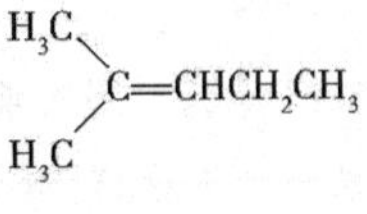

D CH_3CH_2CHO E CH_3COCH_3

8. A (对羟基苯甲酸：COOH，OH) B (COOH，$OOCCH_3$) C (COOH，OCH_3) D (COOH，O_2N，OCH_3)

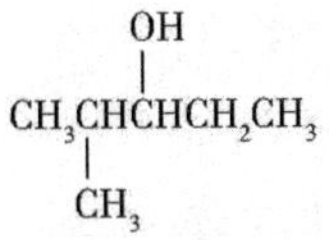

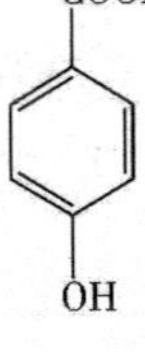

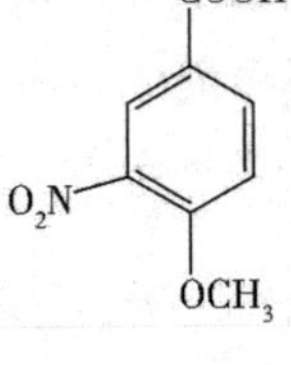

9. A $HOOCCH_2CH_2COOH$ B $HOOCCH_2COOH$ C $H_3COC(=O)—C(=O)OCH_3$

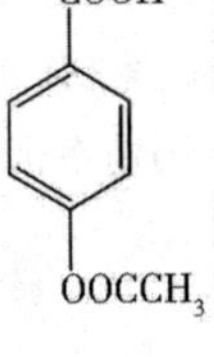

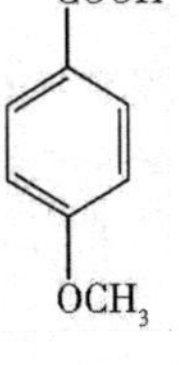

10. $(H_3C)_2C{=}CH{-}CH_2CH_2{-}CH(CH_3){-}CH_2{-}CHO$

11. ① A、B、C 和 D 的分子式均为 C_6H_{12}，$\Omega=1$→这 4 种化合物可能为链状单烯烃或环烷烃。

② A 经 O_3 氧化还原水解得到化合物 E 和 F→A 为不对称的链状单烯烃。

③ B 只得到 E 一种产物→B 为对称的链状单烯烃。

④ C 和 D 不发生 O_3 氧化和催化加氢反应→C 和 D 为环烷烃。

⑤ E 能被托伦试剂氧化，但不发生碘仿反应；F 能发生碘仿反应，但不能被托伦试剂氧化。IR 光谱显示 E 和 F 在 1700 cm^{-1} 附近均有强吸收峰；^1H NMR 测定化合物 E：$\delta=1.13$（3H，三重峰），$\delta=2.46$（2H，八重峰），$\delta=9.81$（1H，三重峰）；F：$\delta=2.05$（6H，单峰）→E 为丙醛，F 为丙酮。

⑥ C 的^1H NMR 谱图上只呈现一个吸收峰→C 为环己烷。

⑦ D 有$CH_3{-}CH<$，另外还有两组质子→D 为甲基环戊烷。

由上述推导过程可知化合物 A、B、C、D、E 和 F 的结构为

A $CH_3CH_2CH{=}C(CH_3)CH_3$ B $CH_3CH_2CH{=}CHCH_2CH_3$ C 环己烷

D 甲基环戊烷 E $CHCH_2CHO$ F CH_3COCH_3

12. A CHO / H—C—OH / H—C—OH / H—C—OH / CH_2OH B CH_2OH / C=O / H—C—OH / H—C—OH / CH_2OH

13. 根据题意，“能被拆分”是指 B 通过反应可生成含一个手性碳原子的化合物 C，且为一对对映体混合物，如果两种等量，则构成外消旋化合物，没旋光性。由此分析：化合物 A 的不饱和度为 0 且含有一个氧，说明 A 可能是饱和醚或饱和醇，A 有旋光性，且能被高锰酸钾氧化，说明 A 是醇不是醚。根据 A 和 B 都只含有一个 O，说明 B 是酮而不是醛，否则 A 氧化后生成羧酸，B 应该含有两个 O，因此 A 是仲醇。B 没有旋光性，说明在 A 中的羟基是连接在手性碳上的，综合以上信息，可初步推断 A 可能是下面两个化合物中的一个。

OH OH

C 能被拆分为一对对映体，说明分子中含有手性碳。而 B 没有旋光性，C 中的手性碳只能

通过与丙基溴化镁反应后形成，由于格氏试剂与酮的反应引入了一个正丙基，同时又能形成手性碳，可知原来碳基两侧的烃基一定没有正丙基。分析上述两个结构，显然只有 3－甲基－2－丁醇可被氧化成符合要求的产物。

由此推出 A、B、C 三种化合物的结构分别为：

A　OH　　B　O　　C　HO

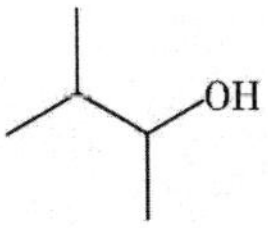

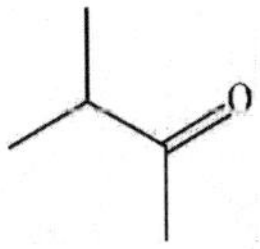

14. A　CH_3　　B　$CH_3\overset{\overset{O}{\|}}{C}CH_2CH_2CH_2CH_2COOH$

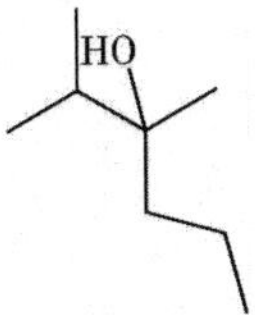

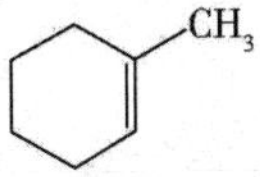

C　$\underset{\delta 13}{HO}—\overset{\overset{O}{\|}}{C}—\underset{\delta 2.4}{CH_2}—CH_2—\underset{\delta 1.3}{CH_2}—CH_2—\overset{\overset{O}{\|}}{C}—OH$

参考文献

[1] 邢其毅,裴伟伟,徐瑞秋,等. 基础有机化学(上、下册)(第三版)[M]. 北京:高等教育出版社,2005.
[2] 王积涛,胡青眉,张宝申,等. 有机化学[M]. 天津:南开大学出版社,1993.
[3] 徐寿昌. 有机化学(第二版)[M]. 北京:高等教育出版社,2014.
[4] 刘军. 有机化学(第二版)[M]. 武汉:武汉理工大学出版社,2014.
[5] 薛思佳. 有机化学(第二版)[M]. 北京:科学教育出版社,2015.
[6] 李景宁,杨定乔,潘玲,等. 有机化学(上、下册)(第五版)[M]. 北京:高等教育出版社,2011.
[7] 蒋硕健,丁有骏,李明谦. 有机化学(第二版)[M]. 北京:北京大学出版社,2016
[8] 裴伟伟. 有机化学核心教程[M]. 北京:科学出版社,2016
[9] 王永梅,庞美丽,王桂林,等. 有机化学提高与习题精解[M]. 天津:南开大学出版社,2013.
[10] 荣国斌. 高等有机化学基础(第四版)[M]. 北京:化学工业出版社,2014.
[11] 天津大学有机化学教研组. 有机化学(第五版)[M]. 北京:高等教育出版社,2014.
[12] 胡宏纹. 有机化学(第三版)[M]. 北京:高等教育出版社,2006.
[13] E. L. 伊莱尔,S. H. 威伦, M. P. 多伊尔. 基础有机立体化学[M]. 北京:科学出版社,2005.
[14] 郑艳,马宁,赵温涛,等. 有机化学学习指南(第二版)[M]. 北京:高等教育出版社,2014.

[15] 张宝申,庞美丽. 有机化学学习辅导(第二版)[M]. 天津:南开大学出版社,2010.

[16] 吴范宏. 有机化学学习与考研指津(第二版)[M]. 上海:华东理工大学出版社,2010.

[17] 董宪武,马朝红. 有机化学学习指导与习题解析[M]. 北京:化学工业出版社,2018.

[18] 李小瑞. 有机化学学习与考研辅导(第二版)[M]. 北京:化学工业出版社,2015.

[19] 姜文凤,高占先. 有机化学学习指导(第二版)[M]. 北京:高等教育出版社,2017.

[20] 汪秋安. 有机化学考研复习指南[M]. 北京:化学工业出版社,2013.

[21] 吕以仙,陆阳. 有机化学(第七版)[M]. 北京:人民卫生出版社,2008.

[22] 胡春. 有机化学(药学类专业通用)(第二版)[M]. 北京:中国医药科技出版社,2013.

[23] 叶非,冯世德. 有机化学[M]. 北京:中国农业出版社,2013.

[24] 杨定乔,汪朝阳,龙玉华. 高等有机化学——结构,反应与机理[M]. 北京:化学工业出版社,2012.

[25] 魏荣宝,阮伟祥. 高等有机化学——结构和机理[M]. 北京:国防工业出版社,2009

[26] 高吉刚. 基础有机化学[M]. 北京:化学工业出版社,2013

[27] 王长凤,曹玉蓉. 有机化学例题与习题(第二版)[M]. 北京:高等教育出版社,2003.

[28] 贾欣茹,杜福胜,田桂玲. 等. 有机化学习题解析[M]. 北京:北京大学出版社,2005.

[29] WANG HP. The Organic Chemistry of Drug Design and Drug Importance [J]. Drug Designing, 2021, 10(4):1 -1

[30] VEEJENDRA K Y. Steric and Stereoelectronic Effects in Organic Chemistry [M]. Springer Singapore, 2016.

[31] 高占先,于丽梅. 有机化学简明教程学习指南[M]. 北京:高等教育出版社,2013.

[32]吴毓林. 有机合成与生命科学[J]. 化学进展,1993(2):15.

[33]赵建庄,刘永梅,吴昆明. 有机化学习题集(第三版)[M]. 北京:高等教育出版社,2017.

[34]薛思佳. 有机化学学习指导(第二版)[M]. 北京:科学出版社,2016.

[35]王俊儒,刘汉兰,朱玮. 有机化学学习指导—解读、解析、解答和测试(第二版)[M]. 北京:高等教育出版社, 2013.

[36]李刚,岳群峰,林惠明等. 现代材料测试方法[M]. 北京:冶金工业出版社,2013.

[37]常建华,董绮功. 波谱原理及解析(第二版) [M]. 北京:科学出版社,2011.

[38]徐春祥,董陆陆,姜炜等. 有机化学习题解析(供基础、预防、临床、口腔、护理等医学类专业用(第三版))[M]. 北京:高等教育出版社,2015.

[39]张宝申,庞美丽,王永梅. 有机化学习题解(第二版)[M]. 天津:南开大学出版社,2011.

[40]温娜,吕海霞,李宝铭. 材料有机化学学习指导 [M]. 北京:中国建材工业出版社,2017.

[41]巨勇,赵国辉,席婵娟. 有机合成化学与路线设计. [M]. 北京:清华大学出版社,2002.

[42]DENG K H, HUANG H W, DENG G J. Recent advances in the transition metal-free oxidative dehydrogenative aromatization of cyclohexanones [J]. Organic & Biomolecular Chemistry, 2021,19: 6380 -6391.